Hydropolitics
ハイドロポリティクス

星野　智 著

中央大学出版部

まえがき

　本書『ハイドロポリティクス』は、「水の政治学」に関する研究であり、地球上の限られた水資源に関する紛争、水資源をめぐるガバナンスとレジーム、水の安全保障、水に対する人権といった問題を取り上げるものである。「ハイドロポリティクス」という用語をタイトルとして使ったのは、水資源と紛争あるいは戦争をめぐる問題が近年の政治学あるいは環境政治の大きなテーマの1つとなりつつあり、そのテーマを象徴するキーワードとして適切であるという認識に基づいている。「水の政治学」を意味するハイドロポリティクスという言葉は、従来、水資源をめぐる紛争や戦争を扱う概念として使われてきたが、本書では、ハイドロポリティクスの対象を、水資源をめぐる紛争や戦争の問題に限定せずに、水資源をめぐるガバナンスやレジーム、そして水に対する人権といった法的側面も対象としている。

　著者はこれまで政治学という研究領域から環境政治の問題を1つの研究課題としてきた。環境政治は政治学の新しい研究領域であり、その研究対象は、必ずしも定まったものがあるわけではないが、一般的には環境政治思想、環境保護運動、環境政党、環境政策、環境ガバナンス、環境レジームといった分野が対象とされている。そのうえ環境政治の分野には、各国別、各地域別の環境政策のみならず、気候変動、生物多様性、オゾン層保護、環境安全保障、環境条約といった広い意味での地球環境政治も含まれる。

　しかし、これまでの環境政治研究において常々強く感じているのは、環境問題の対象領域が自然科学と社会科学の領域の双方にわたっているということに加えて、社会科学の領域においても法律学、経済学、社会学、倫理学などさまざまな領域からの研究がなされる必要があるということから、政治学の領域だけから環境問題を取り上げるには限界があるという点である。さらにハイドロポリティクスという研究領域についても広い意味での環境政治の1つの研究領域ということであるので、環境政治の領域もますます細分化していることを実

感している。このような状況の中で、学際的な研究が求められることはいうまでもない。本書が対象としている水資源問題などは、研究領域横断的で学際的な研究が可能な領域であり、その意味で今後の学際的な研究のための第一歩となれば幸いである。

　最後に、本書の出版においては、一般財団法人「櫻田會」の「平成28年度政治学術図書出版助成」を受けた。今日、社会科学関係の著作の出版が困難な状況なかで、このように本書が出版できたことは、大変喜ばしいことと考えている。一般財団法人「櫻田會」による今回の出版助成に対して改めて深く感謝の意を表したい。また中央大学社会科学研究所と政策文化研究所の研究チームの方々、とりわけ臼井久和氏（中央大学社会科学研究所研究員、独協大学・フェリス女学院大学名誉教授）、内田孟男氏（元中央大学教授）、滝田賢治氏（中央大学名誉教授）、西海真樹氏（中央大学教授）、都留康子氏（上智大学総合グローバル学部教授）には貴重なアドバイスを頂いた。感謝申し上げたい。

2017年5月3日

星野　智

目　次

まえがき

第Ⅰ部　水資源をめぐる紛争と国際流域ガバナンス

序章 ………………………………………………………………………… *3*

 Ⅰ　グローバル化と水資源問題
 Ⅱ　水資源と紛争
 Ⅲ　本書の構成と内容

第1章　中央アジアの地政学と水資源問題 …………………… *17*

 Ⅰ　中央アジアの経済と水資源
 Ⅱ　中央アジアにおける水紛争の可能性
 Ⅲ　リージョナルな水ガバナンスの枠組
 Ⅳ　中央アジアのリージョナル・レジームとその有効性

第2章　アラル海地域の水資源と環境 ………………………… *43*

 Ⅰ　アラル海地域と水資源問題
 Ⅱ　アラル海地域の水資源問題の生態的・社会的・経済的・政治的影響
 Ⅲ　中央アジアにおける流域ガバナンスと水管理システム
 Ⅳ　アラル海地域および中央アジア地域の将来

第3章　ユーフラテス・チグリス川の水資源をめぐる紛争とガバナンス …………………………………………… 63

- I　ユーフラテス・チグリス川のハイドロポリティクスの歴史
- II　ユーフラテス・チグリス川をめぐる紛争の問題
- III　ユーフラテス・チグリス川流域におけるガバナンスの形成

第4章　ナイル川流域の水資源をめぐるレジームとガバナンス …………………………………………………………… 93

- I　ナイル川流域の水資源問題
- II　ナイル川流域の水協定
- III　多国間のガバナンスとNBI
- IV　変動する力関係とガバナンスの枠組

第5章　ヨルダン川流域の政治的対立と水資源問題 ………… 123

- I　ヨルダン川流域の水利用計画と水配分をめぐる紛争
- II　イスラエルの全国水道網計画とアラブ諸国の対応
- III　第3次中東戦争とその後の水資源紛争
- IV　イスラエル-ヨルダン平和条約と水資源の配分

第6章　メコン川流域のガバナンスとレジーム …………… 153

- I　メコン川流域ガバナンスの歴史
- II　メコン川協定の特徴
- III　メコン川協定の制度的枠組とMRC

目次　v

第Ⅱ部　グローバル化と水の国際ガバナンス・レジーム

第7章　グローバル化と世界の水資源 ………………… *179*

　Ⅰ　地球社会とオーバーシュート
　Ⅱ　水資源の利用とピーク・ウォーター
　Ⅲ　国際貿易とバーチャル・ウォーター
　Ⅳ　世界経済とウォーター・フットプリント

第8章　水をめぐるグローバル・ガバナンス ………………… *209*

　Ⅰ　国連会議と水のグローバル・ガバナンス
　Ⅱ　世界水フォーラムと水のグローバル・ガバナンス
　Ⅲ　水ガバナンスとしての国際会議——成果と課題——

第9章　EUの水政策と水枠組指令（WFD）………………… *245*

　Ⅰ　EUの水に関する立法政策
　Ⅱ　WFD成立の政治過程
　Ⅲ　総合的な水立法としてのWFDとその目的——条文との関連で

第10章　水の国際レジーム——ヘルシンキ規則からベルリン規則へ——
　……………………………………………………………………… *281*

　Ⅰ　ヘルシンキ規則と「限定された領土主権」
　Ⅱ　国際水路の非航行的利用法に関する条約
　Ⅲ　ベルリン規則と水資源の総合的管理

第11章　水に対する人権と「水の安全保障」………………… *317*

　Ⅰ　国際レジームと水に対する人権

Ⅱ　社会権規約委員会と一般的意見 No.15
　　　Ⅲ　水に対する人権に関する国連総会決議と人権理事会決議

第12章　水資源をめぐる紛争とその平和的解決に向けて … *339*

　　　Ⅰ　世界の水資源の不足とその将来
　　　Ⅱ　水資源をめぐる紛争
　　　Ⅲ　水のガバナンス／レジームと水紛争の平和的解決

初出一覧 ……………………………………………………………… *363*
索引 ………………………………………………………………… *365*

第Ⅰ部

水資源をめぐる紛争と国際流域ガバナンス

序章

I　グローバル化と水資源問題

　現代はグローバル化の時代であるといわれている。グローバル化の問題については、それが開始された時代に関する論争点があることはさて措いて、ここではさしあたりグローバル化を広義のグローバル化と狭義のグローバル化の2つに分け、前者を近代以降の世界システムの拡大に伴うグローバル化、後者を1990年代以降の新自由主義的なグローバル化としておきたい。グローバル化は人間社会あるいは文明の拡大とともに徐々に進展し、その過程において同時に人間による自然に対する収奪あるいは搾取を進めてきた。

　とりわけ近代以降の世界システムの拡大に伴うグローバル化は、化石燃料の消費に示されているように、地球がこれまでの歴史のなかで蓄えてきた負のエントロピーを大量に消費し、地球環境の時間を太古の昔に逆戻りさせている。いうまでもなく20％ほどの酸素を含む大気は、地球の46億年の歴史のなかで一定の時期にシアノバクテリアや植物の光合成によって形成されてきたものであり、この地球共有財としての大気は化石燃料の消費によって大きく変容し、それだけでなく大きな気候変動を引き起こしている。気候変動に関する政府間パネル（IPCC）の第5次報告書（2013-2014年）においては、気候システムにおける温暖化は明白で、大気と海洋は温暖化し、雪と氷の量は減少し、海面は上昇し、さらに1957-2009年にかけて水深700-2,000mの海水温も上昇したとしている。また二酸化炭素の増加は海洋の酸性化を進め、サンゴ礁を白化させている点も指摘されている。

　環境のグローバル化を引き起こす人為的な要因は、人口増加、産業化、資源消費であろう。現在、人口増加は開発途上国で顕著であり、その影響は森林資源や水資源の増加だけでなく、砂漠化や土壌の悪化をもたらすことで途上国の

人びとの生活空間を奪いつつある。すでに触れたように、人類の歴史において、こうした現象はしばしば起こったことであり、文明の衰退という問題はこのことと密接な関係をもっている。将来的にも、エネルギーや水などの資源の枯渇によって人口移動を余儀なくされることは必須であり、環境難民の数は増え続けることになろう。

　産業化の波は、世界経済の拡大とともに開発途上国にまで押し寄せ、エネルギーと水の消費のグローバル化を引き起こしてきた。開発途上における人口増加と産業化はまた、生活水準の向上をもたらし、産業、農業、生活面でのエネルギーと水の消費の増加をもたらした。他方、水の供給量は地球的レベルで減少しつつある。とりわけ水資源のグローバルな減少に関しては、近代以降の温暖化や森林伐採などの影響が強く、気温上昇によって氷河が減少し、森林伐採によって水の保水能力が減少している。これらの現象のほとんどは人為的なものであるということができる。

　人間の歴史は自然の征服の歴史であるといわれているように、人間社会あるいは文明の発展と拡大が自然を搾取し、自然を変容させてきたことはいうまでもない。他面において、変容された自然が人間社会のあり方そのものを変えてきたことも歴史をみれば明らかである。文明の発展と衰退の背景にはこのような人間の自然に対する搾取の歴史が存在し、現代のグローバル化した世界システムにおいては、こうした自然への搾取は、地球的な規模で発生しているといってよい。とりわけ世界システムにおける周辺地域あるいは半周辺地域においては、急速な人口増加が特徴的であることに加えて、世界システムとしての資本主義世界経済における国際分業の構造のなかで、第1次産品の輸出あるいは世界市場向けの労働集約的な産業や農業生産という形態が一般的になっている。これらの地域における人口増加、産業化、農業生産の拡大は、エネルギー資源の利用に加えて水資源の利用を増大させている。

　したがって、世界システムの周辺地域や半周辺地域に位置する発展途上国や新興経済諸国においては、人間の自然環境への搾取の度合いも高いものとなっているといえる。C・チェイス＝ダンとT・ホールは、比較世界システム論の

観点から、環境破壊と社会システムの転換あるいは人口移動の問題を以下のように論じた。

　ある社会システムで人口増加が進むと、環境破壊と自然資源の枯渇によって移住を余儀なくされる。かりに移動する人間が、隣接地が砂漠や山岳地帯であるといった環境的な限界によって制約されていたり、移動先の地域に人間が溢れているといった社会的な限界に直面すれば、かれらは資源の稀少性に直面して自己を維持するための新しい生産技術を発展させたり、あるいは既存の資源をめぐって対立することになるかもしれない。今日では、環境破壊や資源をめぐる地域紛争が環境難民や政治難民という形で国際的な人口移動を促進し、途上国の人びとは先進諸国や大都市への移住を余儀なくされている。

　資源をめぐる紛争が戦争という形態をとれば、人口圧力がなくなるほどの殺戮が繰り返され（ネガティブ・フィードバック）、あるいは戦争によってより大きなヒエラルヒー的な政治構造が形成あるいは再編され、さらにはそのことが技術的な発展を促すかもしれない（ポジティブ・フィードバック）。技術的な発展はさらに人口増加と環境破壊に直接的に影響をあたえるだろう。そして環境破壊や資源枯渇など人間生活が維持できない生態環境が生じると、そこからの人口移動がまた必然的な帰結となろう。歴史においてこれらの過程は繰り返し発生し、こうして世界システムの規模と環境破壊の規模の拡大がもたらされるようになる[1]。

　このようなチェイス＝ダンとホールの比較世界システム論のモデル（図1参照）は、資本主義世界経済と主権国家システムによって特徴づけられる近代世界システムにも妥当しているように思われる。というのも、資本主義世界経済としての世界システムは市場によってヒエラルヒー化された政治・経済システムであり、財や資源の配分が市場原理によって実現されているとはいえ、現在進んでいるそのグローバル化は地球的な規模で人口増加、環境破壊、経済格差

---

1)　C. Chase-Dunn and T. D. Hall, Comparing World-Systems to Explain Social Evolution, in : R. Denemark, J. Friedman, B. Gills, G. Modelski (ed.), *World System History*, Routledge, 2000. pp.98–99.

図1　チェイス＝ダンとホールの比較世界システム論のモデル

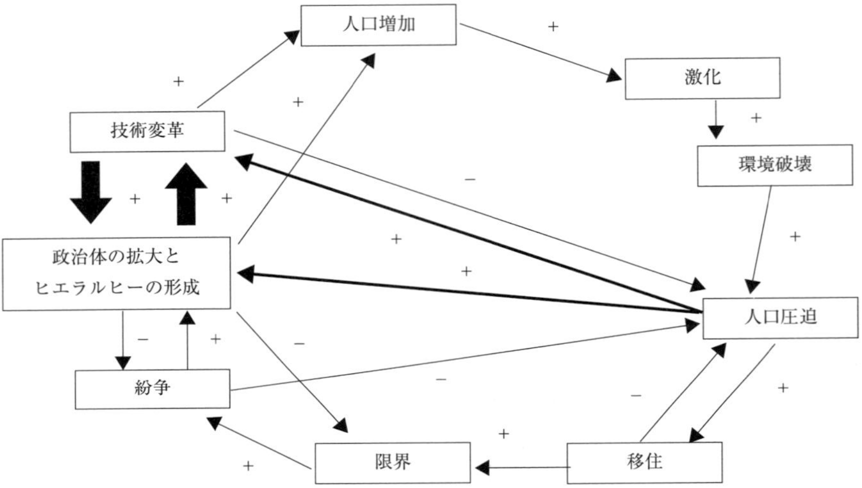

出所：C.Chase-Dunn and T.D.Hall,Comparing World-Systems to Explain Social Evolution,in：R. Denemark,J.Friedman,B.Gills,G.Modelski, (ed.), *World System History*, Routledge, 2000. pp. 98.
注：（＋）はポジティブ・フィードバック、（－）はネガティブ・フィードバック

の拡大などを引き起こし、各主権国家はこの状況に対処できない状況が現出しているからである。問題なのは、この世界システムの拡大が極限にまで進んだ場合である。人口移動がこれまで以上に頻発するのか、生産技術の発展で生産力が増加するのか、限られた資源をめぐって対立するのか、グローバルなレベルで新しいヒエラルヒー構造が作られるのか、それとも他の新しい世界システムに転換するのか。

II　水資源と紛争

クローズド・システムとしての地球における人口増加と資源の減少がホッブズ的な戦争状態を生み出す可能生が高いという点については、イースター島の衰退がその縮図をなしているといわれていることから、しばしば問題とされて

きた。エネルギー資源に関しても石油や天然ガスといった化石燃料の枯渇が問題にされている今日、それらの資源の領有と確保が各国のエネルギー安全保障上の重要課題となっている。エネルギー資源をめぐる各国の紛争や利害対立は、最近の事例だけみても、1990年の湾岸戦争や2003年のイラク戦争、そして最近の東シナ海や南シナ海における領有権争いなどに現れている。そして、こうした紛争や利害対立の問題が今後もますます深刻化することは確実である。これと同様ことが水資源に関してもいわれている。

地球上の水資源は、空間的・時間的に均等に存在しているのではなく、むしろ偏在しており、その利用状況に関しては、水不足を来たしていない地域、物理的に不足している地域、経済的に水を入手することができない地域によってさまざまである。水不足の地域で生活が可能になっているのは、現在の世界経済における国際分業によって食料や製品が比較的水資源の豊かな地域で生産され、それらがバーチャル・ウォーター（仮想水）という形で輸出されているからであり、したがって、こうした国際分業が水資源を国際的に配分しているということもできる。

この地球上には約13億8,600万km³の水が存在し、その97.5%は海や塩水湖などの塩水で、淡水は残りの2.5%にすぎない。その少ない淡水のうち人間が利用できる水量は、氷河、雪、氷、地下水などを除いた分にしかすぎない。すなわち、地球上に存在する水のうちで人間が利用できる水量はわずか0.01%にすぎないことになる。毎年の世界の淡水の全取水量は4,000km³で、1人1日あたりの平均取水量は、1,700リットルである[2]。この割合に変化がないとすれば、人口増加による1人あたりの取水量あるいは利用量の増加によって、1人あたりの平均取水量は確実に減少することになる。

地球上で利用できる淡水の分布は不均衡であるころから、1人あたりの平均取水量は地域や国によって異なり、近い将来において極端に水不足をきたす地域が今以上に増加する可能性が高い。20世紀には世界の人口は3倍になり、水

---

2) M. Black, *The Atlas of Water*, Third Edition, University of California Press, 2016, p.26.

の消費量は7倍になった[3]。現在、世界の人口の約40％に当たる28億人が水不足の状況に置かれており、国連の推定では[4]、将来的に人口増加や気候変動が重なると、2025年には18億人が絶対的な水不足の状況に置かれ、世界人口の3分の2が水不足に直面することになる。また2035年までに水不足の地域で生活する人口が36億人になるという予測もある[5]。2050年までに1人当たりの水利用量が半分になると、さらに深刻な状況というよりも劣悪で悲惨な状況が現出する。

　全体的にみると、先進諸国は地理的にも水資源の豊富な地域に位置しており、経済的にも市場を通じて商品という形で水資源を確保できる状況にある一方、発展途上国は概して地理的に水資源が少ない地域に位置しており、経済的にも水資源の供給に支障をきたしているのが現状であり、世界的にみると水不足あるいは水危機が懸念されている。水資源に大きな影響を与える要因としては、地球温暖化のような人為的な気候変動のほかに、森林破壊、砂漠化、農業、人口増加などが考えられる。これらの要因は、相乗効果を及ぼすことによって、水資源危機の進行を加速しているといってよいだろう。そのことが水資源をめぐる多くの紛争を生み出す要因となっている。

　歴史的にみると、水資源をめぐる紛争は、P・グリックの研究に示されているように[6]、紀元前3000年の古代シュメールの伝説にある水の神エアによる人類に対する罰則としての大洪水、紀元前2500年の古代メソポタミアの都市国家

---

3) Simon Nicholson and Paul Wapner, *Global Environmental Politics*, Paradigm Publischers, 2015, p.59.
4) "Water Scarcity" 2014, http://www.un.org/waterforlifedecade/scarcity.shtml, David E. Newton, *The Global Water Crisis*, ABC-CLIO, 2016, p.58.
5) Kathleen Mogelgaard, Why population matters to water resources, Population Action International, http://pai.org/wp-content/uploads/2012/04/PAI-1293-WATER-4 PG. pdf.
6) P. Gleick, Water, War, and peace in the Middle East, in : *Environment* 36 (3), 1994, pp.6-42, P. Gleick and M. Heberger, Water Conflict Chronology, in : *The World' Water*, Vol. 8, 2014, pp.173-219.

ラガシュとウンマの紛争（ラガシュの王が水路を変更してウンマの水源を絶った）から、現代のシリア内戦でのアレッポの水供給パイプラインの破壊による飲料水不足に至るまで、綿々と続いてきた。世界の水不足は地球上での地域間あるいは国家間の紛争の可能性を高めており、とりわけ現代において水資源をめぐる紛争の発生しやすいところは、アフリカや中東など水資源が稀少な地域と国際河川流域であろう。国際河川流域に関しては、よく知られているように、ユーフラテス・チグリス川をめぐるトルコ、シリア、イラクのあいだの水資源紛争、ヨルダン川をめぐるイスラエル、ヨルダン、パレスチナのあいだの水紛争、ナイル川をめぐるエジプト、スーダン、ケニア、エチオピアなどのあいだの水資源紛争、そしてメコン川をめぐる中国と東南アジア諸国とのあいだの水資源問題などが存在する。

　世界の有限な水供給をめぐる紛争に関して、国連開発計画（UNDP）の2006年の『人間開発報告書』は、以下のように書いている[7]。

　「複数の国が、自国の環境を支え、生計を維持し、成長を生み出すために同じ水源に依存する場合、越境水は、それらの国々の市民と環境を結び付ける。１カ所における水利用は、ほかの場所で利用可能な水量を制限する。たとえば、国が上流の水を灌漑用または発電用として貯水すれば、下流域に位置する国の農業、および、その自然環境のための水量が制限される。

　上流国における水利用のあり方は、下流国の環境と、そこに流れてくる水の質に影響を及ぼす。計画性に欠けるダムの建設によって、貯水池で沈泥が起こり、肥沃な沈殿物が低地平野に到達しなくなる。同様に、産業汚染または人的汚染も、河川を通じて他国に住む人びとへ運ばれることがある。2005年11月に発生した産業事故により、中国の松花江に80kmにわたり化学物質の油膜が広がったとき、ハルピン市の300万人の市民だけでなく、国境の向こう側に住むロシアのハバロフスクの住民にも脅威をもたらした。

　上流の利用者が放水する時期と水量は、下流にきわめて大きな影響を及ぼ

---

7)　国連開発計画（UNDP）『人間開発報告書2006』国際協力出版会、2007年、247頁。

す。たとえば、上流国が水力発電用の水を必要とするのと同じ時期に、下流国の農業利用者は、灌漑用水を必要とする場合もあり得る。これは、今日の中央アジアにおいてよく起きている問題である。」

　石油資源の利用に関しては、「ピーク・オイル」という言葉でその限界が論じられてきたが、水の利用に関しても「ピーク・ウォーター」という言葉でその限界について語られている[8]。P.グリックによれば、石油に関して可採可能量が限定されているためにオイル生産のピークが逆U字カーブの頂点に位置するように、水の利用においても社会が水の利用によって提供されるエコロジー的・人間的な便益を最大化するような「ピーク・エコロジカル・ウォーター」が想定できるという。そのピークを過ぎると、環境や人間にとっての水利用の便益が低下し、深刻な慢性的水不足をきたす可能性が高くなる。

　地球上の水資源のなかで人間が利用できるのはわずかであり、その水資源の利用可能性も人間の欲求を満たすには次第に不十分となりつつある。その原因に関しては、すでに触れたように、水に対する需要増加と供給不足であり、人口増加、都市化、気候変動などが大きな要因となっている。しかし、水不足は、こうした要因だけによってもたらされているものであろうか。世界的にみてあらゆる資源は不平等に配分されており、この背景には世界システムにおける中心と周辺あるいは半周辺というグローバルなレベルでの政治的な力関係の不均衡や世界経済という市場メカニズムの存在があることはいうまでもない。このことは水資源についてもいえることであろう。

　その意味で、国連開発計画（UNDP）の『人間開発報告書――水危機神話を超えて――』の中の以下の一節はきわめて示唆的である。

　「人口増加に伴い、世界の水需要が高まり、将来は水不足になるという『憂鬱な算術』へと向かっているというのが、その議論の流れである。われわれはこの議論の出発点に同意しない。水不足が問題になっている国もある。しか

---

8) P. Gleick, *The World' Water* 2008-2009, Island Press, 2009, p.9f. Cf.「ピーク・ウォーター」については第7章を参照されたい。

し、グローバルな水危機の中心にある欠乏とは、利用できる水の物理的な量ではなく、権力、貧困、不平等に根ざすものであるといえる。このことは、生命を維持するために必要とする水の利用、という領域において最も明らかである。今日、開発途上国で生活する人のうち約11億人が水を十分に利用することができず、26億人が基本的な衛生設備を欠いた中で暮らしている。これらの水不足は、水の利用可能性ではなく、制度と政治的選択に根ざしたものである」[9]。

このように水資源をめぐる国際紛争、地域紛争、国内紛争に関しては、現代のグローバル化した政治経済的な構造に根ざす複雑な問題が横たわっている。その意味では、地球上の水資源をめぐる紛争を潜在化させるための手段として、水資源のリージョナル・ガバナンス、グローバル・ガバナンス、国際水レジーム、そして水の安全保障という問題が重要となっているといえるだろう。

Ⅲ　本書の構成と内容

本書は、全体をⅡ部構成として、第Ⅰ部「水資源をめぐる紛争と国際流域ガバナンス」では、世界の国際河川流域における紛争とガバナンスの問題を取り上げ、第Ⅱ部「グローバル化と水の国際ガバナンス・レジーム」では、水資源をめぐるガバナンス、レジーム、水に対する人権などの問題を取り上げたい。

まず第Ⅰ部の第1章「中央アジアの地政学と水資源問題」では、冷戦終結後の中央アジア地域の地政学的な変化と水資源問題について検討したい。水資源に関して統合的な管理を行っていた旧ソ連が崩壊した後、各主権国家にその管理に任されることになったが、他方でロシアは以前のような経済的・政治的影響力を強めようとしている。中央アジア諸国にとって、とりわけ水資源は重要な資源であり、その配分が水紛争あるいは水戦争に至る可能性がある点につい

---

9)　国連開発計画（UNDP）、『人間開発報告書―水危機神話を超えて―』横田洋三他監修、古今書院、2007年、2頁。

てはこれまで多く指摘されてきたところであり、水資源の問題がこの地域の現在と将来にどのような影響を与えるのかという点について検討する。

第2章「アラル海地域の水資源と環境」では、中央アジア地域のなかでもとりわけ現在、縮小と消滅の危機に瀕しているといわれているアラル海地域に焦点を当て、アラル海の縮小に伴って周辺の環境や水資源問題がどのような影響を受けているのかについて取り上げる。

第3章「ユーフラテス・チグリス川の水資源をめぐる紛争とガバナンス」では、ユーフラテス・チグリス川の流域国を構成するトルコ、シリア、イラクの3カ国における水資源をめぐる紛争と地域的なガバナンスの問題を取り上げる。1980年以降に「南東アナトリア計画」(GAP) を推進したトルコは、ユーフラテス・チグリス川上流域に多くのダムと水力発電所を建設し、下流国であるシリアとイラクに影響を与え始め、このことが下流国であるシリアとイラクの政治的反発を招いた。またこの事態は2003年のイラク戦争後も継続しており、この章では、ユーフラテス・チグリス川流域の水資源紛争とガバナンスにおける問題点と課題について考えてみたい。

第4章「ナイル川流域の水資源をめぐるレジームとガバナンス」では、19世紀の植民地時代以降のナイル川流域における水資源利用の国際的なガバナンスとレジームの形成について取り上げたい。植民地時代の水資源レジームは植民地宗主国であったイギリスとエジプトが中心であり、他のナイル流域国はそれから排除されていた。ここでは、植民地時代からポスト・コロニアル時代および現代にいたるナイル流域における水資源のガバナンスとレジームについて検討したい。

第5章「ヨルダン川流域の政治的対立と水資源問題」は、ヨルダン川流域国であるヨルダン、シリア、イスラエルを中心に、中東地域における水紛争の問題を取り上げる。第二次大戦後4回にわたって中東戦争が起こった中東地域は現在でも紛争地帯で、政治的な緊張関係が継続している。中東戦争のなかでもとりわけ1967年の六日戦争とよばれている第3次中東戦争は、ヨルダン川をめぐる水問題が戦争の大きな原因の1つであるといわれており、さらにその背景

を探っていけば、ヨルダン川の流域の水資源計画をめぐる流域諸国の対立問題が浮上してくる。本章では、ヨルダン川流域における水資源の配分問題に焦点を当て、そこでの水資源と紛争あるいは戦争の問題を考察したい。

　第6章「メコン川流域のガバナンスとレジーム」では、メコン川流域のガバナンスとレジームの問題を取り上げる。中国の雲南地方とミャンマー東部に位置するメコン川上流域と、ラオス、タイ、カンボジア、ベトナムに位置しているメコン川下流域から構成されるメコン川流域の水資源管理のガバナンスあるいはレジームは、1957年以降存在しており、現在はメコン川委員会が流域ガバナンスの制度的な枠組となっている。ここでは、このメコン川委員会を中心にメコン川流域のガバナンスとレジームを検討する。

　第Ⅱ部の第7章「グローバル化と世界の水資源」では、「ピーク・エコロジカル・ウォーター」、バーチャル・ウォーター、ウォーター・フットプリントなどの問題を取り上げながら、地球的な規模でみた場合の水資源とその利用の現状について考察し、先進国と発展途上国の双方の持続可能な水資源利用の方向性を探る。

　第8章「水をめぐるグローバル・ガバナンス」は、1972年のストックホルムで開催された人間環境開発会議から、2002年のヨハネスブルク・サミットに至るまでの水資源をめぐるグローバル・ガバナンスの取り組みを検討する。ストックホルム会議とヨハネスブルク・サミットは直接的に水資源問題を対象とした世界会議ではないが、同時に世界的な水問題に関しても検討されており、その意味ではグローバルな水資源ガバナンスの枠組ということができる。その後、水資源ガバナンスについては国際会議、水フォーラムなどが開催され、また水レジームというべき国際的な水条約も形成されてきた。この章では、世界の水資源に関するこれまでグローバルな取り組みを検討するとともに、今後の水資源に関するグローバル・ガバナンスあるいはグローバル・レジームについても考えてみたい。

　第9章「EUの水政策と水枠組指令（WFD）」では、リージョナルな水政策を展開しているEUを取り上げる。EUの環境政策のなかでも水に関する政策

は重要な位置を占める領域の1つである。EUでは、水に関するさまざまな政策について1990年代まで個々の指令という形で加盟国に対して実施されていたが、2000年に水枠組指令（WFD）が出されることによって、統一的な水政策が実現されることになった。この章では、水資源に関するリージョナル・ガバナンスの事例として、1970年代から2000年の水枠組指令に至るまでのEUの水政策について検討したい。

第10章「水の国際レジーム ── ヘルシンキ規則からベルリン規則へ ──」は、水に関する国際条約を中心に検討する。国際河川の利用に関しては、1966年の「国際河川水の利用に関するヘルシンキ規則」、1992年の「国際水路及び国際湖水の保護及び利用に関する条約」、1997年の「国際水路非航行的利用法条約」などがあるが、2004年に、国際法協会（ILA）は「水資源に関するベルリン規則」を承認した。この章では、ヘルシンキ規則から「国際水路の非航行的利用に関する国連条約」を経てベルリン規則に至る一連のレジームについて検討することを通じて、水資源の国際レジームの現状について考察したい。

第11章「水に対する人権と『水の安全保障』」では、2000年以降にその必要性についての世界的な認識がますます高まりつつある「水に対する人権」の問題を取り上げる。近年、急速な人口増加や、世界の利用可能な淡水資源を減少させている気候変動は、世界の利用可能な淡水資源を減少させていることで、水に対する人権を法制化しようとする動きが、国際社会と各国で進められている。2010年7月28日、国連総会は、「水と衛生設備に対する人権」に関する国連総会決議を採択したが、この国連決議はこれまでの歴史の中で「水に対する人権」を国際社会が認める画期的なものであった。この章では、「水に対する人権」へのグローバルな取り組みについて検討する。

そして最後の第12章「水資源をめぐる紛争とその平和的解決に向けて」は、水資源をめぐる現在および将来の紛争の可能性を前提にして、その平和的解決への道筋を探ろうとするものである。この章では、これまで検討してきた水資源のグローバル・ガバナンスとグローバル・レジーム、水に対する人権などを前提にして、いくつかの選択肢を検討しながらその方向性を検討したい。

本書の試みは、ハイドロポリティクスという視点から、水資源と紛争、水資源のガバナンスとレジーム、そして水の安全保障等に関する政治学的な考察であるが、ハイドロポリティクスという研究領域が明確ではないことに加えて、水資源問題に関しては学際的な研究も不可欠であるということもあって、多くの問題点を抱えているという点を懸念している。それらの点についてご批判を頂ければ幸いである。本書がグローバルな視点から水資源問題の将来的なあり方を考えるための一助になればよいと考えている。

第 1 章
中央アジアの地政学と水資源問題

　旧ソ連の崩壊は世界システムの地政学的・地理経済的な地図を塗り替え、その後のグローバルな市場経済化に拍車をかけた。単一の政治権力に基づく世界帝国としての旧ソ連は、中央アジア諸国に対して地域的な支配力を有し、そこでのさまざまな資源に関して統合的な管理を行っていたが、旧ソ連の崩壊後、その統合的な権力は分散され、各主権国家がその機能を引き受けることになった。さらに冷戦終結後、中央アジア諸国は資本主義世界経済としての世界システムに統合されるとともに、国内経済においては市場経済システムを導入した。こうして、中央アジア諸国はロシアの政治的・経済的な支配から解放され、アメリカ、トルコ、中国、イラン、インド、そしてロシアなどさまざまな国々との関係をもつ自由が保証された。しかし、他面においては、ロシアはかつてのような経済的・政治的影響力を強めようとし、地域機関の設立などを通じて中央アジア諸国との協力関係を築き上げようとしている。

　中央アジア地域は石油、天然ガス、ウランといった天然資源を有し、また東西をつなぐ回廊地帯という交易の中心に位置していることから、「新グレートゲーム」の場となっている。この「新グレートゲーム」に参加している主要なプレイヤーは、EU、アメリカ、ロシア、インド、中国などであり、それぞれの国あるいはポリティは中央アジア諸国に強い関心をもち、それとの協力関係を築こうと試みている。EUとアメリカはこの地域で強い経済的な・政治的なプレゼンスを確保しようとしている。EUは近年ロシアからウクライナを経由するガス供給が中断されたことで、石油と天然ガスの供給地を中央アジアに求めている。

　EUは2007年に中央アジア諸国との「新しいパートナーシップのための戦

略」[1]を表明し、この地域の安全保障と安定性のための戦略的目標を立て、将来の経済発展、貿易、投資を視野に入れた協力関係の構築をめざしている。

　アメリカも2001年の9／11テロ以降、アフガニスタンやキルギスに軍事基地を設けるなど、中央アジアへの関与を強めてきた。オバマ政権は、アメリカの中央アジアへの関与の目的として、①この地域との協力関係の拡大、②この地域のエネルギー資源の供給とルートの開発と多様化、③この地域における良きガバナンスの形成と人権の尊重、④競争的市場経済の促進、⑤この地域の各国政府の自己統治の確保、の5点を挙げている[2]。

　他方、中国は中央アジア諸国に対する投資計画を開始し、経済関係を強めようとしている。経済成長を遂げている中国にとっては、自国でエネルギー資源を確保できなくなっている現在、その輸入の増加だけでなく供給先の多様化という課題にも直面している。マラッカ海峡を通る中東からの石油の輸入は80％に及んでいるが、将来的にはそのルートだけでは安定した供給が保証されず、ロシアを含めた中央アジアの供給国からのルートも確保したいということが中国のエネルギー戦略の背景をなしている[3]。中国が進めている一帯一路構想とアジアインフラ投資銀行（AIIB）の設立は、こうした戦略と深く関わっている。

　このような中央アジア地域の地政学的な状況において、帝国的な支配の終結に伴って単一の国家によって対処できないさまざまなリージョナルな諸問題が生まれている。国境線が引かれたことで、この地域の農業や工業への供給路が断たれ、専門的な技能や知識をもった多くのロシア人がこの地域から離れ、かつてのソ連政府からの補助金もなくなった[4]。さらにこの地域ではイスラム原

1）　Council of European Union, *European Union and Central Asia : Strategy for a New Partonership*, 2007.
2）　J. Nichol, *Central Asia : Regional Developments and Implications for U. S. Interests*, Congressional Research Service, January 12, 2011, p.3.
3）　T. N. Marketos, *China's Energy Geopolitics*, Routledge, 2009, p.27.
4）　UNDP『中央アジア人間開発報告書・概要』UNDPヨーロッパ・CIS局、2005年、8頁。

第1章 中央アジアの地政学と水資源問題　19

図1　中央アジアとアラル海流域の地図

出所：M. Parvizi and H. Houweling（eds.）, *Central Eurasia in Global Politics*, 2ndEd., Brill, 2005, p. 280.

理主義が台頭しているだけでなく、テロリズムと麻薬による安全保障への脅威も生まれている。

　こうした状況のなかで重要性を高めているのが水資源とエネルギー資源の問題である。それらの資源管理は、かつての帝国的支配において統合的な観点から可能であったが、国境線が引かれて分断された主権国家システムにおいてはそのような管理が困難となっている。世界システムの半周辺に位置している中央アジア諸国にとって、とりわけ水資源は農業生産やエネルギー確保のための重要な資源であり、その配分が水紛争あるいは水戦争に至る可能性すら存在する。この点についてはこれまで多く指摘されてきたところである[5]。本章では、中央アジアの地政学的な背景を前提にしながら、水資源の問題がこの地域

の現在と将来にどのような影響を与えるのかという点について考えてみたい。

I　中央アジアの経済と水資源

　かつて中央アジアはその豊富な鉱物資源と石油資源のために地政学的な競争の舞台となった。旧ソ連から独立した中央アジア諸国のなかで、カザフスタンはウランやクロムなどの鉱物資源と石油資源に恵まれた国であり、2000年以降は年率平均10％という経済成長を遂げてきている。またウズベキスタンとトルクメニスタンは豊富な天然ガス埋蔵量と綿花栽培という点で共通しており、経済発展のすべての面で自立を求めている。それに対して、エネルギー資源をわずかしかもっていないキルギスとタジキスタンは、自国の水資源を生かしたエネルギー戦略を展開している。

　旧ソ連の崩壊は、この地域の国々の経済的な衰退と経済格差の拡大をもたらし、さらには政治的な不安定と水資源をめぐる問題を引き起こした。水資源政策は一国的な視点から進められ、各国の基本的な立場はできるかぎり多くの水資源を利用することであり、上流国は水力発電によるエネルギー生産のために水資源を利用し、下流国は農業のための灌漑と生活上のニーズのために水資源を利用している。こうして地域的な水安全保障という理念は、国内経済のために水供給が必要であるという目的をもつ一国的な水安全保障政策へと転換した[6]。

　そうしたなかで、カザフスタン、トルクメニスタン、ウズベキスタンのようにエネルギー資源が豊かなうえに経済発展を遂げている国々は、水資源の分野では自立した行動を取り始め、自国で利用するために貯水池、湖、運河を建設

---

5)　第2章「アラル海地域の水資源と環境」を参照されたい。

6)　I. Abdullayev, H. Manthrithilake and J Kazbekov, Water and geopolitics in Central Asia, in : M. Arsel and M. Spoor (ed.), *Water, Eironmental Security and sustainable Rural Development*, Routledge, 2010, p.127.［以下 Abdullayev, Manthrithilake and Kazbekov (2010)］

してきた。他方、キルギスとタジキスタンはより高度の水力発電所を建設し、この地域の水資源利用を再調整するために国際機関や企業からの投資を求めている[7]。このようにこの地域の国々がバラバラな水資源政策を展開しているということだけでなく、今後さらに経済成長が続いて投資も増えるということを考えると、新たに開始される各国の水資源関連の計画はこの地域の水資源の配分と利用の現状に大きな影響を与えることになる。経済成長が進む一方で、水資源と農業に関する政策がそれに伴わないという状況は、将来的にこの地域において食糧不足が深刻化することにもつながる。

加えて、中央アジアにおいては経済発展によって農業生産のGNPに占める割合も相対的に低下してきたとはいえ、近年の食料や農業生産物の価格上昇のために農業への回帰をもたらす可能性も生まれてきている。このことは、上流国の水力発電エネルギーと下流国の灌漑農業とのあいだの水資源配分の競争を激化させることにもつながる[8]。

さらにこの地域の灌漑農業の問題点もある。中央アジア諸国の水利用に関しては、経済発展が進んでいるなかで、いずれの国も農業部門に75−90％の水を使用している（表1参照）。そしてアラル海流域の90％以上の地域は、おもにウズベキスタンとトルクメニスタンの灌漑農地として利用されている。その広さは全体で10,679,000ha（1993−1997年）に及び、ウズベキスタンがもっとも広く、4,223,000haの面積をもっている。これらの灌漑地域では、水の蒸発率が高く、しかも地下水の塩化が進んでいる。1993-1997年には、すべての灌漑農地の10−50％が塩化の影響を受けている[9]。

ところで、中央アジアの水資源の状態は、この地域の地政学的な状況や戦略と密接に関連しているが、EUの「気候変動と国際安全保障」というレポートは、この点について以下のように記している。

---

7) Abdullayev, Manthrithilake and Kazbekov (2010), p.127.
8) Abdullayev, Manthrithilake and Kazbekov (2010), p.128.
9) J. Granit, et. al., *Regional Water Intelligence Report Central Asia*, Stockholm, 2010, p.7.［以下 Granit, et. al. (2010)］

表1　中央アジアの灌漑耕地と水利用（1990－1999年）

	実際的な水利用（km³）			流域の灌漑領域（×1000ha）		
	1990年	1994年	1999年	1990年	1994年	1999年
カザフスタン	11.9	10.9	8.2	702	786	786
キルギス	5.2	5.1	3.3	434	430	424
タジキスタン	13.3	13.3	12.5	709	719	927
トルクメニスタン	24.4	23.8	18.1	1,329	1,744	1,744
ウズベキスタン	63.3	58.6	62.8	4,222	4,286	4,277
全体	118.1	111.7	104.9	7,466	7,965	8,158

出所：M. Spoor and A. Krutov, The 'Power of Water' in a Divided Central Asia, in : M.Parvizi and H. Houweling (eds.), *Central Eurasia in Global Politics*, 2 nd. Ed., Brill, 2005, p.287.

「中央アジアは気候変動の影響を強く受ける地域である。農業にとっての重要な資源であるとともに電力のための戦略的資源でもある水の不足はすでに明らかになっている。タジキスタンの氷河は20世紀の後半にこの地域で3分の1に減少し、ギルギス共和国では過去40年間で1,000カ所の氷河が消失した。こうして地域内紛争のための追加的な潜在力が存在し、その戦略的・政治的・経済的発展は地域を超えた課題となっているとともに、EUの利害に間接的あるいは直接的に影響を与えている。」[10]

ユーラシアというさらに広い地理的空間でみると、EU、中央アジア、東アジアはそれぞれ構成要素となっており、ヨーロッパも東アジアも中央アジアのエネルギー資源に依存しているという点では利害関係を有している。したがって、このEUのレポートは、中央アジアの政治的・経済的な状況の変化がユーラシア全体に与える影響を懸念するものとなっている。

中央アジアにおける経済格差は将来的な水利用へ大きな影響を与え（表2参照）、紛争の可能性を生み出すといわれているが、それに加えて水資源政策において各国が独自の行動をとっていることもこの地域に歪みと不安定性をもたらす要因となっている。トルクメニスタンが現在進めている「黄金時代の湖」

---

10) EU, *Climate Change and International Security*, paper from the High Representative and the European Commission to the European Council, S113/08, 14 March 2008.

というプロジェクトは、カラクム砂漠の中央に巨大な人造湖を創るというもので、排水を脱塩化した後に再び灌漑に利用しようとするプロジェクトである[11]。またウズベキスタンは近年、シルダリア川上流のキルギスのトクトグル貯水池から流れ出る冬期の水を蓄える貯水池の建設を完了した。

　他方、キルギスは自国のトクトグル貯水池を冬期の発電のためだけに利用してきたが、その理由は、ウズベキスタン、タジキスタン、カザフスタンとは違って、この貯水池の下流に灌漑地域をもたなかったからである。トクトグル貯水池から水を供給されている3カ国は、その水が利用される夏期には灌漑のために水不足に直面しており、単年ごとの多国間協定に調印できなければ、水問題はさらに深刻化する。2008年の水不足の年に、カザフスタンとキルギスは2国間協定に調印し、トクトグル貯水池から放流される水に料金を支払った。しかし、下流国であるウズベキスタンとカザフスタンの灌漑地域に利用される水は、灌漑期間のピーク時にカザフスタンに到達しなかった。このため、カザフスタンは上流国であるウズベキスタンとタジキスタンに「威嚇行動」を示し、自国の水量を確保した[12]。

---

11)　I. Stanchin and Z. Lerman, Water in Turkmenistan, in: M. Arsel and M. Spoor (ed.), *Water, Environmental Security and Sustainable Rural Development*, Routledge, 2010, p.264.
12)　Abdullayev, Manthrithilake and Kazbekov (2010), p.131.

表2 中央アジア経済の部門別水利用

水利用（％）	カザフスタン	キルギス	タジキスタン	トルクメニスタン	ウズベキスタン	中央アジア
家庭	4.8	4.8	3.0	1.9	5.0	3.9
産業	18.7	18.7	18.7	1.6	1.6	10.7
農業	75.1	75.1	85.0	90.6	92.1	83.6
他部門	1.6	1.6	5.0	0.0	1.3	1.9

出所：M. Arsel and M. Spoor (eds.), *Water, Environmental Security and Sustainable Rural Development* (2010), p.133.

II 中央アジアにおける水紛争の可能性

(1) 中央アジアにおける水資源に関連する諸問題

　旧ソ連の崩壊後に誕生した中央アジアの新しい国家は、過去65年以上続いた灌漑システムを継承した。しかし、旧ソ連時代の国有による統制と集権化された管理の下で運用されてきたこの灌漑システムは、中央アジアの新国家の成立後、個々の国家の管理下に置かれることになった。アラル海流域の灌漑地域は1990年に725万haであったが、1995年には794万haと約9.5％増加した。カザフスタンを除くすべての流域国家は、灌漑地域の拡大を計画しており、その拡大規模に関しては、キルギスは40万ha以上、タジキスタンは4－14万ha、トルクメニスタンは60万ha、ウズベキスタンは42－60万haとなっている[13]。

　ところが、この流域の灌漑システムは独立後に悪化の一途を辿ってきた。その理由は、第1にこのシステムの維持や修復のための基金が急速に減少したこと、第2に灌漑システムの維持の責任が曖昧となり個々の農家に押し付けられたこと、そして第3に旧ソ連に依存していた代替部品や備品が供給されなくなったこと、である[14]。この地域の灌漑用地が劣化した結果として、とりわけ

---

13) P. Micklin, *Managing Water in Central Asia*, The Royal Institute of International Affairs, 2000, p.37. ［以下 Micklin (2000)］
14) Micklin (2000), p.41.

カザフスタンとタジキスタンにおける主要な農作物の収穫が低下した。ウズベキスタンでは1990−94年間で穀物が19％、カザフスタンでは37％、トルクメニスタンでは23％、キルギスでは50％、タジキスタンでは59％、それぞれ減少した。また綿花の収穫については、ウズベキスタンでは7％、カザフスタンでは31％、トルクメニスタンでは2％、キルギスでは24％、タジキスタンでは31％、それぞれ減少した。さらに野菜の収穫については、トルクメニスタンでは23％上昇し、ウズベキスタンでは一定で、他の国家では33−68％減少した。

この流域の古い灌漑システムの改修費用は、1 ha 当たり3,000−4,000ドルと見積もられており、世界銀行の研究によると、灌漑と排水の修繕には1 ha 当たり3,000ドルの費用がかかるとされている。1995年の灌漑地域は794万ヘクタールであったが、そのうち68％に当たる540万 ha は再建が必要とされている。1 ha 当たり3,000ドルの費用がかかるとすれば、この費用は160億ドルとなる[15]。

この地域の灌漑が直面しているもう1つの深刻な問題は土壌の塩化である。1989年の土壌の塩化に関する調査によると、53％は塩化度が低く、32％は塩化度が中位で、13％は塩化度が高いという結果であった[16]。灌漑地域の大部分は地下水面が高いという問題に悩まされているが、それは排水施設が欠如しているか、あるいは不適切で機能不全の排水施設を抱えているためである。この地域には塩分を含む地下水が存在するために、この乾燥地域の灌漑にとって重要なことは地下水面を深くしておくことである。しかし、排水施設が不十分であるために、排水が地下水に流れ込んで地下水位を押し上げていることが土壌の塩化の原因となっている。

全体的にみて、土壌の塩化はこの地域の下流域でより深刻であるようである。というのは、河川と排水が塩分を含む水路を洗い流し、自然の排水がない下流の平坦な土地を塩化させるからである。キルギスとタジキスタンといった上流国は塩化度が低く、ウズベキスタン、トルクメニスタンといった下流国で

---

15) Micklin (2000), p.40.
16) Micklin (2000), p.40.

表3　中央アジアの水関連の諸問題

1	水質の悪化：農業と産業における水資源の汚染
2	灌漑における非効率的利用による土地と水の悪化
3	自然災害と人災：旱魃、洪水
4	経済復興のための水資源競争の拡大（国家間と部門間）
5	国家間の水配分：越境的水資源

出所：I. Abdullayer et. al., 2010, p.136.

は塩化度が高くなっている[17]。

このように中央アジアは灌漑施設の劣化をめぐる問題と土壌塩化の問題を抱えており、このことが水の利用を増大させるとともに農業の生産性を低下させている。この地域の農民は土壌塩分を洗い流すために水を流す習慣があるようであり、そのことも大量の水を消費させる大きな原因の1つとなっている[18]。

(2)　国家間の水配分をめぐる問題

①キルギスの水力発電をめぐるカザフスタン・ロシア・中国の関与

旧ソ連時代のキルギスでは、ウズン－アクマト川（Uzun-Akhmat）とトーケント川（Torkent）の水を貯めているトクトグル貯水池と、その下流に当たるナリン川の水力発電所の管理運営は順調に進められていた。ナリン川はシルダリア川の主要な支流を構成し、下流地域に40％の水を供給していた。ナリン川には5つの水力発電所が設置され、それらはすべてキルギスの領土内にある。ナリン川の上流に位置するトクトグル貯水池は、140億m³の貯水量を有し、毎年90億m³の水を放水でき、下流国のカザフスタンとウズベキスタンはこの水に依存している。トクトグル貯水池は旧ソ連によって農業生産の需要を満たすために建設されたもので、この目的は達成され、綿花生産は1960年の430万トンか

---

17)　M. Spoor and A. Krutov, The 'Power of Water' in a Divided Central Asia, in : M. Parvizi and H. Houweling (eds.), *Central Eurasia in Global Politics*, 2 nd Ed., Brill, 2005, pp.288-9.［以下 Spoor and Krutov (2005)］

18)　Spoor and Krutov (2005), p.288.

ら1990年には1,000-1,100万トンに急上昇した[19]。

　キルギスは独立後に改革に着手し、最初の10年間はこの改革は他の周辺諸国と比較して相対的に達成され、中央アジアにおける「民主主義の島」とよばれた。キルギスは1998年に旧CIS諸国のなかでは最初にWTOに加盟した。しかし他面では、工業生産の水準は最低限にまで下がり、農業は自給自足農業が一般的となった。インフレは800％に達し、1995年にはGDPは1990年比で50.7％も低下した。そのうえキルギスは旱魃、洪水、地滑りといった多くの自然災害に見舞われ、1992-1999年の間その発生件数は1,210件を超えた[20]。こうした状況にもかかわらず、キルギスでは2000年以降、水資源管理政策に変化が生まれた。この改革の基本的な理念となったのは、水資源管理の領域で国際的にも評価されている統合的水資源管理（IWRM）という概念である。キルギス政府は水資源管理と水資源のガバナンスに関する多くの立法的措置を行った。地方レベルでは、水資源管理が分権化され、水利用者連合（WUA）が設立され、水資源管理への地方の住民参加のレベルを上げた。

　また、キルギスの水力発電の分野においては、1998年から2001年にかけて電力部門は民営化された。キルギスにおける現在の電力消費水準はそのニーズを十分に満たすことができるものとなっており、将来的な余剰電力は輸出に回されるとされている。2005年に、キルギスはその隣国であるカザフスタンとロシアに20億kWの電力を売却した。キルギスはまた中国に対する電力輸出を検討しており、両国は1992年以来それについて協議してきている。2005年1月に、中国政府はビシュケクに総額9億ドルの投資を提案したが、この投資の中身は水力発電所1基、溶鉱炉2つ、鉄道と2本の道路の建設であった。他方、中国がキルギスに求めているものは電力、鉄、稀少金属である。2006年にバキエフ

---

[19] The World Bank, *Water Energy Nexus in Central Asia*, Washington DC, 2004, p. 36.

[20] E. Herrfahrdt-Pähle, The Politics of Kyrgyz water policy, in: M. Arsel and M. Spoor (ed.), *Water, Environmental Security and Sustainable Rural Development*, Routledge, 2010, p.216-7.

大統領は北京を訪問して、投資と引き換えに中国の西域への電力輸出について正式に承認した[21]。しかし、2010年に発生したキルギス国内の混乱でこの計画は進展していない。

②中国国境地域――カザフスタンと中国――

中国とカザフスタンは20の河川を共有しており、そのうちカザフスタンの主要河川であるイリ川とイルティシ川の源流は中国に源を発している[22]。イルティシ川は世界で5番目に長い河川で、カザフスタンの工業地帯を流れ、ロシアのオビ川と合流して北極海に注いでいる。旧ソ連時代に、第10次5カ年計画（1976-80年）の間、カザフスタン共和国で、イルティシ川の水を第2の都市であるカラガンダへ分流するためにユーラシアでもっとも大きな運河が建設された。この運河はカザフスタンの多くの精錬所や工場によって利用され、またイルティシ川の多くの支流が同様の目的のために利用されたために、独立後イルティシ川はユーラシアでもっとも汚染された河川となった。さらに近年、中国からカザフスタンへの流量が減少したことで、カザフスタンはイルティシ川のいくつかの水力発電所施設や港湾施設の機能不全を引き起こしている[23]。

1990年代に中国は新疆ウィグル自治区のカラマイ油田に水を供給するために、あるいは中国西域の産業と農業の開発のために水を供給するために、イルティシ川の流れを変えるために運河の建設に乗り出した。それは中国の第10次5カ年計画（2001-2006年）の優先事項とされたものである[24]。カザフスタン

---

21) S. Peyrouse, The Hydroelectric Sector in Central Asia and the Growing Role of China, in : *China and Eurasia Forum Quarterly*, Vol. 5, Nr. 2, 2007, pp.145-146 [以下 Peyrouse (2007)].

22) Granit, et. al. (2010), p.17.

23) E. Sievers, Water, Conflict, and Regional Security in Central Asia, in : *New York University Environmental Law Journal*, Vol. 10, Nr. 3, 2002, p.378. [以下 Sievers (2002)]

24) E. Sievers, Transboundary Jurisdiction and Watercourse Law : China, Kazakhstan, and the Irtysh, in : *Texas International Law Journal*, Vol. 37 : 1, 2002, p.3.

は長年中国によるイルティシ川の分流の大きな影響を認識していなかったが、イルティシ川の状況はすでに深刻となっている。中国は、国境の上流から多くの水を取水しようとしており、このことは逆にカザフスタンの農業と産業の発展に大きな影響を与える。

2009年4月にナザルバエフ大統領が北京を訪問した際に、国境をまたぐ河川の水資源の合理的で相互に受け入れ可能な利用とその保護について胡錦濤主席と協議した。胡錦濤主席は越境河川の水配分に関する問題について公式に協議する用意のあることを承認した[25]。

さて、中国からカザフスタンへ流れている越境河川としてはイリ川がある。イリ川はイルティシ川とは異なって、カザフスタンのバルハシ湖に注いでおり、その水源はやはり中国である。したがって、中国の西域におけるエネルギー開発のためにイリ川を分流するという計画は、カザフスタンのイリ川流域にとっては大きな脅威となる。旧ソ連時代にカザフスタンがイリ川に建設した水力発電所とカプチャガイ湖(旧首都アルマティ近郊の重要なリゾート地)によって、バルハシ湖の水位は低下した。このため旧ソ連の設計者は、バルハシ湖を救済するためにカプチャガイ湖の規模を縮小した。しかし、中国の分流による水量の減少はこのような努力を無駄にするものとなる[26]。カザフスタンは中国の分流に関して攻撃的に対処しないという方針を立てたものの、これらの分流は今後も続き、少なくともカザフスタンの水資源の状況を悪化させる可能性がある。

③キルギス・ウズベキスタン・トルクメニスタンのあいだの水資源問題

まずキルギスとウズベキスタンの間には、水資源の配分をめぐる国家間の緊張のほかに、国境地帯の領土紛争という問題が存在している。こうした緊張や紛争問題は長年両国のあいだでフェルガナ渓谷をめぐって続いてきた。国境地帯にあるアンディジャン貯水池については、キルギスはウズベキスタンに貸与

---

25) Granit, et. al. (2010), p.17.
26) Sievers (2002), p.379.

しているものであると主張しているのに対して、ウズベキスタンは交渉のテーブルに着くことすらしない状況となっている[27]。

他方、ウズベキスタンとトルクメニスタンとの関係では、両国間にはアムダリア川の水資源利用をめぐって緊張関係が存在している。両国ともに灌漑農業に依存しており、その灌漑水はアムダリア川の水源を利用している。旧ソ連からの独立後、アムダリア川の水資源をめぐって両国で小規模の戦争が勃発したという噂が広がった。その後数年間にわたって、ウズベキスタン軍がアムダリア川のトルクメニスタン側の水利施設を軍事的に管理しているという報告も存在したようであり、両国ともに過度の取水と水供給の悪用を相互に批難してきた。

これに加えて、両国間の緊張関係は、トゥヤムユン（Tuyamuyun）貯水池周辺の共有の灌漑システムをめぐっても存在している。この貯水池はウズベキスタンが所有しているが、トルクメニスタンに位置している。ロシアの新聞が報道した情報によれば、1990年代初頭にウズベキスタンはトルクメニスタンの北東部を占領する計画を立てたということである[28]。

Ⅲ　リージョナルな水ガバナンスの枠組

(1)　地域的経済協力の枠組

①中央アジア地域経済協力（CAREC）

CARECは1977年に創設され、その目標はより効率的かつ効果的な地域経済協力によって加盟国の生活水準の向上、貧困の削減をめざすことにある。現在のところ、中央アジアは東アジアとヨーロッパの間の貿易の架け橋としてのかつての役割を再び取り返し、世界のもっとも重要なエネルギーの中心の1つになろうとしている。CARECプログラムは、輸送、エネルギー、貿易の促進、

---

27)　Granit, et. al. (2010), p.18.
28)　Granit, et. al. (2010), p.18.

貿易政策という4つの分野での地域的協力を推進することで、目標の実現をはかっている[29]。

CARECの参加国は、アフガニスタン（2005年）、アゼルバイジャン（2002年）、中国（1997年）、カザフスタン（1997年）、キルギス（1997年）、モンゴル（2002年）、パキスタン（2010年）、タジキスタン（1998年）、トルクメニスタン（2010年）、ウズベキスタン（1997年）である。CARECはまた上海協力機構（SCO）とユーラシア経済共同体（EAEC）とも協力関係をもっている。

CARECは基本的には経済の分野での地域協力機構であるとはいえ、経済やエネルギー問題に付随する環境問題への取り組みも視野に入れている。2006年10月に中国のウルムチで開催された第5回大臣会合では、2国間あるいは多国間の水資源管理に関する問題が取り上げられた[30]。さらに共有の水資源に関しては、以下のように記している。

「CARECの関与が望ましいものとされるならば、水資源管理を改善し、水・エネルギー関係における状況を解決あるいは改善することに貢献するうえでCARECが主導することができる。中心となるのは、少なくとも当初は、灌漑と水資源管理における共同体の関与に関するものである。」[31]

2008年11月にアゼルバイジャンのバクーで開催された第7回大臣会合では、越境水路の利用に関する協力関係について触れている。

「利益共有への現代的なアプローチの方法は、アムダリア川やシルダリア川といった重要な河川の流域国における定期的な灌漑、エネルギー源、飲料水という利益だけでなく、経済的・環境的・文化的・社会的な利益を保護するという仕方で、環境的に健全な越境水路の開発と保護を可能とするところにある。2国間あるいは多国間の交渉と関連する流域国間の合意達成が、アフガニスタ

---

29) この点については、CAREC Institute (http://carecinstitute.org/index.pdf?page=priority-area) を参照。尚、4つの領域のうちの貿易の促進は参加国相互が慣習や手続の改善によって貿易方法を円滑化することであり、貿易政策は、各国が世界貿易機関に加盟する努力を行うことである。

30) *Central Asia Regional Economic Cooperation Comprehensive Action Plan*, 2006, p.20.

31) *Central Asia Regional Economic Cooperation Comprehensive Action Plan*, 2006, p.116.

ン、キルギス、タジキスタンといった CAREC 諸国の多くにおける大規模な水力発電の貯水地の計画、建設、操業を可能にする。」[32]

このように、CAREC は基本的には中央アジアにおける経済協力のための地域機関であるとはいえ、水資源問題も視野にいれた協力関係の構築を目指している。

UNDP は中央アジアの天然資源管理に関して、CAREC の意義を以下のように記している。

「国際社会は、中央アジアにおける天然資源管理問題のさまざまな側面に広くかかわってきた。中央アジアの地域協力を支援する重要な機会は、国際機関間の緊密な協力を取りまとめ、国内のプログラムを扱う際にも地域的展望に立ち、中央アジアの援助関係機関から100％の支持を得られない場合には、CACO の『水・エネルギー共同体』を含む地域イニシアチブと地域機関を支援することから生まれるだろう。CAREC なら、国際援助国と地域機関をまとめる中心的な役割を果たせるだろう。」[33]

このなかの CACO（中央アジア協力機構）は後述するように2006年にユーラシア経済共同体（EAEC）に編入されたが、CACO が提案した「水・エネルギー共同体（Water and Energy Consortium）」は、水資源に関する地域協力を進めるうえで重要な役割をもつものと考えられる。

②ユーラシア経済共同体（EAEC あるいは EURASEC）

EAEC の設立条約は、2000年10月にカザフスタンの首都アスタナで、ベラルーシ、カザフスタン、キルギス、ロシア、タジキスタンの間で調印され、EAEC は2001年5月に設立された。2002年にウクライナとモルドバがオブザーバー参加を認められ、その後アルメニアのオブザーバー参加が認められ、2005年10月にウズベキスタンの加盟が承認された。ウズベキスタンが2006年1月に EAEC

---

32) *Strategy for Regional Cooperation in the Energy Sector of CAREC Countries*, 2008, p.9.
33) UNDP (2005)、23頁。

に正式に加盟したことで、加盟国が重なっている中央アジア協力機構（CACO：加盟国はカザフスタン、キルギス、タジキスタン、ウズベキスタン、ロシアで、1998年に中央アジア経済協力機構になる）は事実上、消滅した。

EAECは、加盟国間の関税同盟によって単一の経済圏を創設し、世界経済と国際貿易体制に統合するためのアプローチを調整するために設立された。EAECの活動の主要な目的の1つは、社会的・経済的変動の調整による共同体のダイナミックな発展と、加盟国の経済力の効果的な利用を確実にすることである。

EAECの目標は、基本的に自由貿易体制の確立をめざすさまざまな措置を講じるというものであるが、それらの中で優先順位の高いものは、輸送、エネルギー、労働力移動、農業といった分野である。エネルギー部門においては、主要な目標は中央アジアの水力とエネルギーの複合体の共同開発であり、エネルギーと水の供給問題の解決、そして統一されたエネルギーバランスの発展である[34]。

このようにEAECの目標は、自由貿易体制の構築を基本的にめざすものであり、旧ソ連崩壊後に中央アジアにおいて問題化したエネルギーと水資源の関係をその課題の1つにしている。電力供給に関してみると、2003年には、タジキスタンとキルギスは、カザフスタンとウズベキスタンの高圧送電線網を通じてロシアに900MkWhの電力を送った。ロシアはキルギスとカザフスタンとともにカムバラタ水力発電計画の実行可能な研究を準備しており、こうした研究にもとづいて、そのプロジェクトの実施に伴う各加盟国の割当分が確定することになる[35]。

③上海協力機構（SCO）

1996年に設立された上海ファイブを前身とするSCOは、2001年にウズベキ

---

34) USAID, *An Assessment for USAID/CAR on the Transboundary Water and Energy Nexus in Central Asia, Final Report*, 2004, p.22. [以下 USAID (2004)]
35) USAID (2004), p.22.

スタンが加わって地域的な政府間相互安全保障機構として新たに誕生した。SCOは安全保障に関する問題に加えて、社会経済的な開発問題を扱っている地域機関でもある。

　2002年のSCO首脳会議では、「上海協力機構憲章」が承認され、加盟国間の相互信頼や善隣外交を促進すること、協力分野を拡大し、地域の平和や安全・安定を守り、民主的で公正かつ合理的な国際政治経済の新秩序をつくること、そして政治、貿易、国防、法の執行、環境保護、科学技術、教育、エネルギー、交通などの分野での有効な地域協力を促進することがその基本理念とされた[36]。

　中央アジアのキルギスと中国との水資源に関する協議にSCOが関与している例は、ナリン川の水力発電所建設に関するものである。ナリン川における新規の水力発電所建設をめぐってはカザフスタン、ロシア、中国のあいだで協議がなされ、キルギス政府は3カ国によるコンソーシアムの設立を求めている。キルギス政府はナリン川に新たに5基の水力発電所の建設を計画しており、2004年には中国に対して投資の打診をした。これらの建設のための全コストは20億ドルから30億ドルかかると見積もられており、中国との定期的な交渉はキルギスと中国との2国間だけでなく、SCOの枠組のなかでも行われている[37]。

Ⅳ　中央アジアのリージョナル・レジームとその有効性

(1)　中央アジアの水協定

　すでに触れたように、旧ソ連の崩壊後、中央アジア諸国では、それまで政治的に統一されていた国家が分断されることで、水源の管理もまた分断されるこ

---

[36]　中央アジアのエネルギー資源をめぐる地政学におけるSCOの位置づけに関しては、星野智『国民国家と帝国の間』世界書院、2009年、186頁を参照されたい。
[37]　Peyrouse (2007), p.146.

とになった。ウズベキスタンやカザフスタンといった下流域に位置する国々は夏期には灌漑のために多くの水量を必要とし、キルギスなどの上流域の国々は冬期に水力発電のために多くの水を必要とする。旧ソ連時代は、シルダリア川の水資源は1984年2月の旧ソ連の議定書413によって管理されていた。それによると、227億㎥の全表流水のうち、ウズベキスタンに46％、カザフスタンに44％、タジキスタンに8％、そしてキルギスに2％、それぞれ配分されることになっていた[38]。

旧ソ連の崩壊後に中央アジア諸国が独立して以降、この流域の水管理の枠組は危機にさらされてきた。にもかかわらず、中央アジアの新しい独立国家は議定書413に明記されていた水資源配分の原理を継続することに合意し、1992年2月18日にカザフスタン、キルギス、タジキスタン、トルクメニスタン、ウズベキスタンの間でアルマティ協定（正式名称は「国家間の共同水資源管理の領域における協力と保護に関する協定」）が調印され、共同の水資源管理が承認された。

この協定の第1条では、「締約国は地域の水資源の共同体と統合を組織化し、水資源の利用のための同等の権利および合理的利用と保護を保証するために責任を有する」とし、第2条では、「締約国は合意された決定の厳密な監視および水資源の利用と保護の規則の確立を定める義務を負う」とし、第3条では、「この協定の各締約国は、他の締約国の利益を侵害し、それに損害を与え、水の放流という合意された価値や水源の汚染といった逸脱に至るような行為を予防する義務を負う」としている。そして、この協定の第7条によって、単年度協定とともに季節ごとの水資源配分を取り極める国家間水調整委員会（ICWC）が創設された[39]。旧ソ連時代の流域組織であったBWOシルダリアは、ICWCの一部となり、水配分に関する監視と管理を担当することになった。

---

38) The World Bank, *Water Energy Nexus in Central Asia*, Washington DC, 2004, p.8.
39) ICWCとその組織に関しては、第2章「アラル海地域の水源と環境」を参照されたい。尚、この協定の条文については、The World Bank (2004) の巻末付録を参照した。

しかしながら、各国家が独立して水資源の統一的な管理体制がなくなったという状況のもとでは、どうしても旧ソ連時代の水資源配分に固執することには困難が伴った。そこで各国は水資源とエネルギーに関する単年度の2国間協定や多国間協定を締結することになった。これらの協定の下においては、締約国間で合意された夏期の放水量は、以下の2点によって補完することが求められた。それは、第1に、キルギスが夏期に生産した電力がその必要量を超えた場合にそれと同量をウズベキスタンとカザフスタンが輸入すること、第2に、キルギスが冬期に電力不足に直面した場合に、不足分に相当する電力、天然ガス、石油、石炭をウズベキスタンとカザフスタンが供給すること、である。これは本質的にバーター取引であり、そこでの暴騰した価格は増分的なエネルギー貿易の経済学を歪めがちであった[40]。

1990年代には、大まかにみると、キルギスのような上流国は、自国の水力発電のための冬期の水量を増やして十分なエネルギーを確保し、化石燃料の輸入への依存から脱却しようとしたのに対して、ウズベキスタンやタジキスタンのような下流国は、トクトグル貯水池からの冬期の放流水を貯えて夏期に利用するために、新しい貯水池を建設することで十分な水を確保しようとした。しかし、このことはコストのかかる解決方法であることが判明し、続行することができなくなった。

1998年3月17日に、カザフスタン、キルギス、ウズベキスタンの3国は、「シルダリア川流域の水資源とエネルギー資源の利用に関する協定」を締結した（表4参照）。この協定は、以前のアドホックな調整を超える大きな修正であると広く認められ、この地域の緊張を緩和したとみられた。この協定の特徴は、以下のような内容にある。すなわち、第1に国際法とその手続きを支持しようとしていること（前文）、第2に水力と灌漑のための水資源利用を可能にするために通年の水量規制と洪水対策を通じたナリン川貯水池の共同操業の必要性の認識（第2条）、第3に貯水池における毎年の貯水に関するエネルギー上

---

40) The World Bank (2004), p.8.

表4 中央アジア諸国の水に関する地域協定

名称	締約国	基本争点	条約の流域	日時	調印国
アラル海とその周辺領域の危機に対処し、環境を改善し、アラル海地域の社会的・経済的発展を保証する共同活動に関する協定	多国間	水質	アラル海 アムダリア シルダリア	1993/3/26	カザフスタン キルギス タジキスタン トルクメニスタン ウズベキスタン
アラル海流域の諸問題に関する国家間協議会（ICAS）の執行委員会の活動に関する中央アジア諸国首脳の決議	多国間	水質	アラル海 アムダリア シルダリア	1995/5/3	カザフスタン キルギス タジキスタン トルクメニスタン ウズベキスタン
ナリン・シルダリアの貯水池の水・エネルギー資源の共同かつ複合的な利用に関するカザフスタン・キルギス・ウズベキスタン間の協定	多国間	灌漑	シルダリア	1998/3/17	カザフスタン キルギス ウズベキスタン
環境領域における協力と合理的な自然利用に関するカザフスタン、キルギス、ウズベキスタンの間の協定	多国間	水質	不特定	1998/3/17	カザフスタン キルギス ウズベキスタン
シルダリア川流域の水とエネルギー資源の利用に関するカザフスタン・キルギス・ウズベキスタン間の協定	多国間	共同管理	シルダリア	1998/3/17	カザフスタン キルギス ウズベキスタン
シルダリア川の水とエネルギー資源の利用に関するカザフスタン・キルギス・ウズベキスタン間の追加と補遺を付した議定書	多国間	水力と水力発電	シルダリア	1999/5/7	カザフスタン キルギス タジキスタン ウズベキスタン
チュー川とタラス川の国家間の水利施設の利用に関するカザフスタンとキルギスの間の協定	2国間	共同管理	タラス	2000/1/21	カザフスタン キルギス

出所：J. Granit, et. al., Regional *Water Intelligence Report Central Asia*, Stockholm, 2010, p.18.

の損失を補完する必要性に関する明確な認識（第2条）、第4にこの補完は電力、ガス、石炭、石油といった等価的なエネルギーという形でなされるという提案（第4条）、第5に借款や担保といった保証メカニズムの利用の可能性（第5条）、第6に紛争解決は基本的に交渉と協議によって解決されるとしながらも仲裁裁判所による紛争調停を規定していること（第9条）、そして第7に水とエネルギー資源の管理と利用を改善するためにいくつか選択肢を検討していること（第10条）、である[41]。

　このように1998年3月17日の協定は、水資源とエネルギー資源に関する多国間協定であり、このなかで特に水資源レジームの強化という観点から重要と思われる点は、水資源利用に関する国際法的手続きの尊重が謳われていることと、紛争調停のための仲裁裁判所の設置に関する規定が盛られていることである。しかしながら、中央アジアの水資源に関するこのような重要な提案にもかかわらず、中央アジア諸国が地域的な国際法の先駆的な役割を果たすことは難しいように思われる。というのは、現代の越境水路法は流域国に共有資源を管理する法的協定を作るだけでなく、「共同管理メカニズム」の設立を促しているからである。国際法に関してみると、カザフスタン、キルギス、ウズベキスタンのなかで1992年の「越境水路と国際湖沼の保護と利用に関する条約」の締約国になっているのは、カザフスタンだけである[42]。

(2) チュー・タラス川流域の水管理と水協定

　キルギスからカザフスタンにかけて広がっているチュー・タラス川流域は、おもにアサ川、チュー川、タラス川によって形成されている。なかでもタラス川は、全長661km、流域面積は52,700km²で、そのうちキルギスが22％、カザフスタンが78％を占めている。旧ソ連時代に、このタラス川流域に、それもカザフスタンとの国境近くのキルギスの領土内にキロフ貯水池が建設され、1975年に完成し、翌年からその利用が開始された。この貯水池建設の目的は、下流域

---

41) The World Bank (2004), p.9. この協定の条文に関しては、pp. 28-30を参照。
42) Sievers (2002), pp.384-385.

であるカザフスタンの灌漑農地のためにタラス川の流れを管理するということであった。すなわち、キロフ貯水池は、農作物の生育期の最初と最後に追加的な水補給をするために下流地域への水の流れを規制するために利用された[43]。現在のところ、タラス川流域の灌漑地域はキルギスで114,900ha、カザフスタンで79,300haとなっている[44]。

旧ソ連時代の1983年1月31日に、キルギス自治共和国とカザフスタン自治共和国は水資源利用に関する協定を取り結び、双方がタラス川の水を50％ずつ利用することで合意していた。1983年の協定は、毎年タラス川流域には16億1600万m^3の水量があるということを想定していた。カザフスタン領域内では、キロフ貯水池から7億1600万m^3、自国内の水源から9,200万m^3の水量が確保できた。この協定の規定によれば、カザフスタンは農作物の生育期（4-9月）にキロフ貯水池から5億7,960万m^3の水を、そして非生育期（10-3月）には1億3,640万m^3の水を受け取るとされた。この時代は、両国は統一されていたために、その財源は旧ソ連の水資源省から受け取っていた[45]。

しかし、中央アジア諸国が独立した後、チュー・タラス川流域はキルギスとカザフスタンに分割された。独立後もキルギスとカザフスタンの交渉が継続されてきただけでなく、両国を含めた多国間の協定が締結されるなど一定の成果を上げてきており、水資源の配分方法に関して両国は相互に努力を重ねてきたといえる[46]。

そのような両国の努力もあって、2000年1月21日、キルギスとカザフスタン

---

43) A. Krutov and M. Spoor, Integrated Water Management and Institutional Change in Central Asia's Chu-Talas and Vakhsh-Amudaria River Basin, presented at "The Last Drop": Water, Security and Sustainable Development in Central Eurasia, International Conference, 2006, p.7.

44) K. Wegrich, Passing the conflict. The Chu Talas Basin Agreement as a Model for Central Asia？ In：M. M. Rahaman and O. Varis (eds.), *Central Asian Water*, 2008, pp.119-120. ［以下 Wegrich (2008)］

45) Wegrich (2008), p.122.

46) Wegrich (2008), p.124.

はチュー・タラス川流域における越境水のインフラのための費用分担に関する協定に調印した。この協定の正式名称は、「チュー川とタラス川の国家間の水利施設の利用に関するカザフスタンとキルギスの間の協定」[47]である。この協定は、1983年にモスクワで調印された水資源の均等配分に関する協定には言及していないが、水資源配分に関しては第1条できわめて曖昧に扱われている。すなわち、第1条では、「締約国は、水資源の利用ならびに国家間で利用される水利設備の運用および維持が衡平かつ合理的な仕方で締約国の相互利益を導くものであることに合意する」と規定している[48]。

さらにこの協定は、以前の毎年の2国間協定には触れておらず、第3条で、「国家間の利用のための水利施設を保有する締約国は、安全で信頼できる運転を提供するに必要な費用に関して、その施設を利用する締約国からその補償を受け取る権利を有する」[49]としている。そして第4条では、「締約国は、国家間の利用のための水利施設の運転と維持に関連する費用の回復に関与するとともに、供給される水の割合に見合うように他の合意された提案にも関与するものとする」[50]とされている。

そして協定の第5条は、国家間の水利用施設の稼動の仕方を計画し、その稼動および維持に必要なコストを明らかにするための常設委員会の設置を謳っている。2005年7月26日に、この規定に基づいてチュー・タラス川委員会が設置され、その問題に関しては両国の関係は良好になったようである[51]。実際問題として、独立後、2006年を例外として、キルギスは常にカザフスタンに対して、1983年の協定で規定された水供給義務を目標以上に達成していたということである[52]。

---

47) この協定の条文に関しては、The World Bank (2004), p31-3を参照。
48) The World Bank (2004), p.31.
49) The World Bank (2004), p.31.
50) The World Bank (2004), p.31.
51) Wegrich (2008), p.125.
52) Wegrich (2008), p.128.

しかし、キルギスは旧ソ連時代には 6 月に最大量の放流をしていたが、独立後はこのキロフ貯水池からの放流の時期を変えたようであり、このことがカザフスタンの農業にとって圧迫となっていたようである。すなわち、キルギスは上流国であるという地理的位置と、必要な水資源管理のインフラを保有しているという戦略的な立場を、キロフ貯水池の稼動と維持の費用をカザフスタンに負担させるための取引手段として利用したということである[53]。ここには上流国であるキルギスの戦略が存在しているということもできる。

　ユーラシアというメタ・リージョンという枠組のなかで考えると、中央アジアは西ヨーロッパと東アジアの中間に位置し、しかも石油や天然ガスなどの資源に恵まれている地域である。この地域はかつて東西をつなぐ回廊の中間点として大きな役割を果たしてきた。しかし、ヨーロッパ諸国による近代世界システムの形成により、この地域は周辺化されたり、帝国的な支配下に置かれたりしてきた。また旧ソ連という帝国的な支配体制の崩壊と主権国家の形成という時代的な流れのなかで、中央アジアは民族的にも分断され、地域的な協力体制も崩壊した。
　とりわけ水資源のエネルギー資源の分野においては、地域的な協力体制の崩壊はそれぞれの主権国家にとっては死活的な意味をもつ。それだけに中央アジアの各国家は独立後、紛争を孕みながらも協力体制の構築に努めてきた。中央アジアでは、現在、EU、ロシア、アメリカ、中国といった大国が影響力を行使しようとしている。そうしたなかで、中央アジアの国々はこれら大国の影響力を考慮に入れながらも、地域的なまとまりを形成しようとしている。グローバル化時代のリージョナル化という現象はこの中央アジア地域においても例外ではない。むしろ、ロシア、アメリカ、中国といった大国の思惑と利害も絡んで、この地域には CAREC、EGEC、SCO といったリージョナル・ガバナンスの枠組が多く存在している。中央アジア諸国は以前の同盟国であるロシアとの

---

[53] Wegrich (2008), p.128.

協力関係を志向しており、他方においてアメリカはこの地域に紛争を生み出すような地政学的な分断を作り出そうとしている。また中国はすでに触れたように中央アジア諸国とのつながりを深めることによって、中東の石油資源への一方的な依存に偏らない石油資源の確保の道を模索している。また近年、中国は一帯一路構想を展開し、この地域の経済圏の拡大を志向している。中央アジア地域にはこうした大国の思惑と利害が存在し、したがって中央アジア諸国だけによるガバナンスとレジームの形成を困難にしているといってよい。

しかし、他面において、中央アジア諸国は２国間協定あるいは多国間協定というリージョナル・レジームを志向してきたこともすでにみてきたとおりである。現在のところ、中央アジアには複数のリージョナル・ガバナンスの枠組が存在しており、それらは重複的なメンバーシップを形成している。したがって、とりわけ中央アジアの水問題や水紛争に関して、多国間の合意を形成することは容易ではなく、ましてやレジーム形成という法的枠組を作り上げることはさらに困難であるとしても、複数のリージョナル・ガバナンスの枠組が存在するということは、それがレジーム形成の可能性につながるということもできる。

とりわけEUは戦後、統合を進めるなかで水資源に関する諸問題についてもリージョナル・レジームの体制を作り上げてきた。その意味で、ユーラシア大陸で隣の地域に位置する中央アジア諸国は、こうしたEUの経験を生かす道を模索することも可能であろう。また独立後、中央アジア諸国は既存の多国間の環境条約へ積極的にアクセスするとともに条約を批准してきた。たとえば中央アジア５カ国は、生物多様性条約、砂漠化対処条約、気候変動枠組条約の締約国となっている。したがって、たとえば国際水路に関しては、すでに発効している1997年の「国際水路非航行的利用法条約」があるが、中央アジアのいずれの国も加盟していない。この条約はまさに中央アジア諸国の衡平かつ合理的な統合的水資源管理のための有効な法的手段となりうるものであり、早急な加盟が必要であろう。

第2章
アラル海地域の水資源と環境

　中央アジア諸国においては、旧ソ連崩壊後、単一の政治権力による管理が崩壊したことによって、国際的な水資源管理は中央アジア諸国によるガバナンス・システムに移行した。このガバナンス・システムは現在のところただちに崩壊して紛争に至るという可能性は低いとしても、今後、中央アジアのアラル海周辺地域の水不足が進み、その配分問題で紛糾する場合には、機能不全に陥って紛争に至る可能性も存在するだろう。

I　アラル海地域と水資源問題

(1) 中央アジア地域の環境問題—アラル海—

　中央アジアは、西のカスピ海から東の中国中部、北の南ロシアから南の北インドにわたる地域で、歴史的には遊牧民族とシルクロードと密接なつながりをもってきた。中央アジアの地理はきわめて多様で、そこには天山山脈などの高い山脈、カラクーム砂漠やタクラマカン砂漠などの広大な砂漠地帯、そしてアラル海やバルハシ湖が存在している。この地域の主要な河川は、パミール高原を源とするアムダリア川と天山山脈を源とするシルダリア川である。

　この地域では、地域経済、食糧安全保障、人間の健康の深刻な影響を与えるようなさまざまな環境変化を遂げてきた。中央アジア諸国に影響を与えたもっとも重要な環境問題の1つは、水資源の稀少性である。よく知られているように、アラル海はアムダリア川とシルダリア川という2つの主要河川からの水供給が減少しているために3つに分断され、その1つの海（Small Aral）は一定の

表1　アラル海の水深と面積

年	水深 (m)	面積 (km^2)
1960	53.0	69,384
1985	41.5	44,468
1986	40.5	43,278
1987	40.0	42,517
1988	39.5	41,470
1989	39.0	39,543
1990	38.0	38,163
1991	37.0	35,412
1992	36.5	33,635
1996	36.0	31,427
2000	32.9	22,500
2002	32.5	21,200
2003	31.9	19,427
2004	31.6	18,668
2005	31.4	17,980
2006	31.2	17,361
2007	31.0	16,810
2008	30.8	16,228
2009	30.7	15,732
2010	30.6	15,314

＊2003-2010年までの水深と面積は推定値
出所：Jiaguo Qi and Rashid Kulmatov, An Overview of Environmental Issues in Central Asia, In : J. Qi and K. Evered (ed.), *Environmental Problems of Central Asia and their Economic, Social and Security Impacts*, Springer, 2008, p. 47.

改善策によって回復しているものの、他の2つの海は依然としてかろうじて結びついており、その水量は減少している。1960年に、アラル海の水深は53mで全域は69,384km^2であった。2008年までにアラル海の水深は23-30mまでになった。アラル海の全面積は同時期に、69,384km^2から16,810km^2にまで減少した（表1参照）。そして現在、アラル海は将来的な枯渇の危機にさらされているといってよい（図1参照）。

　気候変動による地域的な気候変化も、この地域の水資源の減少に大きな影響を与えている。中央アジアの地域の多くにおいて、氷河や永久凍土層が低地に新鮮な水を供給し、その地域の農業に灌漑水を与えてきた。しかし、気候変動

図1 アラル海の縮小の歴史

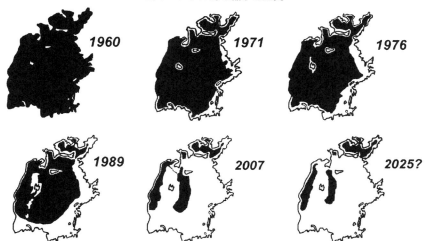

出所：Jiaguo Qi and Rashid Kulmatov, An Overview of Environmental Issues in Central Asia, In：J. Qi and K. Evered (ed.), *Environmental Problems of Central Asia and their Economic, Social and Security Impacts*, Springer, 2008, p. 34.

の結果としてのその水の減少は顕著で、このことはカザフスタンや中国北部の天山山脈にみられる。北の天山山脈においては、氷河が急速に減少し、1955-2000年には年平均で0.7％喪失し、氷河の全表面積は272km^{2}から201km^{2}にまで減少した。氷河の後退は、この地域の農業食糧生産のための長期的な水供給に深刻な影響を与えている[1]。

表2に示されるように、旧ソ連の5カ国（カザフスタン、ウズベキスタン、トルクメニスタン、キルギスタン、タジキスタン）、アフガニスタン、モンゴル、中国の人口は、過去70年間で3-5倍に増加した。これらの人口増加は、当然のこととして、食糧や水の需要増加を伴った。また、その地域における資源管理の強化は、脆弱な生態系に影響を与え、この地域の劇的な環境破壊をもたらし

---

[1] Jiaguo Qi and Rashid Kulmatov, An Overview of Environmental Issues in Central Asia, In：J. Qi and K. Evered (ed.), *Environmental Problems of Central Asia and their Economic, Social and Security Impacts*, Springer, 2008, p.5. ［以下 Qi and

表2　過去数十年間の中央アジアにおける人口変化

国	年	人口（千人）	年	人口（千人）
カザフスタン	1922	5,377	2008	15,341
トルクメニスタン	1922	903	2008	5,180
ウズベキスタン	1922	4,363	2008	28,268
キルギスタン	1922	883	2008	5,357
タジキスタン	1922	965	2008	7,212
アフガニスタン	1953	8,573	2008	32,728
モンゴル	1940	750	2008	2,996
中国	1949	512,740	2000	1,330,000

出所：J. Qi and K. T. Evered (eds.), *Environmental Problems of Central Asia and their Economic, Social and Security Impacts*, Springer, 2007, p.8.

た。また、この地域の周辺の土地はかなり過放牧となり、穀物生産のための土地利用は増加し、土地の劣化、地下水の減少、土壌劣化、表層水の減少に至った。砂漠化対処条約の報告書（1994）によれば[2]、たとえば、カザフスタンの土地の約66％はさまざまな環境破壊にさらされ、耕作地の15-20％は砂漠となった。モンゴルにおける家畜の急激な増加は、多くの草原の砂漠化をもたらした。草原の砂漠化をもたらした人口増加は中国で著しく、中国の西部地域（新疆、内モンゴル、甘粛、チベット、青海、寧夏、山西）では、4億人の人々が脅威にさらされており、毎年2,400km^{2}が砂漠化し、砂漠化した土地は262万km^{2}にも達している。

(2) アラル海水資源問題の原因

気候変動は中央アジアにおける水の稀少性に影響を与えているにもかかわらず、この地域の人間活動はこのアラル海地域における環境問題の主要な推進力の1つとなっている。水供給の減少は、実生活の面で生じてきた環境破壊の結果であり、おもに農業、工業、生活の面での水需要が高まった結果である。

よく知られていることは、旧ソ連時代における農業中心的な経済のために、

Kulmatov (2008)］
2) UNCCD, http://www.unccd.int/php/countryinfo.php?county=KAZ

表3 アラル海流域の水資源の利用

国家	アラル海流域(km^3)	割合（％）
カザフスタン	14.2	11.8
キルギス	6.1	5.1
タジキスタン	15.5	12.9
トルクメニスタン	26.0	21.7
ウズベキスタン	58.3	48.5
全体	121.1	100

出所：J. Moerlins, M.K.Khankhasayev, S. F. Leitman, E. J. Makhmudov (ed.), *Transboundary Water Resources: A Foundation for Regional Stability in Central Asia*, Springer, 2006, p.82.

中央アジア諸国は、過去20年間に灌漑地を拡大してきたことである。このために、農業における水利用量がしだいに増大し、アラル海への水の供給量が減少したのである（アラル海流域の水資源の利用については表3参照）。そしてアラル海の縮小という不可逆的な過程は、地域の気候変動をもたらし、そのことがアラル海地域やその周辺においてさらなる破局的な塩化、乾燥化、そして他のネガティヴな結果を引き起こしている。さらに、人口の急速な増加と灌漑地域の拡大は、アラル海地域における水不足を引き起こした[3]。

(3) 水資源問題への対処とロシアからの水資源の移動計画

旧ソ連は、おもにタジキスタンとウズベキスタンにおける綿花栽培のために、キルギスとタジキスタンに巨大な貯水池を建設するとともに、水力発電所も建設した。冷戦時代には、この地域の権力ネットワークは単一の地域的なネットワークに統一されていた。この地域的なネットワークを通じて、上流に位置する国（キルギス、ダジキスタン）は冬季には下流に位置する国に供給する水を貯め、水が綿花畑に引かれる夏期には放流し、その一方で、下流に位置する国（ウズベキスタン、カザフスタン、トルクメニスタン）から燃料や天然ガスを

---

[3] Qi and Kulmatov (2008), p.5.

輸入していた。夏期のあいだの水の流れの調整は、モスクワの灌漑省によって管理運営されていた。

1980年代には、旧ソ連のプランナーは綿花産業のためにより多くの水を供給するという目的で、シベリア地方の川から水を供給するという壮大なプロジェクトを考案した。このプロジェクトは環境に大きな影響を与えるということで実施されなかったものの、今日、このプロジェクトを復活させようとする動きもある。たとえば、「水不足とアラル海問題」をテーマとする会議で、ウズベキスタンの官僚のトップは、シベリアのオビ川とイルティシ川の水を運河で供給するようにロシア側に働きかけた[4]。

水とエネルギーの関連性についてみると、旧ソ連の体制下においては、中央アジアの各共和国はモスクワによって統制された複雑なバーター取引のもとで水とエネルギーが交換されていた[5]。割当制度に関してみると、バーターシステムは近年、深刻な緊張関係のもとに置かれ、おそらく他の水管理の部門よりも感情的な対立が顕在化している。ウズベキスタンでは、洪水と旱魃の犠牲になっている人びと、そして冬期に無力な市民は、他国の行動に対する敵対的な感情を持ち始めた。

旧ソ連の崩壊直後、ウズベキスタンとカザフスタンは、ガス、石炭、燃料油の世界価格を導入した。しかし、キルギスはそれらの燃料を購入する余裕はなく、それゆえ燃料不足を補うために冬季にトクトグルでの水力発電所を増やした。キルギスではまた電力需要の急増が進み、2000年の電力需要は1991年と比較して20％高まった。その理由はガス供給の減少であった。トクトグルでの電力生産の増加はまた、他面において、ウズベキスタンとカザフスタンに深刻な問題を引き起こした。キルギスがシルダリア川の水の流れを制限したために下流に位置する両国で利用可能な水量が減少したのである。このことでこれらの国々のあいだで1997年に重大な緊張状態が生まれたが、その理由は干ばつがさ

---

[4] Z. Karaev, Water Diplomacy in Central Asia, in: *The Middle East Review of International Affairs*, Vol. 9, No. 1, March 2005, p.64. [以下 Karaev (2005)]

[5] International Crisis Group, *Central Asia: Water and Conflict*, 2002, p.13. [以下 In-

らに下流地域で利用できる夏季の灌漑水を制限したためである[6]。

　こうした状況のなかで、関係各国は紛争解決の必要性を認識し、1998年に枠組合意についての交渉が行われた。その時点から詳細なバーター協定が毎年結ばれており、これはキルギスにウズベキスタンのガスを、カザフスタンから石炭をギルギスのビシュケクとオシュの火力発電所に供給し、その代わりにキルギスが両国に春と夏に灌漑水を供給するというものである。しかしギルギスは依然としてウズベキスタンから国内消費のためのガスを購入しなければならなかった[7]。しかもこのバーター協定には、いつくかの理由で制約要因が存在した。第1はタイミングの問題で、その協定は通常はウズベキスタンとカザフスタンが水を必要とする春季に準備を開始したことである。第2に、締約国がその約束を十全に果たすことを妨げる実際上の問題が生じた結果として信頼関係が欠如したことである。第3に、管理メカニズムの欠如である。第4に、ギルギスのトクトグル発電所の維持と操業のためのコストが援助されないことである。そして最後に、関係各国がさまざまなペースで改革する場合に、相互の異なる経済システムを考慮に入れることができないことである[8]。

　21世紀に入ると、この地域は最悪の干ばつを経験し、水不足は綿花、コメ、他の農業生産物の衰退をもたらした。すでに拡大した貧困や地域安全保障の低下と結びついた深刻な環境危機のために、この地域では蜂起や長期的な紛争が発生しがちとなっている。

---

　　ternational Crisis Group (2002)]
　6) 　International Crisis Group (2002), p.13.
　7) 　International Crisis Group (2002), p.13.
　8) 　International Crisis Group (2002), p.13.

II アラル海地域の水資源問題の生態的・社会的・経済的・政治的影響

(1) 生態的影響

　中央アジアにおける土壌浸食と塩害は、他の地域と比較して悪化している一方、その地域の土壌浸食は、地域経済に深刻な影響を与えている。灌漑の増加によって、塩害は加速され、生産的な農地を減少させている。1969年代初頭、綿花生産の自給達成を目標にした大規模な灌漑キャンペーンが旧ソ連で始まった。それ以来、アムダリア川とシルダリア川からの取水量の増大が水資源の著しい減少をもたらした。灌漑の増大は、蒸発による水量の減少をもたらし、また土壌の塩化を促進した。もう1つの灌漑の影響は、農業生産にとって脅威となる土壌の乾燥である[9]。さらにアラル海における河川からの水量の減少は、海の水循環の特質とその生態系を不可逆的に変容させ、さらに塩水のバランス変化がアラル海を「生物的な砂漠」に変えた[10]。

(2) 社会的影響

　UNDPの『人間開発報告書2006』は、アラル海地域での健康被害について以下のように報告している。

　「非効率な灌漑制度を通じて綿花を支えているために導水を行った結果、アラル海は苦境に陥った。1990年代までに、水の流入量は以前の10分の1以下に減少し、時にはまったく水が流れ込まないこともあった。1990年代の末には、

---

9) Qi and Kulmatov (2008), p.7.
10) I. Severskiy, I. Chervanyov, Y. Ponomarenko, N. M. Miagkov, E. Rautalahti, and D. Daler, *Global International Waters Assessment, Regional Assessment 24 Aral Sea*, UNEP, 2005, p.39. [以下Severskiy, Chervanyov, Donomarenko, Rautalahti and Daler

水面が1960年代の水準に比べて15mほど低下し、陸の橋で分断された塩分濃度の高い2つの小さな湖へとなり果てた。アラル海の消滅は、社会的および環境的惨事となった。

中央アジア諸国の独立も、危機を食い止めることができなかった。それどころか、それらの国々が協力を拒んだことによって、生計、健康および福利に関する指標は着実に悪化している。1990年代の前半以降、綿花の収穫量は5分の1減少したが、水の過剰使用は続いている。すべての魚種の5分の4が姿を消し、かつては活気に満ちていた下流域の漁業は壊滅状態となった。

このことは健康にも大きな悪影響を与えている。カザフスタンのクズロルダ、トルクメニスタンのダシュホウズ、ウズベキスタンのカラカルパクスタンの住民のもとには、肥料や化学物質で汚染された、人体へ摂取または農業には適さない水が届けられる。中には、乳児死亡率が、南アジアの平均を上回る出生1,000人に100人に達する地域も出てきた。カラカルパクスタンでは人口110万人の70％程度が、呼吸器疾患や腸チフス、肝炎、食道癌などの慢性的な病に苦しんでいる。アラル海は、生態系がどのようにして人間の愚行に対してしっぺ返しをするか、つまり、富の上昇は、人間の進歩ではなく、地域の人間関係を後退させる触媒であったことをはっきりと思い起こさせてくれる。」[11]

この報告にもあるように、アラル海の縮小によってこの地域の漁獲高は激減している。アラル海における漁業は、19世紀にピークを迎え、その時代には毎年40,000トンの漁獲高があった。しかし、1980年代初頭になると、堆積物の石化や汚染の結果として、漁業を停止せざるをえなくなった。汚染は食糧生産物にも及び、1980年代初めには、とりわけカザフスタンにおいて、さまざまな農薬、肥料、細菌などが農業生産物を汚染したのである。

　　(2005)]
11)　国連開発計画（UNDP）『人間開発報告書2006』国際協力出版会、2007年、256頁。

(3) 経済的影響

　第1に、水不足が地域経済に大きな打撃を与えている。真水の質の低下と水不足は操業のために水を必要とする産業活動を制約している。アラル海海岸地域では、経済活動は一時停止した状態にあり、そのことは国内産業に大きな影響を与えている。アラル海の急速な縮小とそれによる生態系の破壊は、以前発展していた漁業や魚肉加工業を衰退させた。

　第2に、アラル海地域の汚染は、とりわけ経済への影響という点で深刻である。汚染問題とその影響に対して取り組むための効果的な予防措置が欠落しており、汚染は地域経済における産業の発展、競争、投資に深刻な影響を与えた。この地域の汚染による経済的な影響は、動物保護のための支出、経済的に重要な種の喪失（生物多様性の喪失）、農地の生産性の低下、そして治療費用の負担増などである[12]。

(4) 政治的影響

　アラル地域では、水不足のために多くの住民が厳しい条件のもとで生活するよりも移住を選択している。この地域では、約10万人の人々が劣悪な環境条件のために移住を余儀なくされている。この地域の政府や国際社会の努力にもかかわらず、国内の水供給の問題が深刻であり、この地域の国家間の政治的紛争の原因となっている[13]。

　また全体的にみて、中央アジアの環境問題は、イスラム原理主義といった宗教的な過激主義と社会的・経済的問題の深化をもたらしている。多くの場合、宗教的な過激主義は、その共同体の拡大のための手段として失業や基準以下の生活条件を利用している。したがって、その地域のエコロジー的な問題は、地域的な安全保障への間接的な脅威となりうる[14]。

---

12) Severskiy, Chervanyov, Ponomarenko, Miagkov, Rautalahti and Daler (2005), p.37.
13) Severskiy, Chervanyov, Ponomarenko, Miagkov, Rautalahti and Daler (2005), p.34.
14) Qi and Kulmatov (2008), p.11.

Ⅲ　中央アジアにおける流域ガバナンスと水管理システム

(1) 中央アジア国家間水調整委員会 (ICWC)

　1991年10月、カザフスタン、キルギス、タジキスタン、トルクメニスタン、ウズベキスタンの中央アジア5カ国の首脳は、旧ソ連時代の集権化された水管理システムに代わる地域水資源管理システムを設立する宣言を出した。すでに第1章でみてきたように、1992年2月18日に、タシケント会議でこれら新しい独立国家は、「国家間水資源の共同の管理・利用・保護に関する協定」に調印し、「国家間水調整委員会」(ICWC) を設立した。1993年3月の各国首脳による決定によれば、ICWCは、アラル海救済国際基金の一部で、国際機関の地位を有する。

　このようにICWCは、中央アジアにおけるハイレベルの越境的な水管理機関で、アムダリア川とシルダリア川の水管理に責任を有し、水の配分・監視・管理に関する決定を行う。ICWCは、加盟国の水管理部門の上級官僚によって構成され、年4回の会合で加盟国の水配分を決定する。ICWCの科学・情報上の支援は、科学情報センター (SIC) によって実施されている。2つの流域水管理機構 (BWOs) であるシルダリアBWOとアムダリアBWO、SIC、そしてICWC事務局は、ICWCの管理機関である (図2参照)。

(2) 流域水管理機構 (BWOs)

　ICWCの管理機関として活動しているBWOsは、シルダリアとアムダリアの2つの河川流域の主要な水供給施設に関する日常的な活動に責任を有する。シルダリア川流域は、カザフスタン、キルギス、タジキスタン、ウズベキスタンという中央アジアの4カ国によって構成され、川の全長は2,337kmである。そしてシルダリア川とその支流には5つの貯水池 (トクトグル、アンディシャン、カイラクム、チャルバク、チャルダラ) が存在する。他方、アムダリア川

図2 ICWC（国家間水調整委員会）関連の機構図

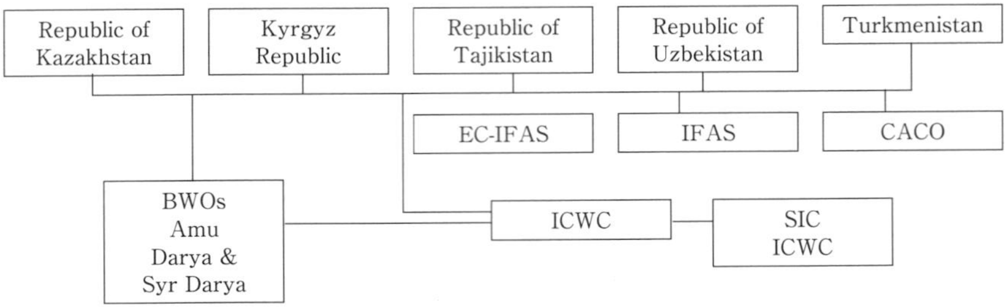

```
[Republic of Kazakhstan]  [Kyrgyz Republic]  [Republic of Tajikistan]  [Republic of Uzbekistan]  [Turkmenistan]
                                             [EC-IFAS]     [IFAS]       [CACO]
[BWOs Amu Darya & Syr Darya] ── [ICWC] ── [SIC ICWC]
```

出所：M. Biddison, The Study on Water and Energy Nexus in Central Asia, 2002.
CACO : Central Asia Cooperation Organization
BWOs : Basin Water Organizations BWO Syrdarya and BWO Amudarya

はトルクメニスタンのほぼ全域と、タジキスタン、ウズベキスタン、キルギス、アフガニスタンの一部の領域を流れている河川で、川の全長は2,574kmである。

BWOsの責務は以下のようになっている[15]。

①アムダリア川とシルダリア川における利用者への水配分計画の作成。
②越境的な水源からの水路変更の許可された制限にしたがって、利用者へ水を供給すること。
③両河川のすべての主要な水圧構造の操作。
④水流の測定
⑤水圧構造・取水・運河の設計・建設、補修、操作。
⑥水質の維持。

BWO"シルダリア"は、トクトグル貯水池からカザフスタン国境にかけての水資源管理と国家間の水配分に責任をもっている。さらにBWO"シルダリア"は、環境委員会、水文気象学局、国家塩分検査機関とともに、シルダリア川の水質を管理する。他方、BWO"アムダリア"は、パンジ川やヴァフシ川などの主要河川の水路の管理を担当している。

---

15) BWOsについては、ICWCのホームページ参照。http://www.icwc-aral.uz/bwo-syr.htm 及び http://www.icwc-aral.uz/bwosamu.htm

(3) アラル海国際基金 (IFAS)

1993年、中央アジア諸国首脳は、アラル海の枯渇に関連する問題を解決するための地域プログラムを調整し、資金調達するための財源を引き出すことを目的に、アラル海国際基金 (IFAS) を設立した。同年、中央アジア諸国首脳は、地域プログラムを管理するために「アラル海国家間理事会」(ICAS) を設立し、翌1994年にアラル海地域の状況を改善するための「具体的行動プログラム」を承認した。「具体的行動プログラム」は、①各国の水のシェアリング、②合理的利用、③流域における水資源の保護、④水資源の利用と汚染からの保護に関する国家間の法的行動、これらに関する一般的戦略の推進を求めている。

1997年、ICAC と IFAS は統合され、新しい IFAS としてスタートした。新しい IFAS の活動は以下のとおりである。

① アラル海地域の大気、水、土地、動植物を保護するための共同措置を実施するための資金の設立。
② 資金調達。
③ アラル海地域の地域モニタリングシステムの構築。
④ アラル海救済と流域環境保全のための国際プログラムの実施への参加。

(4) ICWC 事務局

ICWC 事務局は、1993年10月に設立された常設機関で、5カ国とのあいだでの水資源の利用と保護のための共同管理に関する協定と、ICWC に関する規定に則って活動している。事務局はタジキスタンのフジャンドに置かれている。その役割は以下の通りである[16]。

① ICWC から委託された任務の遂行。
② BWO "シルダリア" と BWO "アムダリア" とともに ICWC の会合のプ

---

16) ICWC のホームページ参照。http://www.icwc-aral.uz/secretariat.htm

ログラム、措置、決定の草案を準備すること。
③BWO"シルダリア"とBWO"アムダリア"に資金調達をするための活動とその資金構成に関する費用案の作成。
④資金調達活動と資金構成の実施計画に関する計算と報告。
⑤ICWC加盟国からの資金受領の管理。
⑥国家間関係の調整。

Ⅳ　アラル海地域および中央アジア地域の将来

(1)　生態的環境の変化とコンフリクトの拡大

　重要な環境資源——とくに耕作地、真水、森林——の稀少性は、世界の多くの地域において紛争の原因となっている。これらの環境上の稀少性はただちに国家間の戦争の原因とならないとはいえ、国家間に深刻な社会的緊張をもたらし、サブナショナルな暴動、エスニックな衝突、都市の騒乱を引き起こす。こうした影響を受けるのがおもに発展途上国であるのは、それらは高度に環境の資源に依存しており、資源の稀少性が原因である社会的危機からの衝撃を緩和できないからである[17]。
　とりわけ世界システムの半周辺あるいは周辺に位置している国々においては、中心諸国に比べて、資源の確保が経済的に制約されているために、そして世界経済における分業構造のなかに組み込まれているために、資源へのアクセスは制約されている。中央アジア諸国の場合は、旧ソ連の支配下において、綿花栽培が行われたことで大量の水資源の消費が始まった。
　この地域の大量の水資源の消費は、1960年代と1970年代に巨大な綿花プランテーションが開始されたことから始まった。この地域では綿花栽培のために、灌漑ネットワーク、運河、貯水池が建設され、その結果、世界最大の綿花栽培

---

17) T. F. Homer-Dixon, *Environment, Scarcity, and Violence*, Princeton University, 1999, p.12.

地域の1つとなった。ウズベキスタンだけで毎年、400万トンの綿花の生産と輸出を行っている。しかし、こうした発展は環境に壊滅的な打撃を与えた。この地域の二大河川であるアムダリア川とシルダリア川は綿花の灌漑のために川筋を変えられ、その結果、アラル海の水位は下降していったからである。1964年から1984年の20年間で、アラル海の水位は約7メートル低下した。この人間による世界最悪の環境破壊と環境汚染は、この地域の住民の健康を害している[18]。

① **水紛争の拡大**

1980年代末までに、水資源の分配と国境をめぐる紛争はモスクワによって裁定されねばならないほどに表面化した対立となっていた。しかし、旧ソ連が崩壊したことで、以前には国内問題であった水資源利用という問題が国際的な媒介を必要とする問題となった[19]。水資源はすべての資源のなかでもっとも政治化されたものの1つである。ヨルダン川、チグリス・ユーフラテス川、ナイル川などの河川では、水をめぐる争いは暴力的な衝突を伴うまでの緊張を生み出している。この点から中央アジアの水資源紛争をみると、以下の問題が指摘できよう。

第1に、地域の水資源システムは旧ソ連の設計と管理によって作り上げられていたが、現在は、共同の意思に欠ける5つの国によって管理されている。

第2に、中央アジア経済は、経済的なアウトプットのほとんどを灌漑に依存しており、灌漑作物によってエリートはカネと管理を手中に入れている。

第3に、不十分な水資源管理と過剰な水資源の利用は地域を乾燥に弱い土地にし、破局的な環境破壊がすでにアラル海周辺にみられる。

第4に、中央アジア諸国は、ますます資源や他の問題の点でゼロサム的な状況になっており、他方では持続できない割合で消費を促進している。

第5に、下流国は上流国よりも軍事的・経済的に強力であり、それはほとん

---

18) Karaev (2005), p.65.
19) Karaev (2005), p.65.

どの水資源紛争において存在している不均衡を示している[20]（表4参照）。

② 食糧問題の深刻化

水不足による農地の荒廃と食糧生産の減少、そして人口増加によって、将来的に食糧不足が深刻化する可能性がある。とりわけ食糧問題で重要なのは、河川や土壌に汚染物質が多く含まれている点である。カザフスタンでは、1980年代中葉には毒性の強い農薬や殺虫剤などが食糧生産における汚染の主要な要因となっていたが、シルダリア川のデルタ地方でのさまざまな魚類の分析からそれらに殺虫剤や重金属が多く含まれていたということが判明したことはそのことを根拠づけるものであった。さらに、鉛、カドミウム、マンガンなどが子供の体内から多く検出され、人体に深刻な被害を与えていることが明らかになった[21]。この結果、ガンに苦しむ住民の数が増加し、たとえばシルダリア川沿いのクルジオルダでは、毎年800人がガンにかかっているという報告が出されている[22]。

(2) 環境問題と人口移動

中央アジア諸国における人口移動の要因としては、経済問題（失業）、特定のエスニック集団や少数民族グループへの差別および人権侵害などがあるが、環境的な要因も増えつつある。ある調査によれば、人口移動の原因として、失業が25％の割合であったのに対して、環境問題が16％の割合を占めた[23]。中央アジアの主要な環境問題は、人為的な要因（砂漠化、土壌汚染、森林破壊など）

---

20) International Crisis Group (2002), p.4-5.
21) Severskiy, Chervanyov, Ponomarenko, Miagkov, Rautalahti and Daler (2005), p.38.
22) Severskiy, Chervanyov, Ponomarenko, Miagkov, Rautalahti and Daler (2005), p.38. この地方のガン患者の多くは食道ガンと胃ガンで、発症率は10万人中46.6人となっている。加えて、飲料水に占める塩分濃度の高さと食道ガンとの相関関係が認められるということである。
23) IOM Technical Cooperation Centre for Europe and Central Asia, *Internal Displacement in Central Asia : Underlying Reasons and Response Strategies*, 2005, p.23.

が大勢を占めているといってよい。

① カザフスタン

アラル海地域、とりわけクジルオルダ（Kyzilorda）地域には、アラル海が縮小する以前には、アラリスクだけで12の漁業協同組合と1つの造船所があり、ウチサイ近くには船修理施設があった。アラル海の縮小で約1万人が失業し、この地域の約5万人が移動した。クジルオルダ周辺では毎年、耕作可能な土地の10－15％が砂漠化し、アラル海南部の草原の20－25％が完全に失われている[24]。

② キルギス

山岳地帯に位置するキルギスは、中央アジア地域においては水資源供給国としての重要な立場にある。キルギスの国内移動の大きな要因は、泥流、地滑り、洪水などであり、これによって影響を受ける住民が多い。これらの災害は不十分な環境管理が原因であると同時に、森林破壊と過放牧が土壌破壊や表土流出の原因となっている。キルギス政府は、1994年に地滑りと泥流によって影響を受けた世帯の調査を始めたが、2004年4月現在で、1,240個の世帯が登録されている。地滑りによって影響を受けた山岳地帯での生活者は、移動を余儀なくされた[25]。

③ タジキスタン

タジキスタンも山岳国家であり、国土の90％以上が山岳地帯に位置している。人口の3分の2は農業人口であり、農業部門においては、貧しい世帯の収入の70％が食糧購入に消費される。地方住民の50％以下は水道を利用できない状態にある。1991－2002年には、地滑りや泥流などの自然災害の結果、66,000人の住民が家屋を失い、また2002年の9カ月間に約20万人の住民が洪水、地

---

24) IOM Technical Cooperation Centre for Europe and Central Asia (2005), p.28.
25) IOM Technical Cooperation Centre for Europe and Central Asia (2005), p.39.

震、泥流、地滑りなどの自然災害の影響を受けた[26]。

④ ウズベキスタン

アラル海の枯渇は、この地域の環境に大きな影響を与え、カザフスタンと同様に、この地域に住む住民に壊滅的な打撃を与えた。またアムダリア川とシルダリア川の両河川沿いの伝統的な灌漑地域では、不十分な水管理が塩害や海の縮小を招いている[27]。

(3) 政治的コンフリクトの拡大

① 資源配分と権力バランス

一般に、地域の国家間の軍事的・経済的な資源が不均衡な場合は、優位に立つ国家がその地域の資源の配分において強い影響力をもつ。ナイル川流域ではエジプトが唯一の軍事大国であり、支配的な立場の維持に成功してきたということから考えると、経済力・軍事力に優り、両河川の下流に位置するカザフスタンとウズベキスタンの影響力が大きいといえる。しかし、上流国に位置するキルギスは、近年、水資源に関して強い態度をとりつつある。

2001年6月に、キルギス議会は、「水の目的、水資源、水管理の設置の国家間利用に関する法律」を通過させた[28]。その法律は、水資源が独自の経済的な価値を有し、国家によって所有されるべきであるとするものである。すなわち、キルギス国内でつくられた水資源は国家の所有物であり、隣国はそれに料金を支払うべきであるというものである。その法律はまた、キルギスの貯水池から水の供給を受けている隣国はそれの維持に料金を支払うべきであるという内容の条文を設けている。これに対して、ウズベキスタンとカザフスタンは反対を表明した。キルギスは小国であるために、政治的影響力も限定的であることから、直ちに料金の支払いを実施することはできないとしても、このことは

---

26) IOM Technical Cooperation Centre for Europe and Central Asia (2005), p.49-50.
27) IOM Technical Cooperation Centre for Europe and Central Asia (2005), p.64.
28) ICG Asia Report, *Central Asia : Water and Conflict*, 2002, p.16.

② イスラム過激主義の拡大とその周辺への影響

近年では、イスラム原理主義が旧ソ連の中央アジア地域へ急速に浸透している。日本に関連した事件だけをみても、1997年のタジキスタンにおける秋野豊氏射殺事件、1999年のキルギスにおける日本人技師人質事件などが知られている。

中央アジアにおける水資源問題は、地域を超えて影響を与えつつある。その意味では、水資源問題は、薬物、イスラム過激主義、エスニック紛争、国境紛争を含めた緊張の複雑な網の目の1つの構成部分である。水は生活に密着した資源であるために、水不足は経済発展を妨げ、紛争を増幅させ、結果的にイスラム過激主義や暴力につながる可能性があるからである。とくに農地の荒廃や水不足は、若者から雇用など経済的な機会を奪い、かれらを武装組織や過激集団に入れることにつながる。

中央アジアの山岳地帯に位置するタジキスタンとキルギスでは、多くの国民が燃料と電力不足に悩み、何百万人もの人々が生活に支障をきたしている。そこでタジキスタンとキルギスは豊富な水量を生かして、水力発電所の建設を計画している。他方、下流に位置し水不足に悩んでいるウズベキスタンが水力発電のためのダム建設に反対の立場をとっているのは、上流でのダム建設によっ

表4　中央アジア5カ国の軍事力・経済力

国名	面積（万km²）	軍事力（人）	GDP（億ドル）	一人当たりGDP（ドル）
カザフスタン	272	45,000	1,322	8,502
ウズベキスタン	44	6,700	279	1,027
タジキスタン	14	8,800	51	795
キルギス	19	10,900	50	950
トルクメニスタン	48	26,000	262	3,863

出所：外務省データ（2010年2月現在）より筆者作成

て水の供給量が減少することを恐れているからである。

　また2003年までに、中央アジア地域は親ロシア国家と親米国家に分かれており、こうした地政学的な分断も地域紛争をもたらす大きな要因の1つであった。ロシアもこの地域における安全保障と水資源の問題に強い関心をもち、シベリアの水プロジェクトを計画に入れていた。この水プロジェクトの実現可能性は少ないとしても、地域的な協力のなかでスタートした「水とエネルギーの対話」が重要である。

　中央アジア地域のガバナンスの枠組は、アルメニア、ベラルーシ、カザフスタン、ロシア、キルギス、タジキスタン、ウズベキスタンの7カ国が参加する集団的安全保障機構（CSTO）と、ロシア、ベラルーシ、カザフスタン、キルギス、タジキスタン、ウズベキスタンの6カ国が参加するユーラシア経済共同体、そして中国、ロシア、カザフスタン、キルギス、タジキスタン、ウズベキスタンの6カ国による多国間協力機関である上海協力機構の3つがある。とくにユーラシア連合においては、水とエネルギーの安全保障の新しい制度的枠組の形成について合意に達した。

　中央アジア諸国は独立以来、水資源に関する協力の枠組の形成に努力してきており、「アラル海救済のための国際基金」（IFAS）や、国家間水調整委員会（ICWC）を創設してきた。これらのガバナンス機構がうまく機能するかどうかは、当事者間の紛争解決への取り組みと国際社会の財政的な支援にかかっている。その反面、そうしたガバナンス機構がうまく働くなった場合には、また水資源不足がこれまで以上に深刻化する場合には、紛争や人口移動という問題が将来的に噴出する可能性をもっている。

第3章
ユーフラテス・チグリス川の水資源をめぐる紛争とガバナンス

　広くはイランとサウジアラビアの国々も含むユーフラテス・チグリス川流域は、主にトルコ、シリア、イラクの3カ国で構成されている。古代メソポタミア文明の時代から現代に至るまで、この地域の人々の生命線という性格をもってきたユーフラテス・チグリス川は、東トルコの山岳地帯に源を発し、シリアとイラクを通ってシャトル・アラブ川へ合流してペルシア湾に注いでいる（図1参照）。第1次世界大戦後の1922年にオスマン帝国が滅亡するまで、両河川はオスマン帝国の政治権力の支配下にあったために、現代のような国家間の水紛争が起こる状況にはなかった。さらに1920年代から戦後の1950年ごろにかけても、ユーフラテス・チグリス川流域3カ国の関係は調和的であった。

　しかし、オスマン帝国崩壊後、この中東地域はヨーロッパ列強によって分割され、現在のようにいくつかの主権国家によって構成されるようになった。とりわけユーフラテス・チグリス川の流域国を構成する3カ国では、1950年代以降、人口増加や開発計画のために水資源にたいする需要が増大し、同時に水資源に依存する開発戦略が進められてきた。その結果、水資源をめぐる紛争という事態が発生し、そこでの地域的なガバナンスが重要な課題となっている。

　水資源問題は国家の安全保障という死活的な問題にかかわるだけに、この地域では国家安全保障の問題におけるハイドロポリティクスの占める割合は相対的に大きいといえる。とりわけトルコでは、1980年以降、「南東アナトリア計画」（GAP）が進められ、ユーフラテス・チグリス川に多くのダムと水力発電所が建設され、下流国であるシリアとイラクに影響を与え始めた。また同時期にシリア領域のユーフラテス川にダム建設が行われた結果、トルコとシリア両

64　第Ⅰ部　水資源をめぐる紛争と国際流域ガバナンス

図1　ユーフラテス・チグリス川流域の地図

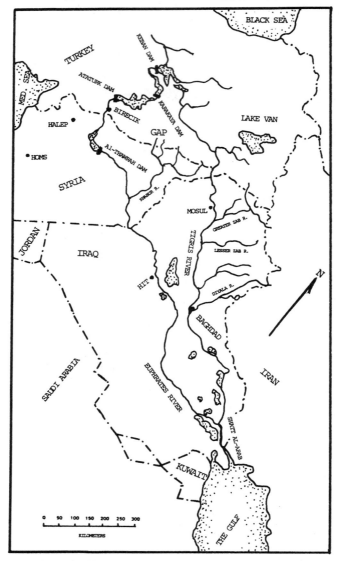

出所：John F. Kolars and William A. Michell, *The Euphrates River and the Southeast Anatolia Development Project*, Southern Illinois University, 1991, p. 20.

国の開発計画は下流国であるイラクに流れてくる水量を減少させ、それがイラクの政治的反発を招いた。

本章では、ユーフラテス・チグリス川流域の水資源紛争とガバナンスあるいはレジームの形成に向けての取り組みを検討することを通じて、そこにおける問題点と課題について考えてみたい。

I ユーフラテス・チグリス川のハイドロポリティクスの歴史

(1) ユーフラテス・チグリス川をめぐる水資源問題

ユーフラテス・チグリス川の歴史は、およそ5000年前のメソポタミア文明の成立の時点にまで遡る。両河川の豊かな水量は、当時盛んになっていたメソポタミアでのため池灌漑農業を発展させた。しかし、メソポタミア文明が発展すると、エネルギーや建築材として生活にとって不可欠の資源である森林の伐採が盛んになり、当時の森林伐採もユーフラテス・チグリス川の上流に向かって進んでいったために上流に位置するアルメニア高原地域の塩分を含んだ表土が流失し、下流地域に塩害をもたらした。その結果、ため池灌漑農業を基本としていたメソポタミア地方の農業は打撃を受け、農耕地の生産性は急速に低下していった[1]。そのことが文明衰退の大きな要因の1つになった。また森林伐採によって地域の保水能力が奪われたことは、この地域の砂漠化を促した要因の1つであった。

ユーフラテス川は、東アナトリア地方を源流とする2つの支流であるカラス川（Karasu）とムラト川（Murat）によって形成され、ペルシア湾までのその全長は2,700kmである[2]。両支流はトルコの都市エラツィグ（Elazig）の北西45kmのところで合流してユーフラテス川となって、古代都市遺跡のある南部のカル

---

1) 中島健一『河川文明の生態史観』校倉書房、1977年、94頁。
2) John F. Kolars and William A. Michell, *The Euphrates River and the Southeast*

ケミシュを通過してシリア領内に入る。歴史的には、ユーフラテス川は輸送手段として利用され、そのほとんどは下流方向への交通手段であった。河川の上流は急流と浅瀬があるために、輸送手段として利用するには困難であったからである。古代のユーフラテス川はおもに灌漑用水として利用され、シリアや北イラクでは水は巨大な水車で汲み上げられ、運河を通じて農地に配水されていた[3]。

　他方、チグリス川は東トルコのハザール湖を源流とする全長1,840kmの南西アジアで第2の河川である。チグリス川はトルコとシリアの国境沿いに32km流れた後、イラク領内に入る。イラク領内を流れるあいだに、ザクロス山脈に発する多くの支流がチグリス川に合流する。それらの支流のなかでも大ザブ川の水量は多く、4月と5月の雪解けの季節にはチグリス川の水量の65％を供給している[4]。古代以来、チグリス川はユーフラテス川ととともに、この地域の人間活動にとって重要な役割を果たしてきた。古代アッシリア文明の都市であったアッシュールやニムベなどは、チグリス川沿いに位置し、河川を利用した貿易や輸送などにおいて活発に活動しており、それらの都市の繁栄はチグリス川を水源とする周辺の灌漑農地を基礎としていた。

　ところで、ユーフラテス・チグリス川は、地域的なハイドロポリティクス的システムを構成しているということができる[5]。第1に、これらの2つの河川は、トルコ、シリア、イラクによって共有されており、両河川の流出量はトルコが最大となっている（表1参照）。これら3つの流域国のなかで、トルコは水

Anatolia Development Project, Southern Illinis University, 1991, p.4. [以下 Kolars and Michell (1991)] Hilal Elver, *Peaceful Uses of International Rivers The Euphrates and Tigris Rivers Dispute*, Transnational Publishers, 2002, p.346f. [以下 Elver (2002)] カラス川の源流は標高2,744メートル、ムラト川の源流は標高3,135メートルのところに位置している。

3) Kolars and Michell (1991), p.5.
4) Kolars and Michell (1991), p.7.
5) Nurit Kliot, *Water Resources and Conflict in the Middle East*, Routledge, 1994, p.100. [以下 Kliot (1994)]

表1 ユーフラテス・チグリス川の国別の流出量

	トルコ	シリア	イラク	イラン	全体 (10億m³)
ユーフラテス・チグリス川	56.5－59.5	2.0	2.8－6.8	10.7－11.2	80.0－84.0
割合	70－74%	2.4%	3－8%	13－16%	
ユーフラテス川	26.5－28.5				28.7－30.5
割合	88－98%				
ユーフラテス川の支流	－	1.7－2.0			1.7－2.0
割合	－	2.0%			
チグリス川	21.0－23.8		－		21.0－23.8
チグリス川の支流	7－10.5		2.8－6.8	9.7－11.2	26.7－29.7
割合	24－38%		11－24%	34－44%	
チグリス川と支流の全体					48.7－52.5

出所：Nurit Kliot, *Water Resources and Conflict in the Middle East*, Routledge, 1994, p.114.

の供給という点ではもっとも恵まれ、河川の水が利用できるだけでなく年間降水量が670mmということで天水農業にも適しているが、しかし、水資源が地域ごとに不規則な形で配分されている点で問題点を抱えている。シリアの水資源に関して問題なのは、国土の3分の1が草原であるうえ砂漠地帯もあり、さらに年間降水量が250mm以下となっている点である。イラクは全国土の3分の2は砂漠で、年間降水量は125mm以下であり、農業生産はユーフラテス・チグリス川の灌漑用水に依存している。

 第2に、シリアとトルコの関係、そしてシリアとイラクの関係は危機の時代を経験してきたこともあり、相互信頼の精神に基づいて合意の交渉を行うことが困難な状況となっている。第3に、イラクはエジプトのように水力文明として発展した古代メソポタミア文明の成立から6000年以上にわたってユーフラテス・チグリス川の水を所有する権利を主張している。第4に、イラクは、エジプトと同様に、極度にユーフラテス・チグリス川の水に依存する乾燥した流域国である。

 そして最後に、トルコは現在、ユーフラテス・チグリス川流域におけるもっとも顕著な地政学的な勢力となっており、ユーフラテス・チグリス川のほとんどの水源を保有している[6]。したがって、これら3国はいずれもユーフラテ

---

6) Klit (1994), p.101.

ス・チグリス川の水源に依存しており、1国の水の利用増大は他国の水不足をもたらすというゼロサム関係に置かれているといってよい。

(2) ユーフラテス・チグリス川流域3カ国の開発

① **トルコ**

トルコにおける水利用の歴史は古く、紀元前9～8世紀にかけて東アナトリア地方のヴァン湖周辺で栄えたウラルトゥ王国では、人々は小規模のダムと水路を建設していた。古代のエジプトやメソポタミアにおける大規模灌漑農業のシステムとは違って、ウラルトゥ王国の時代には、小規模のダムや水路を利用しておもに都市部に水を供給していたようである[7]。そしてオスマン帝国の時代にも、イスタンブールなどの都市部に何百もの水源やダムが建設され、都市や村に水が供給されていた。

トルコはユーフラテス川流域の25%、河川の約42%を保有し、河川水の88－98%を供給している。ユーフラテス川流域内のトルコの気候についてみると、シリアとの国境近くの南東アナトリア地方には十分な降雨量がある一方で、半乾燥地帯も存在する。トルコはチグリス川に関して、その流域の12%、河川の20%を保有し、河川水の50%を供給している[8]。

ところで、トルコの水需要は、1950年代に開始された近代化や産業化そして農業生産性の向上という開発の視点からみなければならない。この時代には、開発を進めるためにエネルギー需要が急激に高まり、水力発電のためのダム建設が重要な課題となっていた。もともとトルコはエネルギー資源に乏しいのに加えて、1970年代になると、エネルギー使用量も増大した。たとえば1975年から1982年にかけてエネルギー使用量は30%増加したにもかかわらず、エネルギー生産は24%しか増加しなかった。そのため、石油、石炭、電力も海外からの輸入に頼らざるをえなかった[9]。

---

7) Kolars and Michell (1991)
8) Klit (1994), p.114.
9) Klit (1994), p.135.

表2 トルコにおける河川の開発後に予想される利益

	灌漑領域 (ha)	洪水予防 (ha)	発電能力 (MW)	エネルギー生産 (GW)	水 (Mm³)
ユーフラテス川	1,506,867	1,220	8,752.36	35,119	82.5
チグリス川	525,336	—	3,405.68	12,644	—
全体	2,032,203	1,220	12,158.04	47,763	82.5
全トルコ	5,925,032	512,320	30,911.50	109,684	2,520.1

出所：Kolars and Michell (1991)., p.23.

　トルコの水力開発は、1953年に設置された国家水道管理局（DSI）[10]によって実施されることになった。DSIは、現在、エネルギー・自然資源省のもとに置かれており、地下水や地表水の多様な利用及び土壌浸食や水害の対策を担当している機関である。DSIは地表水と地下水による灌漑計画も担当しており、1983年までに5,712の井戸と111の小規模の貯水ダムを建設した。そしてトルコは1985年までに100のダムを建設し操業を開始させ、その後も500以上のダム建設を計画し、そのうち430は水力発電用のダム建設であった。これらのダム建設のなかには、1973年に完成したユーフラテス川上流のケバンダムも含まれている。

　1980年代になると、南東アナトリア開発計画（GAP）が積極的に進められるようになった。1983年に開始されたGAPは、トルコ領内におけるユーフラテス・チグリス川流域の開発計画であり、それには水力発電計画、灌漑計画、農業インフラや他の生活関連インフラの整備などが含まれ、いわば「総合的な地域開発計画」という性格をもっていた[11]。

　GAPは、巨大アタチュルクダム建設も含めて、電力と灌漑を目的の中心に据え、さらにユーフラテス・チグリス川の流域地域の周期的な洪水を防ぐという目的をもつものであった（表2参照）。全プロジェクトには13のサブ・プロ

---

10) DSIは、トルコ語でDevlet Su Isleriであり、英語表記すれば、The General Directorate of State Water Worksとなる。DSIの組織に関しては、Kolars and Michell (1991) が詳しい（pp.9–17）。

11) Kolars and Michell (1991), p.19.

ジェクトが含まれ、そのうちユーフラテス川については7つ、チグリス川については6つのサブ・プロジェクトが設けられた。これらのプロジェクトにはさらに、15のダム建設、14の水力発電所の建設、そして19の灌漑計画が含まれていた[12]。このようにGAPが進められたユーフラテス・チグリス川流域は、450万人の人口を有する7万4000km²の地域を含んでいた。灌漑される地域は、トルコの綿花、油、野菜、コメなどが生産される1,600万haの農地である。そして最終的には、GAPは、80のダム、66の水力発電所、そして68の灌漑設備を建設することになる。これらの開発資金は、トルコ国内で調達されることになった。というのは、流域3カ国のあいだで水に関する協定が存在しないということで世界銀行が資金提供を断ったからである[13]。

② シリア

シリアはユーフラテス川流域面積の約17％を占め、河川の長さでは24％を占めている。シリアのユーフラテス川流域地域の気候は乾燥あるいは半乾燥であり、ユーフラテス川の水供給に依存する割合は高い。ユーフラテス・チグリス川はシリアの主要な水源となっているが、シリアはおもに国内消費、灌漑農業、産業目的のために水資源を利用している。とりわけ農業はシリア経済にとって重要な位置を占め、耕作可能な土地は550万haに及んでいる。しかし、シリア政府によると、1960年代初頭から浸水や塩害によって灌漑農地の喪失という事態が発生しているという。1960年から1980年にかけて、灌漑農地の20％が喪失したとされる[14]。しかも毎年3.4％という人口増加率は、農業用水だけでなく生活用水の増加をもたらし、とくに都市部における電力削減と水不足という状況を生み出している。

シリアは1960年代初頭までにユーフラテス川流域の開発計画を打ち出し始

---

12) Kolars and Michell (1991), p.23.
13) Leif Ohlsson (ed.), *Hydropolitics, Conflict over Water as a Development Constraint*, Zed Books, 1997, p.99. [以下 Ohlsson (1997)]
14) Kliot (1994), p.139.

め、1968年にはユーフラテス川の開発を担当する行政機関を設置した。そして1973年に、電力生産と灌漑のためにタブカダムを建設した。またアサド湖とよばれる119億m³もの貯水量をもつ人工の湖を作り、水源の確保に力をいれた。シリア政府は、タブカダムの建設によって新たに60〜65万haの灌漑農地が確保できると予測していた。シリアは2000年までにユーフラテス川流域に79万5,000haの灌漑農地を計画した。

　他方、灌漑と水力発電に関しては技術的・社会的問題に直面した。シリアは旧ソ連と友好関係を保ってきたこともあり、タブカダムは旧ソ連の技術援助によって建設され、年間国内電力の60％を供給するものとされた。しかし、ユーフラテス川の水量が減少する夏期には、発電能力が実質的に低下し、とくにアレッポやダマスカスといった大都市部では電力使用量の削減を余儀なくされた[15]。このために、シリアはその後もダム建設を行い、1988年にユーフラテス川にアルバースダムを建設した。

③　イラク

　イラクは、ユーフラテス・チグリス川が最終的にシャトル・アラブ川となって合流し、ペルシア湾に注いでいる下流国である。イラクはユーフラテス川流域の約40％の地域を保有し、チグリス川流域の約54％を保有している。イラクはトルコと同様に比較的水資源には恵まれている国ではあるが、主要な問題は水の量よりも質である。メソポタミアの歴史のなかで、大規模な灌漑計画が進められてきており、イラクの農業用地の50％が灌漑されているといわれている。イラクは他のアラブ諸国と同様に農業の面での自給を国家的安全保障の礎石とみなし、農業計画に多くの資金と人力を費やしてきた。実際のところ、1988年には、イラクの人口の35％は農業従事者であり、石油生産の3％と比較してもその割合の高さが明らかである[16]。しかし、農業での成功は水供給にかかっ

---

15)　ALİ İHSAN BAĞIŞ, Turkey's Hydropolitics of the Euphrates-Tigris Basin, in : *Water Resouce Development*, Vol. 13, No. 4, 1997, p.573.

16)　Jonathan E. Cohen, International Law and the Water Politics of the Euphrates, in :

表3 ユーフラテス・チグリス川の主要なダム建設

ダムと建設国	建設年代	貯水能力 (10億㎥)	ダムの規模 (高さ m)	貯水池の規模 (k㎡)	機能
ケバンダム (トルコ)	1965-74	30.0	211	680	1,360MW
カラカヤダム (トルコ)	1976-88	9.6	147	300	1,800MW
アタチュルクダム (トルコ)	1981-1990	48.4	176	817	2,400MW
トプカダム (シリア)	1965-74	11.6-11.9	60	640	800MW 640,000haの灌漑
アルバースダム (シリア)	1983-8	0.90	15		64MW
モスルダム (イラク)	1980s後半	10.7	110		750MW 250,000haの灌漑
ダルバンディハンダム (イラク)	1961	3.0-5.0	128		洪水管理 灌漑

出所：Kliot (1994), p.121.

ており、イラクの水は環境汚染の影響を免れていない。

　国内の水資源のほとんどを消費する灌漑農業とその水管理における重大な問題は、土壌の塩化である。その土壌の塩化を防止するためにも大量の水が利用される。またユーフラテス・チグリス川の変化に富んだ流れのために、イラクはしばしば洪水と乾燥に悩まされてきた。大規模な洪水を防止するために、イラクは水量の多いチグリス川を中心にダムを建設してきた。1959年に、小ザブ川にダムを建設し、1980年代後半からはチグリス川にモスルダムを建設している。

　すでに触れたように、ユーフラテス川の上流国であるトルコとシリアでは、1970年代以降、多くのダム建設が進められてきた。これらのダム建設によって、下流国であるイラクに流れてくる水量は明らかに減少してきた。そのため

New York University Journal of International Law and Politics, 24, 1991, p.510. [以下 Cohen (1991)]

イラクの灌漑農業に少なからぬ影響が生じてきた。とりわけトルコが1980年代にGAPによってユーフラテス・チグリス川の大規模開発を進めて以来、下流国であるイラクは水配分問題に動き出すことになった。

(3) 水紛争問題とその背景としての南東アナトリア計画 (GAP)

GAPは、すでに触れたように1980年代初頭に、トルコが30年から40年かけてユーフラテス・チグリス川流域の大規模な地域開発を進めようと計画したものである。この大規模な開発計画は、灌漑、農業、都市と農村のインフラ整備、森林、教育、保健という広範な部門に及ぶ計画であり、その基本的な目標は、生活水準と所得水準の向上、地域的な格差の是正、社会的安定性の確保、経済成長などである。このGAPの計画は、ユーフラテス・チグリス川流域システムに大きな影響を与えるために、トルコ、シリア、イラクのあいだの緊張関係を高める大きな要因となった。

南東アナトリアは、73,863km²の領域で、トルコの国土全体の9.5%を占めている。この地域はシリアとイラクとの国境をもち、クルド民族の居住地を含んでいる。この地域の人口は430万人で、住民の70%は農業に従事している。トルコは、この地域を中東の穀倉地帯に変えようと決断し、GAPは25の灌漑システムと22のダムと19の水力発電所を作る計画を立てたのである[17]。

南東アナトリアの経済は、乾地農業によって支えられ、その主要な農作物は穀物、豆類、オイルシード、ジャガイモなどである。1970年代まで、この地域の農業は生産性が低く、それほど機械化もされていなかった。しかし、GAPプロジェクトは、南東アナトリア地方の農業の潜在力を高め、この地域の経済的な繁栄をもたらすものであるとみられている。そしてGAPの大規模開発が終了すれば、この地域では、約160万haの地域が灌漑され、410万トンのテンサイ、130万トンのオイルシード、117,900トンのトウモロコシ、350万トンの野菜、110万トンのブドウ、そして685,000トンのピスタチオ、そして66万トン

---

17) Kliot (1994), p.125.

の果物の生産が見込まれ、さらにトルコの綿花生産は、25％増加すること予想されている[18]。

またGAPはこの地域のエネルギーのニーズにも対応することができる。エネルギー資源の少ないトルコにとっては、この地域でのダムや水力発電施設の建設によって不足するエネルギー需要に十分対応することができる。トルコはすでに産業の発展のために、深刻なエネルギー不足に直面していた。トルコのエネルギー消費は毎年10％上昇しており、さらに経済発展と人口増加が将来的にエネルギーの消費量を増大させることになる。トルコの人口は、1950年の2,100万人から1980年には4,500万人に増加し、1990年には5,650万人、そして2000年には7,000万人を超えた。

しかし、このGAPプロジェクトによって、毎年270億kwのエネルギーが生産される。トルコはこれによって全エネルギーの70〜80％ほど増加させることができると期待している。そうなれば、輸入石油に依存していた発電の割合を減らすことができる。GAPが完成すれば、国民のエネルギー利用率が２倍になると予想されている[19]。

GAPプロジェクトがめざしたのは、この地域住民の生活水準の向上でもある。もともとは水資源開発として計画されたGAPは、後に多部門にわたる統合された地域開発に転換した。そしてGAPがこの地域の住民の生活水準の改善、生活の質の向上、一人あたりのGDPの増加、新しい雇用機会の保証をめざしてきた結果、急速に経済構造を変え、生産性を増大させ、この地域のGDPを４倍以上に引き上げた。このプロジェクトの目標の１つは、電力生産を増大させることで地域のニーズに対応し、食用油、皮革、食肉、小麦粉、綿花、建築材などの工場の建設を含む産業化を推進することでもある[20]。

さらに南アナトリアのもっとも顕著な特徴が大土地所有制度であるため、GAPはこの地域の不平等な土地分配にも対応しようとしている。大土地所有

---

18) Kliot (1994), p.125.
19) Elver (2002), p.386.
20) Elver (2002), p.387.

制度はオスマン帝国の時代に、部族指導者の支持を獲得するためにかれらに土地を与えた結果として生じたものであり、トルコにおける大土地所有の約32％が南東部に集中しているとされており、そこでは231の家族と96の拡大家族が村を所有し、世帯の30％は自分の土地を所有していない。中小規模の土地所有者は、機械化や市場へのアクセスの点で有利な大土地所有者と競争を始めたのである。そのためGAPプロジェクトは土地改革という問題とも深くかかわっている[21]。

このようにGAPは、国民経済全体に大きな利益をもたらすことが見込まれるために、トルコ政府はその重要性と象徴的な価値のために、その事業に高い優先順位を与え、ユーフラテス・チグリス川流域の開発を国家的な事業として推進してきた。したがって、トルコは今後もGAPを国家的事業として推進することは確実である。

しかし他面において、GAPプロジェクトが自然環境に与える大きな影響を無視することはできない。開発が進めば環境破壊をもたらすということは世界的に共通した問題であり、このGAPプロジェクトにおけるダム建設もこの地域の環境に悪影響を与えてきた。この地域は火山性で急勾配の土地が多く、水の浸食によって表土が流出し基岩が剥き出しになっている。しかし、農民たちは石を除けながら土地を開墾しようとしている。また過度の灌漑も土壌の塩化という弊害を生み出している。とくにハラン渓谷では、1995年に開始した灌漑農業が塩化のために乾燥化するという重大な問題にさらされている。さらにダムに貯まる堆積物の問題も深刻で、アタチュルクダムやその上流にあるケバンダムやカラカヤダムにも堆積物が多くなっている。さらに周辺地域からの排水、さらには農地で使われる化学肥料や殺虫剤による汚染が進み、将来的には下流国に汚染被害をもたらすことも懸念されている[22]。

さて、トルコはGAPプロジェクトを国家的な事業と位置づけているが、下流国に位置するシリアとイラクにとっては、その影響は深刻である。このGAP

---

21) Elver (2002), p.388.
22) Elver (2002), p.388.

表4　流域国の農業貿易（輸出／輸入）　　（単位：100万USドル）

	トルコ	シリア	イラク
1993年	3,633／2,287	586／676	6／1,064
2000年	4,180／1,820	567／970	68／2,710
2040年	8,690／4,057	1,082／1,992	94／5,662

出所：The State of Food andAgriculture, Rome, 1995, pp.190-205.

プロジェクトが完成した場合にユーフラテス・チグリス川の水量は確実に減少することは明らかであり、国際的な専門家によると、ユーフラテス川の自然の水量の70％が減少するという予想もある。そうなれば、下流国であるシリアとイラクの農業生産力が低下し、将来的には輸入依存率がこれまで以上に高まることが予想される（表4参照）。その意味でも、シリアとイラクはトルコとの速やかな交渉を進めることで、水の配分という問題に関する有利な合意を形成することを望んでいる。しかしながら、これまでのところ、その交渉は必ずしもスムーズに進展してこなかった。

II　ユーフラテス・チグリス川をめぐる紛争の問題

(1)　1920年代-1960年代

この時代のユーフラテス・チグリス川流域3カ国、すなわちトルコ、シリア、イラクのハイドロポリティクス的な関係は、調和的であったということができる[23]。他の流域国に大きな影響を与えるような大規模な開発プロジェクトを実施した国が存在しなかったために、ユーフラテス・チグリス川の過度の消

---

23) Ayşegül, Kibaroğlu, Politics of Water Resources in the Jordan, Nile and Tigris-Euphrates : Three River Basins, Three Narratives, in : *Perception,* Spring, 2007, p.150. 尚、以下の論文も参照。Ayşegül, Kibaroğlu and Olcay Ünver, A Institutional Framework for Facilitating Cooperation in the Euphrates-Tigris River Basin. in : *A Journal of Theory and Pratice*, 5 (2), 2000.

費的な利用もなかった。水資源は上流の流域国によって過度に利用されることもなく、下流国の水需要を損なうこともなかった。この時代において、ユーフラテス・チグリス川の開発問題は将来的な課題とみなされていたのである。イラクは、とりわけチグリス川の水量が季節によって変化することもあって、水量の多い時期に発生する大規模な水害を防ぐために、1950年代に最初のダム建設を実施していた。チグリス川のサマラダムは1955－56年に建設されたが、それはイラクを洪水から守るためのものであった。

　ユーフラテス・チグリス川の水資源をめぐる紛争の発生は1970年代以降であるが、流域間の水資源に関するレジーム形成は、1920年代にさかのぼる。流域間の最初のレジームは、1921年10月21日にアンカラで調印されたフランスとトルコとのあいだの和平協定（アンカラ条約）である。このアンカラ条約の第12条は、「水の配分と移動」に関するもので、アレッポの都市は自己負担によってこの地域の水需要を充足するためにトルコ領内のユーフラテス川から水供給を行うという内容の規定であった[24]。また1923年のローザンヌ平和条約は、その第109条で、別段の同意がないかぎり、1国の河川システムは戦争以前に確定された他国の国境内の設備に依存し、この合意は利益と主権を保護できる当事国間で結論づけられねばならず、合意が存在しない場合には、紛争は仲裁によって解決されるものとすると規定している[25]。

　この時代のユーフラテス・チグリス川流域におけるトルコとイラクとのあい

---

24) Ayşegül Kibaroğlu, *Building a Regime for the Waters of the Euphrates-Tigris River Basin*, Kluwer Law International, 2002, p.222.［以下 Kibaroğlu (2002)］

25) Kibaroğlu (2002), p.222. なお、ローザンヌ条約第109条は以下の通りである。"In default of any provisions to the contrary, when as the result of the fixing of a new frontier the hydraulic system (canalisation, inundation, irrigation, drainage or similar matters) in a State is dependent on works executed within the territory of another State, or when use is made on the territory of a State, in virtue of pre-war usage, of water or hydraulic power, the source of which is on the territory of another State, an agreement shall be made between the States concerned to safeguard the interests and rights acquired by each of them. Failing an agreement, the matter shall be regulated by arbitration."

だの水資源に関する重要な法的文書は、1946年の「友好と善隣に関する条約」に付属する議定書である[26]。この議定書は、ユーフラテス・チグリス川とその支流の規制に関するものである。その内容は、①規則的な水供給の維持を確保し、水流を規制し、河川の氾濫を回避するために持続的な監視施設の建設が必要であること、②河川管理に関する研究（水利的・地質学的な情報を調査・収集する技術専門家の派遣など）、③プロジェクトの研究を実施するための協力、④トルコにおける持続的な流水測定施設の設置とデータのイラクへの報告、⑤トルコは原則的にその領内においてイラクに必要な水量の規制の活動を受け入れること、⑥トルコは水路に関する水利事業計画をイラクに報告すること、である[27]。

(2) 1960年代-1990年代

この時代には、すでに触れたように、トルコとシリアがそれぞれGAPとユーフラテス渓谷開発（トプカダム建設）というユーフラテス川の大規模開発に乗り出してダム建設を始めており、その影響はユーフラテス川の水量の減少に現れた。トルコのケバンダム、カラカヤダム、アタチュルクダムはいずれも1970年代初頭から中葉にかけて建設され、シリアのトプカダムも1974年に建設された。この時期に建設されたトプカダムは、シリアにとっては乾燥地のうち6,400 km²を灌漑するという重要な計画であった。しかしながら、この結果、イラクは流域国のなかでユーフラテス川の水量をもっとも懸念せざるをえない国家となった。

1960年代中葉まで、イラクはユーフラテス川の水のかなりの部分を利用できたが、1970年代におけるトルコとシリアの大規模なダム建設はイラクに大きな影響を与え始めた。まずトルコのケバンダムが完成して貯水を開始すると、下流への水量の減少を懸念したシリアとトルクはそれに強い不満を表明した。シリアとイラクはそれぞれトプカダムとハバニア湖を満たすために十分な水を確

---

26) Kibaroğlu (2002), p.222.
27) Kibaroğlu (2002), p.222.

保する必要があったからである。トルコは両国の非難に対してユーフラテス川の水量を増加させることによって紛争を解決しなければなかった[28]。

トルコのケバンダムとシリアのトプカダムが操業を開始し始めると、イラクはダムの貯水のためにユーフラテス川の水量が毎秒920㎥から197㎥の25％に減少したと主張した[29]。イラクは300万人以上の農民が水量減少のために被害を受けたとして、シリアのトプカダムへの爆撃を示唆した。1975年の4月、イラクはこの危機について話し合うためにアラブ連盟の緊急外相会議を招集した。水供給への脅威を感じたイラクとシリアは、ナショナリズム的な感情とも結びついて、軍隊を国境周辺に派遣した。イラクがシリアのトプカダムへ爆撃するのではないかという憶測までとんだ[30]。

シリアは1975年5月17日、ベイルートの新聞「アンナハール」紙に以下のような明確な声明を出してユーフラテス川の管理を引き続き実施したい旨を表明した。「シリアのユーフラテス計画はシリアの未来である。ユーフラテス川地域は新しいシリアであり、ユーフラテス川の共有から利益を受けることなしにシリアは将来的に自立することはできないし、安定した豊かな経済を確保することはできない。他のいかなる方法も存在しない。」[31]同年6月に、サウジアラビアがシリアとイラクのあいだの紛争の調停を開始し、戦争の脅威はなくなった。合意の内容は公にはされていないが、イラクの高官は、シリアがユーフラテス川の水量を40％だけ取得するという点に同意したとインフォーマルに伝えたということである[32]。

すでに触れたように、1980年代初頭にトルコが南東アナトリア計画（GAP）を打ち出すと、シリアとイラクは強い利害関係をもつ下流国であり、しかも両国はダム建設や灌漑施設の建設を含めて重要なプロジェクトをもっていたため

---

28) Ohlsson (1997), p.103.
29) Thomas Naff and Ruth Matson, *Water in the Middle East, Conflict or Cooperation ?*, West View Press, 1984, pp.93-94.［以下 Naff and Matson (1984)］
30) Naff and Matson (1984), p.94.
31) この新聞の引用は、Cohen (1991), p.512による。
32) Naff and Matson (1984), p.94. Cohen (1991), p.512.

に、トルコが毎年灌漑のためにかなりの水量を利用することに反対した。このため、世界銀行など国際的な援助機関も、流域国間に水利用に関する合意がなければ水プロジェクトを支援することはできないという姿勢をみせていた[33]。トルコはこの点について十分認識し、GAPはシリアとイラクも含めてすべての流域国に利益をもたらすと主張した。

1984年6月に、イラクはトルコとのあいだで、最低限毎秒500㎥の水量を保証するということで合意したが、シリアはそのときの交渉では拒否の立場を表明した。シリアとトルコの指導者のあいだの交渉は1986年に始まり、1987年にトルコ首相のオザルはダマスカスを訪問し、シリアとの国境を通る河川の水量を毎秒500㎥とするという議定書に調印した。しかし、この議定書は同様の水量を取り決めた1984年6月のイラクとの合意については言及していない[34]。

(3) 1990年代以降

トルコとイラクとの水資源をめぐる関係は、1983年に開始されたアタチュルクダムのプロジェクトをめぐって敵対的となった。1989年にトルコがアタチュルクダムの貯水池を満水にし始めると、両国の関係は緊張状態となった。さらに1990年1月にトルコはアタチュルクダムを満水にするためにユーフラテス川の流れを一時的に停止したが、これによって緊張関係は頂点に達した[35]。シリアでさえ利用可能な水量の突然の低下に困惑した。

1990年6月に、ユーフラテス川流域3カ国の代表が水利用に関する合意をめざしてアンカラに集合した。この会談でトルコは、この地域のすべての水資源の実地調査、各国家の水需要、そして無駄な利用の改善という3段階計画を提案した。それに対して、イラクとシリアの大臣は、トルコが下流国に毎秒700

---

33) Kolars and Michell (1991), p.29.
34) Kolars and Michell (1991), p.31.
35) J. A. Allan, *Middle East Water Question Hydropolitics and the Global Economy*, I. B. Tauris Publishers, 2001, p.73.

m³の適切な「割当分」を保証するという長期的な要求の問題を繰り返した[36]。しかし、会談は物別れに終わった。それまでは、イラクとシリアとの関係と比較して、イラクとトルコの関係は冷ややかなものではなかった。というのは、トルコがイラクからの石油に依存していたためである。さらにクルド分離主義に対するトルコとイラクの政策はしばしば一致していたこともその背景にあった。イラクにとっては、クルド領土が独立を強めると、この地域の水資源に関するイラクの支配権を喪失する可能性があるからである。

　トルコとシリアとの関係についてみると、1993年1月に、トルコのデミレル首相とシリアのアサド大統領が2国間の関係改善をめざして幅広い協議を行った。デミレル首相は、2国間会合の閉会に当たって以下の宣言を出した。「シリアが水問題を懸念する必要はない。ユーフラテス川の水は、合意の如何にかかわらずシリアに流れる。」この約束にもかかわらず、いかなる合意にも達しなかった[37]。シリアとトルコとの緊張関係は、1998年のクルドの反乱をめぐってエスカレートした。シリアは自国内へのトルコの介入を避けるために、トルコとのあいだでPKKを禁止することに合意し、1998年10月20日、アダナ協定を締結した。他方、シリアとイラクとの関係については、1996年2月、シリアとイラクのあいだで共同水調整委員会がダマスカスで開催され、2カ国はトルコ、シリア、イラクのあいだでユーフラテス・チグリス川の水の衡平で合理的な配分について協議を交わした。この会合で、シリアとイラクは水紛争に関するそれぞれの立場を調整する決定を行った。

　1990年代後半から、流域国間の政治的・経済的発展はこの地域の水と結びついた開発への良い影響をもたらした。政府、民間企業、そして市民社会の代表者が貿易や経済問題に関する理解と合意を形成しようとして相互の訪問を多く行ってきた。こうした動きは、2004年の2国間の自由貿易協定につながった。トルコとシリアのあいだの自由貿易協定は2007年に発効した。

---

36)　Cohen (1991), p.512の注71を参照。
37)　Aaron T. Wolf and Joshua T. Newton, Case Study Transboundary Dispute Resolution : the Tigiris-Euphrates basin, 2007, p.4.

Ⅲ ユーフラテス・チグリス川流域におけるガバナンスの形成

(1) ユーフラテス川流域ガバナンスと共同技術委員会 (JTC)

　ユーフラテス・チグリス川流域には何千年にもわたって多くの紛争が繰り返されてきたが、1960年代に入って、ユーフラテス・チグリス川の水をめぐる問題や将来的な計画について議論する機会が設定されてきた。これはリージョナルな流域ガバナンスといわれるものである。

　トルコとシリアの最初の2国間会合は1962年に開催され、ユーフラテス川流域の情報の共有に関するものであった。1964年6月に両国は再度会合をもち、共同技術委員会（Joint Technical Committee＝JTC）の設立に合意すると同時に、委員会にイラクの参加を認める点でも合意した[38]。この会合にはトルコとイラクの専門家も参加した。この会合が開かれたのはちょうどトルコでケバンダム建設が開始された時期であり、この会合でもケバンダム問題が協議対象の1つとなった。

　この会合で、トルコ代表は、ダムの貯水以前にケバンダムから放出される水に関して単一の最終的な定式化に到達することは不可能であると主張した。トルコ代表によると、満水時に放出される水量に関しては、それが自然的条件に依存するとともに、利害関係国の精確な評価しだいであるというものであった。しかしながら、1966年にアンカラで締結されたアメリカ国際開発庁（USAID）とのあいだの協定では、ドナー国の圧力ということもあって、トルコはダムから下流に直接的に毎秒350㎥の放流を維持するために必要なあらゆる措置をとることを保証した。この点については、同年、シリアとイラクに確認された[39]。USAIDはケバンダム計画のための積極的なドナー機関であり、

---

38)　Elver (2002), p.405.
39)　Kibaroğlu (2002), p.223.

世界銀行はさらに下流のカラカヤダムに資金援助を行う主導的な機関であった。両機関ともに、トルコは保証された水量を放出すると主張した[40]。

しかし、トルコはケバンダムとカラカヤダムの建設中における資金提供機関との経験を通じて、第三者の調停あるいはその問題に関する第三者的な介入へ消極的な姿勢を示した。というのは、トルコの基本的な立場は、ユーフラテス川の水の衡平な配分は隣接しているチグリス川から移転される水の可能性に基づいて3カ国の長期的な計画と必要性を考慮に入れるべきであるというものであったが、ドナー機関はこのようなトルコの本質的な見解を重視しなかったためである。トルコの主張は、ドナー機関の介入が下流国の権利を保護することだけを支持し、トルコの河川システムの開発や利用の権利を少しも認めていないというものであった[41]。

1965年に開かれた最初の3カ国会合では、トプカダムやケバンダムに関する技術的なデータを交換したが、水の配分に関する合意に到達しなかった。トルコは、トルコとシリアに共通する「すべての河川」の水の配分に関する包括的な協定を条件として、ユーフラテス川の協定を提案した。この提案はシリアを困難な立場に置いた。というのは、その提案の但し書きでは、シリアはオロンテス川が流れるハタイ地方に対するトルコの主権を認める必要があったからである[42]。

JTCに関してイラクとトルコのあいだで生じた意見の相違は、その管轄権の問題であった。すなわち、JTC会合が対象とするのは、ユーフラテス川流域に

---

40) Kibaroğlu (2002), p.223.
41) Kibaroğlu (2002), p.224.
42) ハタイ地方は、1939年のフランスによる国民投票でトルコに割譲されたが、シリアはこれを不法だとして認めていない。この問題は現在まで未解決のままである。この問題はシリアとトルコの領有権問題となっている。レバノンからシリアを経由してトルコ（ハタイ地方）に流れるオロンテス川の問題は、シリアが上流国で、トルコが下流国となっている。そのこともあって、シリアは協定に調印しなかった。Cf. Elver (2002), p.406.

限定されるのか、それともチグリス川流域を含めるのかという問題である。トルコの提案はチグリス川をJTCの管轄に含めるというものであったのに対して、イラクはチグリス川の排他的利用を保護するためにその流域をJTCの会合の対象とすることには反対の立場をとった[43]。

JTCの会合で紛糾した第3の問題は、国際河川に関するトルコの立場である。トルコの立場は、国際河川は2カ国あるいはそれ以上の流域国家のあいだの国境を形成するものにかぎられるというものであった。トルコはユーフラテス川を「国境を越えるあるいは国境を横切る水路」とみなし、水は国境を越えてシリアへ流れるまではトルコの排他的な主権のもとにあるものと解釈していた。このことは、トルコが下流流域国の共同主権を認めないということである[44]。トルコの高官も、絶対的な領土主権というハーモン原則を引用して、自国内における水に関する絶対的な排他的権利を主張した。

そして会合で争点となった最後の問題は、ユーフラテス・チグリス川が水文地質学的な観点からも統合されたものであり、統合された管理の原則によって維持されなければならないということであった。この立場はイラクとシリアによっては受け入れられなかった。というのも、2つの河川が統合された流域を構成するものであるとすれば、下流国であるシリアとイラクに流れる水量は少なくなるからである[45]。

このような流域3カ国の間の立場の違いが存在していたために、JTCの会合は開催されず、1980年になって、イラクの主導によって新しいトルコ−イラク合同経済委員会の形成が合意された。これは地域的な水問題を協議するためのフォーラムとみなされた。1983年、シリアはこの会合に参加し、その時から新

---

43) Elver (2002), p.406.
44) Elver (2002), p.406. 当時のトルコ首相デミレルは1991年に以下のような談話を残している。引用は、Elver (2002), p.406による。「なぜシリアとイラクはトルコの水の権利をもっているのか。われわれは下流国の石油に対する権利をもっているのか。上流国は国内の水に関しては絶対的な権利をもっている。トルコの水は国際的な水ではない。」
45) Elver (2002), p.407.

しい JTC がスタートした。新しい JTC は1983年から1993年までの10年間で、合計16回の会合が開かれた[46]。

(2) 国際水路に関する流域国の対応

よく知られているように、国際水路の利用に関して、国際法の立場には以下のような4つの見解がある[47]。第1の見解は、絶対的な領土主権という見解で、流域国家に義務を課すための国際法のルール、原理、手続が存在しないために、各国家は自己の領土内に関する絶対的かつ排他的権利を有し、他の国家の領土内での水の利用と供給に関しても同様の権利を有するというものである。これは通常、ハーモン原則とよばれているものであり、アメリカの司法長官であったJ・ハーモンがリオグランデ川をめぐる米墨間の水紛争に関連して示した国際法の法的見解の1つである。

第2の見解は、絶対的な領土保全という見解であり、ハーモン原則の対極にあるものである。すなわち、下流の流域国は、天然の水質を有する完全な水流に関する権利を有し、したがって自然的な流れに対する上流国による干渉には、下流流域国の同意に従うことが必要であるという立場である。

第3の見解は、限定された領土主権あるいは衡平な利用という見解である。流域国の主権的な権利である衡平な利用という原則は、権利の平等に基づいて他の流域国に実質的に被害を及ぼさないという相捕的な義務によって限定され、そのためにはそれぞれの必要性や利害に適応するために水に関して作られた衡平な利用を要請する。

そして第4の見解は、利益共同体あるいは共同の管理という見解である。こ

---

46) Kibaroğlu (2002), p.227.
47) この国際水路に関するさまざまな見解については、以下を参照。S. McCaffrey, *The Law of International Watercourse : Non-Navigational Uses*, Oxford, 2001, [以下 McCaffrey (2001)] A, Tanzi and M, Arcari, The United Nations Convention of the Law of International Watercourses, Kluwer Law International, 2001, S, Dinar, *International Water Treaties*, Routledge, 2008, 及びP・バーニーとA・ボイル『国際環境法』池島大策・富岡仁・吉田脩訳、慶應義塾大学出版会、2007年。

れは共同の管理のための基本原則であり、水路の自然的な統一性によって形成される水の利益共同体が存在するというものである。それは流域国家を物理的な相互依存の協力的な法的関係に向かわせ、最適で衡平かつ合理的な利用と持続的開発を得るためのもっとも効果的な方法で、流域国家間に国境がないかのように、統合された全体として水路流域を共同で管理するという考え方である。

　国際水路に関する法は、国際河川の利用に関する1966年のヘルシンキ規則のなかで国際法協会（ILA）によって水配分の法原理として定式化されている衡平な利用という原理をめぐって展開してきたといえる。ヘルシンキ規則は、その第5条で「合理的かつ衡平な配分の決定」について規定している。また1997年の「国際水路非航行的利用法条約」では、その第5条と第6条で、「衡平かつ合理的な利用」について規定している。このように水路に関する国際法は、「衡平な利用」という観点から、第3の見解の原則を採用しているが、何が「衡平かつ合理的な利用」であるのかについては、1997年の「国際水路非航行的利用法条約」のなかでも、さまざまな要因を挙げており[48]、それを考慮するとすれば、第4の見解のように、国際水路の衡平かつ合理的な利用を達成するために計画された「共同の管理」のようなものが必要となろう[49]。

　さて、このような国際水路に関する国際法の見解に照らしてみると、ユーフラテス・チグリス川流域国間の見解も異なる。まず、1997年の「国際水路非航行的利用法条約」に対するトルコ、シリア、イラクの立場についてみると、この条約の国連総会での採択において、トルコ政府は反対、シリアは賛成、そし

---

48) 1997年の「国際水路の非航行的利用に関する条約」は第6条で、衡平かつ合理的な利用に際しては、以下の要因を考慮に入れるとしている。(a)地理的、水路的、水文的、気候的、生態的要素及び自然的性質を有するその他の要素、(b)関連する水路国の社会的、経済的ニーズ、(c)各水路国における水路依存人口、(d)ある水路国における水路の利用が他の水路国に与える影響、(e)水路の現行利用及び潜在的利用、(f)水路の水資源の保全、保護、開発及び利用経済並びにかかる目的のためにとられる措置に要する費用、(g)特定の計画され又は現行の利用の、比較的価値のあるいは代替策の入手可能性（地球環境法研究会編『地球環境条約集』（第4版・中央法規)、2003年、420頁）。

49) P・バーニーとA・ボイル前掲『国際環境法』、340頁。

てイラクは棄権という意思を表明した[50]。投票で棄権したイラクは、この意味で、国際水路に関する国際法的なルールを認めないという立場をとっており、ユーフラテス・チグリス川に関しては、「先祖伝来の権利」を主張している[51]。このようにユーフラテス・チグリス川に関する「先祖伝来の権利」を主張しているイラク政府は、これらの伝統的な権利には2つの次元が存在するとしている。1つは、何千年ものあいだこれらの河川はメソポタミア住民に生活を提供し、これらの住民のための既得権を構成しているという事実である。もう1つは、これらの既得権は、既存の灌漑と水の設備に由来していることである。こうした2つの次元において、イラクはユーフラテス川流域に190万ヘクタールの農地をもち、それにはシュメール時代からの先祖伝来の灌漑システムが含まれるとする。「国際水路非航行的利用法条約」に賛成投票したシリアの公的な主張もイラクと同様のものであり、シリアは古代の時代からシリア領土を通過する河川に関する権利を有しているとする[52]。しかし、シリアの立場については、「国際水路非航行的利用法条約」を認めている点においては、国際法のルールを認めようとする姿勢が示されており、とくにシリアが注目したのは、同条約の第6条に規定されている合理的利用に際しての考慮条件の1つになっている「代替策の入手可能性（the availability of alternatives）」である。というのは、シリアはトルコとイラクに比べて水資源が少ないために、「衡平かつ合理的な利用」においてその考慮条件をうまく使えば有利に交渉を進めることができる可能性をもっていたからである[53]。少くともイラクの主張には、国際法が規定しているような「衡平かつ合理的な利用」という視点はなかったということができる。

---

50) A. Medezini and A.Wolf, "The Euphrates River Watershed : Integration, Coordination, or Separation?", in : M. Finger, L. Tamiotti and J. Allouche (eds.), *The Multi-Governance of Water*, State University of New York Press, 2006, p.122.［以下 Finger and Allouche (2006)］
51) Kibaroğlu (2002), p.243.
52) Kibaroğlu (2002), p.243.
53) Finger and Allouche (2006), p.21.

「国際水路非航行的利用法条約」に関するトルコ、シリア、イラクの立場の違いは、国際河川の捉え方にもあらわれている。トルコは、同条約に準拠すればユーフラテス川とチグリス川はアラブ・シャトル川として合流しているために単一の水路とみなさねばならないと主張しているだけでなく、イラク国内で両河川を結びつける人為的なタータル運河によって結合しており、ユーフラテス川で利用される灌漑用水はチグリス川によって供給されることもあると主張している。実際問題として、イラクにおいて、チグリス川の水をユーフラテス川に引き入れる可能性について議論されてきており、流域での利用可能な水資源の最適な利用のための実践的な選択肢の1つになっていたものと、考えられる[54]。「国際水路非航行的利用法条約」の第2条は、「『水路』とは、その物理的関連性のゆえ1つの統一体を構成し、また通常、共通の最終的な流出口に流入する表流水及び地下水の系をいう」としており、この点からみても、トルコが主張するように確かに、ユーフラテス・チグリス川はシャトル・アラブ川で合流してペルシア湾にそそいでいるために、統一的な流域を構成しているという解釈も成立する余地がある。それに対して、シリアとイラクはユーフラテス川が独立した河川であるとし、それが「共通の利用」あるいは「自国の必要性」にしたがって共有されるものと主張している[55]。

ここでイラクとシリアが主張している歴史的権利あるいは既得権に関してみると、下流国による過去からの水利用というのは、越境河川の衡平な利用を検討する際に考慮すべき多くの要因の1つではあってもすべてではない。したがって、歴史的権利あるいは既得権に関するイラクとシリア両国の主張は、「衡平かつ合理的な利用」という点からみて適切であるとはいえないだろう[56]。歴史的な権利に関しては、J・リッパーが以下のように指摘している。「国際法においては、"時間における優先権、権利における優先権"という概念

---

54) Kibaroğlu (2002), p.242.
55) Kibaroğlu (2002), p.242.
56) この点に関しては、Kibaroğlu (2002), p.244を参照。既得権に関しては、国際紛争

を頑なに適用する優先的領有という考え方は存在しない。」[57] またS・マッカーフリーも以下のように述べている。「利用の優先権は重要な問題である一方、優先権それ自体は決定的ではない。水路システムが管理を開始するところでもそうである。」[58]

　他方、トルコは国際水路に関しては、どのような見解をとっているのだろうか。トルコの元首相デミレルやその当時の高官の発言から判断すると、絶対的な領土主権の立場にみえる。しかしながら、A・キバログルの見解によれば、トルコは基本的には限定された領土主権という原則に基づいて、ユーフラテス・チグリス川流域の水の配分における共通の規準の必要性を支持してきた[59]。トルコの国際水路法に関する立場は、「衡平な利用の権利」と「重大な危害を与えない」という2つの原則に基づくものである。第1の衡平な利用という原則は、国際水路法においてもっとも広く認められてきた原則で、1997年の「国際水路非航行的利用法条約」においても、第5条と第6条において規定されている。

　もう1つの「重大な危害を与えない」という原則は、1997年の「国際水路非航行的利用法条約」の第7条において規定されているものである。第7条は以下のように規定している。すなわち「1．水路国は、自国領域内にある国際水路を利用する際、他の水路国に対して重大な危害を与えることを防止するために、すべての適切な措置をとる。2．水路国は、自国の水路利用が他の水路国に対して重大な危害を与える場合、かかる利用に関する協定がある場合を除いて、第5条および第6条の規定に妥当な考慮を払い、被影響国と協議して、か

　　に適用されるべきではないという国際法学者の主張もあるようである。その理由は、しばしば不毛であり、流域の最適な経済発展にとって資するものではないというものである。この点に関しては、以下を参照。J. Lipper, Equitabale Utilization, in : A. H. Garretson, R. D. Hayton and C. Olmastead, eds, *The Law of International Drainage Basin*, Oceana Publications, 1967.［以下 Lipper (1967)］

57）　Lipper (1967), p.57f.
58）　McCaffrey (2001), p.327.
59）　Kibaroğlu (2002), p.244.

かる危害を排除又は軽減するために、また適切な場合には、補償問題を検討するためにすべての適切な措置をとる。」[60]

　このようにトルコの基本的な立場は、1997年の「国際水路非航行的利用法条約」に規定されている「衡平かつ合理的な利用」と「重大な危害を与えない」という原則に依拠するものであるが、国際水路条約に関するトルコの見解においては、「衡平かつ合理的な利用」という原則が領土に対する国家主権という基本的原則から理解されるべきものであるということであった[61]。この点では、トルコの立場は、限定された領土主権という見解の枠内にとどまっており、共同の管理あるいは利益共同体という見解をとってはいない。

　このようにトルコ、シリア、イラクは国際水路に関してはそれぞれ異なった見解をとっており、3者のあいだでの合意形成が困難であった理由がこの点に明確に示されている。イラクとシリアが歴史的権利に執着しているかぎりにおいては、国際水路法の原則に基づく協議の場を設定することは困難である。さらに問題なのは、1997年の「国際水路非航行的利用法条約」に規定されている第5条の「衡平かつ合理的な利用」という原則と第7条の「重大な危害を与えない」という原則の関係である。あえていえば、イラクとシリアの立場は、「衡平かつ合理的な利用」という原則よりも「重大な危害を与えない」という原則を優先し、トルコはその逆の立場にあるように思われる。この立場の対立は、下流国にあるイラクとシリアが実際問題として、上流国であるトルコのGAPプロジェクトによるダム建設によって危害を受けていると感じていることに由来しているといえるだろう。

　トルコは2009年6月に、農業の収穫を増やすためにイラクに対して、ユーフ

---

60)　地球環境法研究会編『地球環境条約集』、420頁。
61)　Kibaroğlu (2002), p.257. キバログルによれば、トルコ政府が1994年のILC草案に対して提案したのは、第7条の削除であった。その理由は、この削除が「重大な危害を与えない」というルールを完全に排除するものではなく、国際法委員会のヘルシンキ規則にあるように、衡平な利用という原則に従属するものであるというものである（p.258）。

ラテス川の水量を50％増加させた。しかし、数十年にわたる干ばつと荒廃した農業部門によって被害を受けたイラクは、依然として長期的な水不足に直面しているようである。2003年のイラク戦争後、首都バグダッドではインフラが破壊されたために荒廃し、水不足に陥っている。320億ドルに及ぶトルコの GAP プロジェクトは、トルコの開発計画のなかで中心的な位置を占めており、1200メガワットの水力発電と何千エーカーもの綿花畑に灌漑をしている。上流国であるトルコの水需要は将来的にも増加しても減少することはないであろう。このことは、下流国に「重大な危害を与える」ことにもつながる。

　現在のところ、ユーフラテス・チグリス川流域３カ国間には、JTC というガバナンス・システムは機能してきたが、河川に関する地域的な国際協定そのものが存在しない。1987年のシリアとイラクのあいだの２国間の議定書が存在するだけである。この地域のガバナンスの形成を困難にしているのは、水紛争以外にも多くの問題点を抱えている点である。すでにみてきたように、シリアとトルコのあいだには、クルド問題、ハタイ紛争、オロンテス川紛争があり、シリアとイラクのあいだにはイラク戦争以前までバース党をめぐる政治的問題があり、イラクとトルコのあいだには湾岸戦争、イラク戦争、北部クルド問題があった。これらの複雑な絡み合いが地域のガバナンスやレジーム形成を困難にしてきということができる。

　国際河川の利用と管理に関するガバナンスについては、その問題点として指摘できるのは、いずれの国家も主権を優先し、地域的な利益共同体という視点に立って共同管理をめざすことが困難なことである。ユーフラテス・チグリス川流域のガバナンスに関しても、トルコ、シリア、イラクが利益共同体という広い視座に立つことが必要であろう。そのためには、水環境の分野だけでなく、経済やエネルギーの面においても、ガバナンスの枠組としての地域共同体を形成する必要があるだろう。

第4章
ナイル川流域の水資源をめぐるレジームとガバナンス

　2011年のアラブの春は、ナイル川流域諸国に民主化の流れをもたらすと同時に、この地域の地政学的な力関係を大きく変えることになった。チュニジアのジャスミン革命は、瞬く間にエジプトに伝播し、エジプトでは高い失業率、穀物価格と食料品価格の上昇などによって民衆の怒りと不満はムバラク政権を打倒するに至った。ジャスミン革命は、パンの価格をめぐる抵抗として始まったが、エジプトでもデモ参加者は「パンと自由」と叫び、政府は食糧補助を早急にせざるをえなかった。エジプトは世界最大の小麦の輸入国であり、その意味では、多くのバーチャル・ウォーターの輸入国である。エジプトがかりに国内で国民の需要を満たすに必要な小麦を生産するとなると、これまで以上に多くの水資源が必要になる。

　歴史的に、エジプトはナイル川の水資源利用に関しては、他の流域国の水利用を制限することで特権的な地位を保持してきた。しかし、近年、他の流域国の開発やアラブの春によって、ナイル川流域の地政学的な力関係は崩れてきている。したがって、エジプトがナイル川の水資源利用に関して従来のような主張を繰り返しても他の流域国がそのまま聞き入れるような状況ではなくなってきている。

　ナイル川流域における水資源利用の国際的なガバナンスとレジームの形成は19世紀の植民地時代にさかのぼる。しかし、その時代の水レジームは植民地宗主国であったイギリスとエジプトが中心であり、他のナイル川流域国はそれから排除されていた。しかし、第二次大戦後のポスト・コロニアル時代を迎え、多国間の水資源レジームと水資源ガバナンスの枠組が形成されるようになっ

図1 ナイル川流域の地図

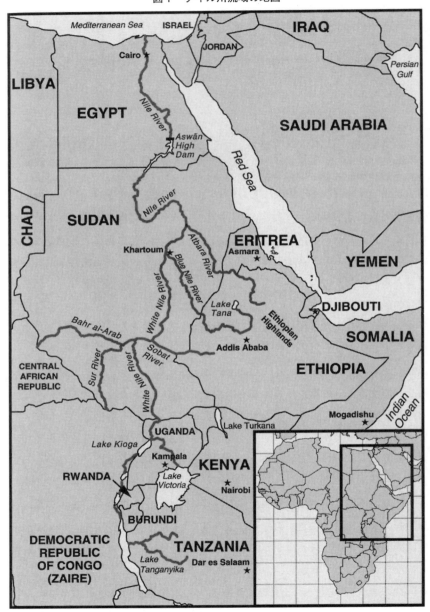

Arun. P. Elhance, *Hydropolitics in the 3rd World*, United States Institute of Peace Press, 1999, p 88.

た。本章では、植民地時代からポスト・コロニアル時代及び現代にいたるナイル川流域における水資源のガバナンスとレジームについて検討したい。

I　ナイル川流域の水資源問題

　ナイル川の全長6,650kmで、世界一長い河川である。ナイル川流域は11カ国に及び、それらはブルンジ、コンゴ民主共和国、エジプト、ケニア、エリトリア、エチオピア、ルワンダ、南スーダン、スーダン、タンザニア、ウガンダである（図1参照）。その流域面積は3,349,000km²で、アフリカ大陸全体の10分の1を占めている。なかでも流域面積の広い国は、スーダン（南スーダンを含む）で、約200万km²であり、以下、エチオピアの36万km²、エジプトの30万km²と続いている（表1参照）。

　ナイル川は3つの支流、白ナイル川、青ナイル川、そしてアトバラ川によって構成され、白ナイル川はルワンダとブルンジの高原に源流を有し、ビクトリア湖に注いでいる。白ナイル川はスーダンの首都ハルツーム近くで、エチオピア高原のタナ湖から流れ出ている青ナイル川と合流し、さらに108km下流でアトバラ川と合流する。アトバラ川はナイル水系の最後の重要な河川であり、その水源はエリトリアである。

　一般に、ナイル川の水の用途は広く、灌漑、水力発電、生活用水、水上輸送、公衆衛生などに利用されている。ナイル川流域の経済は、流域国の農業によって支えられており、とりわけ砂漠の農業国であるエジプトの国民生活はナイル川の水に依存している。エジプトの淡水のほぼ98％はナイル川に由来するといわれている。エジプトでは実際に雨はほとんど降らず、ナイル川流域国のなかでももっとも降雨量が少ない国であることから、水資源に対して脆弱であることが最大の特徴となっている。エジプトの多くの政治家が「ナイル川はエジプトの生命線である」という趣旨の発言を繰り返してきたことは、ナイル川がエジプトにとっての安全保障の中枢を占めていることを物語っている。たとえば、1979年、イスラエルとの和平条約の調印後、サダト大統領は、「エジプ

表1　NBI加盟国のエリアと流域内のエリア　　（km²）

国	エリア	面積
ブルンジ	全エリア	28,702
	流域エリア	13,860
コンゴ民主共和国	全エリア	2,516,395
	流域エリア	21,796
エジプト	全エリア	1,014,742
	流域エリア	302,452
エチオピア	全エリア	1,129,065
	流域エリア	365,318
ケニア	全エリア	589,070
	流域エリア	51,363
ルワンダ	全エリア	25,107
	流域エリア	20,625
スーダン（南スーダン含む）	全エリア	2,551,341
	流域エリア	2,062,558
タンザニア	全エリア	937,762
	流域エリア	118,507
ウガンダ	全エリア	244,491
	流域エリア	240,067

出所：Terje Oesgaard, *Water Scarcity and Food Security along the Nile*, Nordiska Afrikainstitutet, Uppsala, 2012, p.27.

トが戦争する可能性がある問題は水である」[1]と述べた。

　エジプトがナイル川の水利用に関して限界に到達した最大の理由は人口増加であったことから、エジプトにとって人口増加が長年の主要な関心事であった。エジプトは出生率の安定化と人口抑制のために早くも1966年に家族計画委員会を設置し、1995年に国民人口政策が実施された。しかし、世界銀行によれば、現在のエジプトの人口は8,370万人で、2050年までに1億3,000万人に増加すると予測されている。そうなれば、ナイル川の水資源への需要がさらに増加する[2]。人口増加に関しては、エジプトだけでなく、ナイル川流域国全般にいえることであり、エジプト以外の国では2050年までに人口は倍増することが見

---

1) Cf. J. Starr, 'Water Wars', in : *Foreign Policy*, 82, 1991, pp.17-36.
2) Terje Oesgaard, *Water Scarcity and Food Security along the Nile*, Nordiska Afrika

表2 ナイル川流域国の人口　　　（国連の予測：単位千）

国	人口				
	1950	2009	2015	2025	2050
ブルンジ	2,456	8,303	9,413	11,161	14,846
コンゴ	12,184	66,020	77,419	98,123	147,512
エジプト	21,514	82,999	91,778	104,970	129,533
エリトリア	1,141	5,073	6,009	7,404	10,787
ケニア	6,077	39,802	46,433	57,573	85,410
ルワンダ	2,162	9,998	11,743	14,676	22,082
スーダン	9,190	42,272	47,730	56,688	75,884
タンザニア	7,650	43,793	52,109	67,394	109,450
全体	85,966	413,741	478,581	591,217	860,586

出所：Oesgaard (2012), p.31.

込まれている。ナイル川流域国全体でみると、2050年までにほぼ倍の8億6,000万人になると予想されている（表2参照）。

　ナイル川の水の約86％を供給している青ナイル川はエチオピアを源流としているが、問題なのは、そのエチオピアでも人口増加によって農業生産の拡大を必要とし、したがって自国の水利用量が増え、現在ダムを建設中であるということである。このことは下流のエジプトにとっては大きな脅威となっている。エチオピアは「アフリカの給水塔」といわれるように、毎年の降雨がエチオピアに多くの水を供給し、その水量はナイル川の水量の1.5倍に当たるといわれている。それにもかかわらず、エチオピアはこの水を利用できず、そのほとんどは隣国のスーダンとエジプトに流れていた。エチオピアは世界でもっとも貧しい国に属し、85％が農民であり、地方に居住している。2010年、エチオピアは UNDP によって、169カ国のうち157番目に貧しい国にランクづけされた[3]。エチオピアは水資源が豊富なのにもかかわらずこうした貧困国に陥った理由は、軍事政権の時代にさかのぼる。1970年代半ばから始まったエチオピアの独裁体制のもとで、スターリン主義的な農業政策が実施され、また内戦が繰り広

---

　　institutet, Uppsala, 2012, p.28. [以下 Oesgaard (2012)]
　3）　Oesgaard (2012), p.29.

げられ、そのために多大な軍事支出が費やされた。これらのことがエチオピア経済を破壊し、すべての発展の可能性を幻想と化したのである[4]。

ところで、エチオピアを源流とする青ナイル川と比較して、南部スーダンから流れる水はナイル川の水量全体の14%にすぎないとはいえ、エジプトとスーダンにとっては戦略的な重要性をもっている。エジプトは増加する人口を養うためにより多くの灌漑地を必要とし、スーダンにとってもまたナイル川の水の流れを加速するためには南部スーダンの広大な湿地を通すジョングレイ運河の建設が必要であった。南部スーダンの湿地では流量の半分が蒸発しており、運河の建設によって流れを加速することで流量の約10%に当たる蒸発する分の水を増やすことができる。この計画はスーダンにおいてジョングレイ運河の建設として1970年代後半にスタートした[5]。しかし、スーダン国内の長引く内戦のために、1983年以来ジョングレイ運河の建設は中断している。1980年代におけるスーダンの軍事支出は毎年GDPの3-5%であり、1989年には2億7,100万ドルに達した。スーダンの貿易赤字も1991年の湾岸戦争によって悪化し、湾岸諸国で働くスーダン労働者の収入と送金がストップしたこともあって、国家収入が減少した[6]。

このようにエジプトとタンザニアを例外として、ナイル流域のすべての国家は内戦によって分裂を余儀なくされてきた一方で、エジプトとタンザニアは中東戦争やタンザニア・ウガンダ戦争など国家間の戦争に巻き込まれてきた。多くの場合、内戦は何十年も継続し、なかでもスーダンの内戦は平和の時期があったものの20年間も続いた。ウガンダは20年にわたって残忍な指導者と内戦の激化に悩まされ、ルワンダとブルンジの紛争は独立以来断続的に起こってきた。ナイル川流域の国家はまた、ナイル川流域以外の、戦争によって分裂した

---

4) J. Hultin, The Nile : Source of Life, Source of Conflict, in : L. Ohlsson, *Hydropolitics*, University Press LTD, 1995, p.35.

5) ジョングレイ運河に関しては、R. Collins, *The Water of the Nile, Hydropolitics and the Jonglei Canal,* 1900-1988, Princeton, 1990を参照。[以下 Collius (1990)]

6) Hultin (1995), p.41.

表3 ナイル川流域国における地方の人口、貧困人口、国民総生産

	地方人口の割合（%）2010年	貧困線上にある貧困人口の割合（%）	一人当たりの国民総所得（USドル）
ブルンジ	89	66.9(2006)	170
コンゴ民主共和国	65	71.3(2006)	180
エジプト	57	22.0(2008)	2,420
エリトリア	78	69.0(1993)	340
エチオピア	82	38.9(2005)	390
ケニア	78	45.9(2005)	790
ルワンダ	81	58.5(2005)	520
スーダン	55	－－	1,270
タンザニア	74	33.4(2007)	530
ウガンダ	87	24.5(2009)	500

出所：Terje Oesgaard, *Water Scarcity and Food Security along the Nile*, Nordiska Afrikainstitutet, Uppsala, 2012, p.32.

国家（ソマリアやチャド）から多くの難民を受け入れてきた。

しかしながら、1990年代に入って、ナイル川流域国家の一部を除いて内戦状態は終息し、経済発展と開発への道を歩み始めた。こうしてナイル川流域では、1999年にナイル川流域イニシアティブ（NBI）が設立されたことに示されるように、多国間のガバナンスへの取り組みが開始された。

Ⅱ　ナイル川流域の水協定

19世紀後半にヨーロッパ諸国はナイル川流域に対する植民地支配を確立した。なかでも1882年にエジプトを占領したイギリスの政治的意図は、ナイル川流域に対する支配の確立というよりも、スエズ運河を視野に入れた政策であった。しかしながら、1894年にウガンダを植民地化したイギリスは、ナイル川上流のスーダンを占領するに至り、イギリスのナイル川流域に対する帝国主義的な占領政策はナイル川の上流へと地域を拡大していった[7]。この時点でのイギリスのナイル川流域管理の政策には、2つの政治的ねらいがあった。1つは、

表4　ナイル川流域に関する協定

協定名	日付	参加国	主要問題
1．議定書	1891年4月15日	イギリスとイタリア	影響力の範囲の区別
2．条約	1902年5月15日	イギリスとエチオピア	国境条約
3．条約	1906年5月9日	イギリスとレオポルドⅡ世	国境条約
4．条約	1906年12月13日	イギリス、フランス、イタリア	加盟国の利益の定義
5．覚書交換	1925年12月14-20日	イギリスとイタリア	タナ湖とその周囲
6．覚書交換	1929年5月7日	イギリスとエジプト	ナイル川の水分割
7．協定	1959年11月8日	エジプトとスーダン	ナイル川の水分割
8．協力枠組	1993年7月1日	エチオピアとエジプト	一般的協力

出所：Gebre Tsadik Degefu, *The Nile, Historical, Legal, and Developmental Perspectives*, New York, 2003, p.93.

農業生産、すなわち綿花生産を増加させるためにエジプトに水を確保することであり、もう1つは、かりにエジプトがイギリスと敵対した場合に、ナイル川上流の水管理を自己の支配下に置いておくことがそれへの対抗手段として利用できると考えたことである[8]。

1860年代から綿花輸出はエジプトの輸出の80％を占めるようになり、イギリス産業はエジプトに大きな関心をもつようになった[9]。当時のランカーシャーの織物産業は、アメリカ綿花への依存を減らし、安価なエジプト綿花の供給を拡大しようとしていた。エジプトでの生産性と利益を上げるためには、夏期における水の安定的な供給が必要であった。時期的にみると夏期は青ナイル川の氾濫の前であり、したがって綿花生産は白ナイル川の水資源に依存していた。

---

7) T. Tvedt, *The River Nile in the Age of the British, Political Ecology and the Quest for Economic Power*, I. B. Tauris, 2004は、ナイル川に関するイギリスの帝国主義的な政策がイギリスの利益を保証するという単一の目的をもったものであると分析している。ヨーロッパ帝国主義とナイルとの関連については、R. Collins (1990) を参照。

8) T. Tvedt (ed.), *The River Nile in the Post-Colonial Age*, I. B. Tauris, 2010, p.4. [以下 Tveat (2010)]

9) Collins (1990), p.30.

重要な問題は、綿花生産のために必要な水資源をいかに確保し、同時に定期的なナイル川の洪水をいかに管理するかであり、こうして19世紀終わりまでに、水管理の改善がエジプト行政の最大の課題となったのである[10]。

19世紀後半から、ナイル川流域においてはヨーロッパの植民地支配が確立し、とりわけナイル川流域に支配権をもっていたイギリスは、植民地領土に関連する水の権利や義務を条約や他の手段によって規制した。こうして植民地時代には、ナイル川流域において、国家間のフォーマルな条約や協定に基づく水資源のガバナンスとレジームの体系が作り上げられた（表4参照）。

(1) イギリスとイタリアのあいだの1891年4月15日の議定書

当時、ナイル川流域、とりわけエチオピアへ進出していたヨーロッパ列強の1つは、ローマ帝国の時代からつながりをもっていたイタリアであった。ヨーロッパ列強によるアフリカ争奪戦において、列強各国は相互に影響力の範囲を確定するために法的協定によって棲み分けを図ろうとしていた。イギリスとイタリアとのあいだで1891年に議定書が締結された。その主要な目的は東アフリカにおける相互の影響力の範囲の確定であった。この議定書の第3条には、ナイル川の水へのエジプトの利益を保護し、ナイル川上流域にあるアトバラ川に関して、イタリアはそれが属するエリトリアを新たに獲得する旨が記されていた一方、イタリア政府はアトバラ川に関して、ナイル川への流れを変更するような灌漑や他の事業を行なわないとされた[11]。

しかし、エチオピアはこの議定書に反対した。その理由は、第1に、イタリアとエチオピアとのあいだの条約文書の内容上の対立である。その議定書はエチオピアのためにイタリアによって調印されたものであったが、イタリアは

---

10) Tvedt (2010), p.20.

11) A. Okoth-Owiro, *The Nile Treaty, State Succession and International Treaty Commitments : A Case Study of the Nile Water Treaties*, Nibobi, 2004, p.6.［以下 Okoth-Owiro (2004)］尚、表4に掲げたナイル川流域に関連する条約、覚書、協定の条文については、以下を参照。Y. Arsano, *Ethiopia and the Nile, Dilemmas of National and Regional Hydropolitics*, Zurich, 2007.

1889年5月2日のメネリク皇帝とイタリア政府とのあいだのウッチャリ条約に基づいて行動し、同年の9月29日に批准した。このウッチャリ条約は、アムハラ語版によれば、第17条で、メネリク皇帝が他国の政府へ送付することを望むすべての文書に対するイタリア当局のサービスを利用する権限を持つべきであるとしているが、しかし、イタリア版の第17条によれば、条約はすべての外交関係の責任をイタリアに委任している。この条約に基づいて、イタリアは他のヨーロッパ諸国に対して、エチオピア問題を管理する権限を有していると宣言したのである。イギリスとドイツはイタリアのエチオピアに対する保護国の確立を受け入れた。1891年、メネリク皇帝は公式にイタリアによる条約解釈に異議を申し立てた。興味深いことに、メネリク皇帝の異議申し立てがローマに到達した24時間後に、イギリスとイタリアはソマリランド、ケニア、南エチオピアの相互的な境界に関する合意を表明した。

そしてエチオピアが後年になって議定書を拒絶した第2の理由は、1896年のエチオピア軍との戦い（第1次エチオピア戦争）におけるイタリアの敗北に伴う1896年10月の条約の破棄とエチオピアの完全な主権の承認であった[12]。

(2) 1902年のイギリスとエチオピアとのあいだの条約

1902年5月15日、イギリスとエチオピアはアジスアベバでスーダンとエチオピアとの国境に関する条約を締結した。この条約は国境に関するだけでなく、エチオピアを源流とするナイル川の水に関連する条約でもあった。この条約の第3条では、以下のように規定されている。

「エチオピア皇帝メネリク二世陛下は、イギリス国王政府に対して、イギリス国王政府とスーダン政府との合意がある場合を除いて、ナイル川への水流を止めるような、青ナイル川、タナ湖、ソバト湖の全域でのいかなる工事も

---

12) G. T. Degefu, *The Nile, Historical, Legal, and Developmental Perspectives*, New York, 2003, p.96. 〔以下 Degefu (2003)〕

行わない。」[13]

この条約はイギリスの政治的圧力のもとで調印されたこともあって、エチオピアが相当程度譲歩した内容になっている。すなわち、ナイル川に影響を与えるようなエチオピア国内の工事にはすべてイギリス政府の合意が必要であるとされているからである。このようにエチオピアにとって不利な条約が締結された背景には、当時のメネリク二世が、イギリスの最終的な目的がエチオピアを征服することであるということを恐れたために、イギリスとの良好な関係を保持することがその独立を維持するうえで賢明であると考えたことがあると推測される[14]。

(3) 1906年の2つの条約

① イギリスとコンゴのレオポルド二世のあいだの1906年5月9日の条約

イギリスと独立国コンゴは、東アフリカと中央アフリカの勢力圏を再定義するための条約を締結したが、これはイギリスがコンゴの水利開発に対して一定の制約を課したものであった。この条約の第3条には以下のように規定されている。

「コンゴ独立国家政府は、スーダン政府との合意がある場合を除いて、アルバート湖に流れる水量を減少させるような、セムリキ川とイサンゴ川周辺の工事は行なわない。」[15]

この条文に見られるように、コンゴでの水利工事は、当時イギリスとエジプトの共同統治下に置かれていたスーダン政府との合意を前提とするものであり、実質的にはイギリスの影響下に置かれたことを意味する。

---

13) Okoth-Owiro (2004), p.7. J. Waterberry, *The Nile Basin*, Yale University Press, 2002, p.62.
14) Degefu (2003), p.97. 尚、この点に関して、また当時のメネリク二世の外交政策に関しては、G. N. Sanderson, The Foreign Policy of the Negus Menelik, 1896-98, in : *Journal of African History*, Vol. V. no. 1, 1964を参照。
15) A. Okoth-Owiro (2004), p.7. G. T. Degefu (2003), p.100.

② 1906年12月13日のイギリス、フランス、イタリアとのあいだの条約

　この条約は、イギリス、フランス、イタリアのヨーロッパ列強による3カ国条約であり、その主要な目的は、エチオピアにおける3つの締約国のそれぞれの権利の境界設定であった。この条約の第4条には、エチオピアの保全を維持すること、ナイル川とその支流の水の調整に関しては締約国がナイル川流域におけるイギリスとエジプトの利益を保全することが規定されていた[16]。当時、イギリス、フランス、イタリアは自己のヘゲモニーあるいは勢力圏を確立しようとしてアフリカをめぐって争奪戦を展開していたが、1891年の議定書と1902年の国境条約、そしてこの条約によって、イギリスはナイル川流域への支配権を確立することになった。

(4) 1929年のナイル水協定

　イギリスの支配下にあったエジプトは20世紀に入って、綿花栽培における水不足のために、定期的な洪水に依存する伝統的な農法から、1年を通じて灌漑が可能な農法への転換を求められていた。1922年までエジプトを支配していたイギリスは、灌漑の目的のためにナイル川の水をエジプトとスーダンのあいだで配分することに関心をもち、水配分に関する調査を行ったが、それに対してエジプトのナショナリストたちは、エジプトが独立した場合にイギリスがエジプトを支配するための手段であるとみなした[17]。そしてエジプトの独立後、新政府は灌漑のための水資源を確保するためにイギリスとのあいだで2国間の協定を締結し、同時にその協定によって上流国の水利用に制約を設けようとしたのである。

　この協定は、イギリスとエジプト政府とのあいだの覚書交換という形式をとったナイル川の水の配分に関するものであり、エチオピアを利害当事者とし

---

16) A. Okoth-Owiro (2004), p.7.
17) V. Knobelsdorf, The Nile Water Agreements: Imposition and Impact of a Transboudary Legal System, in: *Columbia Journal of Transnational Law*, Vol. 44, No. 2. 2006, p.626.

て記していない。この協定は本質的にエジプトとスーダンにおける灌漑制度を調整するものであるとみなされているにもかかわらず、その片務的な性格は明確となっていた。事実、エジプトには灌漑施設だけでなく水力発電を含む上流国（コンゴ）の開発への拒否権が与えられている。さらにエジプトには、スーダン政府の同意なしにエジプトの上流域での作業に着手する権限が与えられている。エジプトにはまた、貯水池からの水の配分とその管理が1929年協定と一致しているかどうかエジプト政府に確認させるために、スーダンの施設、とくにセナールダム（1925年完成）を査察する権利が与えられている。またエジプトは、スーダンでのエジプトの計画を遂行するためにエジプトに対してあらゆる施設が提供されるべきであるという一般的な保証を獲得した[18]。

　要するに、この協定は、スーダンにおける灌漑の必要性がエジプトのナイル川に対する既得権を侵害するものであってはならないという観点に立っている。当時、スーダンはイギリスの植民地支配下にあり、交渉への参加権はなかった。これは植民地支配国が植民地諸国の利益を侵害する決定を意図的かつ一方的に行うという代表的な事例であるが、当事者能力のないスーダンの利益はイギリスが代弁するというまったくの不合理な図式のもとで結ばれたものであった。結局のところ、この協定はスーダンの地位を不安定にしたまま、イギリスとエジプトとの関係を安定化させるにすぎなかったのである。イギリスは、ナイル川に対するエジプトの歴史的権利と、スーダンにおけるあらゆる開発へのエジプトの拒否権を承認する一方、スーダン自身による水資源開発に関してはその自由裁量を残したままにしたのである[19]。

　1929年協定に関する他の流域国のスタンスに関しては、1962年タンガニーカ政府は、イギリス、エジプト、スーダンの各政府に対して、その立場を伝え、タンガニーカはもはやイギリス領ではないことから、ナイル川流域に関する1929年協定はタンガニーカを拘束するものではないと言明した。他方、これに

---

18) G. T. Degefu (2003), p.124.
19) L. Teclaff, *The River Basin in History and Law*, The Hague Martinus Nijhoff, 1967, p.161f.

対してエジプトは1929年協定に関して十分に根拠があるものであると返答した。1963年に独立したケニアは、ニエレレ・ドクトリンを喚起する一方、ウガンダ政府は以前のイギリスの条約が時代遅れであるとみなした。ナイル川上流域の他の国々（ザイール、ルワンダ、ブルンジ）は、イギリスとともに委任統治国であったベルギーが調印しなかったがゆえに、1929年協定には拘束されないと言明した[20]。

(5) スーダンとアラブ連合共和国のあいだのナイル川の水利用に関する協定（1959年11月8日調印）

スーダンでは1950年代初めより独立運動が巻き起こっていたが、1929年の協定をめぐっては、その水配分をめぐる問題、そしてスーダン自体が1929年の協定の当事国になっていないという問題が大きな政治的焦点となっていた。1956年1月1日にスーダンは独立し、公式にイギリス政府によって締結されたいかなる条約にも拘束されることはないと宣言した。

スーダン独立後に、こうした対立を解決するためにエジプトとスーダンのあいだで交渉が始まった。何回かの会合と困難な交渉の後、両当事国は合意に達した。両国が合意した点は、1929年のナイル水協定が水の部分的な利用を規定しているにすぎず、ナイル川の水の完全な管理を含むものではないということであった。1959年の協定では、それぞれの国の全体的な配分、すなわちエジプトに毎年のナイル川の全水量のうちから555億㎥、スーダンに185億㎥を配分する旨が規定されている。ナイル川の全水量は840億㎥とされ、それを超えた場合には、両国で平等に配分されるものとされた[21]。1929年協定の片務的な性格は1959年協定にはみられない。この協定においては、既得権と先占という概念

---

20) Hultin (1995), p.34, Collins (1990), p.275. タンガニーカ、ルワンダ、ブルンジは、ドイツの植民地となり、その後イギリスとベルギーの委任統治領となり、そして主権国家として独立した。1964年、タンガニーカは、ザンジバールを統合してタンザニアとなった。この点については、A. Okoth-Owiro (2004), p.10参照。

21) Collins (1990), p.271. 840億㎥をエジプトが555億㎥とスーダンが185億㎥と配分す

は認められず、それらの概念は公平な配分を決定するうえで考慮に入れるべき1つの要因にすぎなかった[22]。

この協定の第4条は、常設共同技術委員会（PJTC）の設置を規定しており、それは両共和国からの平等な委員数によって構成され、以下の5つの一般的な関連項目に着手するものとされた[23]。

①両共和国による承認のために同じ提案をする前に、ナイル川の水量の増加のためのプロジェクトと、プロジェクトの資金調達に必要な調査の監督に関する基本的な概略を作成すること。

②両国政府によって承認されたプロジェクトの実施の監督。

③スーダン国内のナイル川で建設されるすべての施設と、スーダン国外で建設される施設のための作業上の調整の策定。ただし、これらの施設が建設される国の関係機関の同意に基づく。

④スーダン国内で建設される施設と、Sudd-el-Aali貯水池とアスワンダムについて、③で述べた作業上の調整すべての適用に関して、両共和国によって派遣された公的な技術者による監督。上ナイル川プロジェクトの作業上の監督は、こうしたプロジェクトが実施される国とのあいだの協定で規定されている。

⑤水量が減少し、あるいはSudd-el-Aali貯水池の水位が継続的に低下して両共和国の十分な要求を充足できないことが起こりうるとき、常設共同技術委員会は両共和国が従うべき衡平な調整を検討する作業を担う。そして常設共同技術委員会の勧告は両国政府に提示されるものとする。

この常設共同技術委員会は定期的にカイロあるいはハルツームで会合を開くことになっており、協定によって求められる手続規則を公布する権利を有する。常設共同技術委員会の規則は、両国政府によって承認されたものとして、

ると、100億m^3残るが、それはナセル湖で蒸発するものとされた。この点に関しては、J. Waterbury, *Hydropolitics of the Nile Valley*, Syracuse University Press, 1979, p.72-3を参照。

22) G. T. Degefu (2003), p.130.
23) G. T. Degefu (2003), p.131.

1960年7月30日にハルツームで、7月31日にカイロで批准された。常設共同技術委員会にいくつかの機能が託されたとはいえ、事務局がナイル川問題の調整と管理のための主要な機関となった[24]。

さて、協定の第5条では、締約国と上流流域国とのあいだで生じる可能性のある問題を予見している。その第1項では以下のように規定している。

「ナイル川の水に関して両国以外のすべての流域国と交渉をもつ必要が生じた場合、スーダンとアラブ連合共和国は、上述の技術委員会で問題が調査された後に、統一見解に合意するものとする。その交渉によって両国国境の外部での河川上の施設の建設のための合意に至った場合には、共同技術委員会は、関連する政府当局との協議の後、技術的な実施項目と作業・メインテナンス体制を作成する。そして委員会は、関連する政府による同様の承認を得たのち、上述の技術委員会による調整の実施を監督する。」[25]

そして第5条の第2項は、以下のように規定している。

「両共和国以外のすべての流域国がナイル川の水の配分を要求した場合、両共和国は上述の要求に関して共同して検討し、統一見解に到達することに合意する。そして、上述の検討によって上述の他の諸国のいずれかにナイル川の水を配分することになった場合、受け入れられた水量は、アスワンで測定された平等の水協を両共和国の配分から差し引くものとする。この協定における技術委員会は、関係国の水消費が合意された水量を超えないことを確認するために、関係国との必要な調整を行うものとする。」[26]

このように、この協定で設置された常設共同技術委員会は、両締約国と上流国とのあいだで生じる可能性のある問題に関して、専門技術的な観点から調整的な機能をもつものとされている。常設共同技術委員会の本部はハルツームに置かれ、その委員長はエジプトとスーダンで交替することとされた。常設共

---

24) G. T. Degefu (2003), p.132. なお常設共同委員会に関しては、Waterbury (2002), pp.133-134を参照。
25) この第5条第1項の引用は、G. T. Degefu (2003), p.132-133による。
26) この第5条第2項の引用は、G. T. Degefu (2003), p.133による。

同技術委員会の主要な活動は2つある。第1に、協定の日常的な実施を監督し、スーダンにおける水利用を監視し、エジプトにおけるハイダムの水の貯水と放流を監視することである。これらの役割は、両国の技術者の混合チームによって監視所と放流地点で実施される。第2に、常設共同技術委員会には、将来の開発計画の実行可能性の研究について、それを実施あるいは外注する権限が与えられており、また実施のための研究にもとづいて入札を要求し、あるいは契約を認める権限が与えられている。常設共同技術委員会には両国政府のための基金を求める権限が与えられている。しかしながら、それはエジプトとスーダン政府にとっては顧問団にすぎず、両国に対して一定の行動を義務づけることはできない[27]。

しかしながら、1959年の協定はエジプトとスーダンに対してのみ義務づけられているものであり、他の8カ国の流域国家には拘束力をもつものではない[28]。その意味でも、ナイル川流域の水ガバナンスの枠組を形成するには、すべての流域国が参加する枠組の形成が必要であり、1992年のナイル開発促進技術協力委員会（TECCONILE）と1999年のナイル流域イニシアティブ（NBI）はそうした多国間のガバナンスの枠組となった。

(6) エチオピアとエジプトのあいだの一般協力のための枠組（1993年7月1日調印）

この一般協力のための枠組は、エチオピアとエジプトのあいだで締結されたものであり、その目的は、エチオピアとアラブ共和国連合の両国の協力を深め、共通の利害関係を樹立するために、十分な経済力と資源力の実現を希望し、相互的な利益の中心の基礎となるナイル川によって結びつけられた密接な関係をもつ長い歴史のなかで強化されてきた両国間に存在する伝統的なつながりの重要性を認識し、国連憲章とアフリカ連合憲章、国際法の原則に基づくこ

---

27) G. T. Degefu (2003), p.141.
28) C. Carroll, Past and Future Legal Framework of the Nile River Basin, in : *Georgetown International Environmental Law Review*, Vol. XII, 1999, p.282.

とである。一般協力のための枠組は8条から構成されており、主要な原則は以下のとおりである。

　第1条において、両締約国は、良い隣国関係、紛争の平和的解決、国内問題への不介入の原則に対する約束を確認する。

　第2条において、両締約国は両国間の相互の信頼と理解の強化という約束を宣言する。

　第3条において、両締約国は地域の安定性だけでなく、両国の経済的・政治的な利益を促進するための手段として協力の重要性を承認する。

　第4条において、両締約国はナイル川の水問題が国際法のルールと原則に則って両国の専門家による議論を通じて細部にわたって解決されることに合意する。

　第5条において、各締約国はいずれの締約国の利益を害するものとされるナイルの水に関連する活動を抑制するものとする。

　第6条においては、両締約国はナイル川の水の保存と保護の必要性に関して合意する。これに関して、両締約国は、包括的で統合された開発計画によってナイル川の水量を高め、喪失を減少させるプロジェクトのように、相互的な利益となるプロジェクトにおいて協議と協力を引き受ける。

　第7条において、両締約国は地域の平和と安定性のために協力を可能とするような仕方で、ナイル川の水を含む相互的な関心事に関して定期的な協議のための適当なメカニズムを創出することに同意する。

　第8条においては、両締約国はナイル川流域における共通の利益を促進するためにナイル川流域国間での効果的な協力のための枠組に向けて努力することを約束する。

　この協力枠組は、エジプト・アラブ共和国のムバラク大統領とエチオピアの移行政府大統領のゼナウィ大統領によって調印されたが、この協力枠組によって達成したかった主要な目的については明らかではない[29]。

---

29) G. T. Degefu (2003), pp.136-138.

Ⅲ　多国間のガバナンスと NBI

　1959年の協定はエジプトとスーダンの２国間協定であり、1993年の一般協力のための枠組はエジプトとエチオピアのあいだの２国間の取り決めであって、いずれもナイル川流域全体のガバナンスという点からみて、不十分なものであった。水管理は高度に複雑で、きわめて政治的なものであるので、水資源配分や水資源管理をめぐって競合する利害を均衡化するより大きな枠組が要請されるのは必然である。

　多国間のガバナンスの枠組としては、1967年に、「ビクトリア湖・キヨガ湖・アルバート湖の水文気象学的調査」（Hydromet：The Hydro-Meteorological Survey of Lakes Victoria, Kiyogo and Albert）が設立された。参加国は、エジプト、ケニア、スーダン、タンザニア、ウガンダで、それに加えて国連開発計画（UNDP）と世界気象機関（WMO）が参加した。エチオピアは1971年にオブザーバーとして参加した[30]。Hydromet の主要な目的は、赤道地域の湖と河川の気象学的なデータを研究・分析し、それらを加盟国に広めることである。Hydromet は25年間にわたって活動し、その間に有益な気象学的なデータが収集された。

　さて、もう１つの多国間の枠組はエジプトによって主導された UNDUGU（兄弟）とよばれるプロジェクトで、Hydromet と並行して1983－1993年の間に活動した。その目的はナイル川流域経済共同体を形成し、ナイル川流域におけるエジプトの永続的な利益を保護することであった。エジプト、スーダン、ウガンダ、ザイール、コンゴ民主共和国が参加国となり、1983年にスーダンのハルツームで設立された。ブルンジとルワンダは後に参加し、ケニア、タンザニア、エチオピアはそれに対して距離を置くという選択を行い、オブザーバーの地位をもったにすぎなかった。UNDUGU の主要な目的の１つは、インフ

---

30)　H. P. Ngowi, Unlocking Economic Growth and Development Potential : The Nile Basin Approach in Tanzania, in : Tvedt (2010.), p.66.［以下 Ngowi (2010)］

ラ、環境、文化、貿易の分野で相互利益を創出するものであったが、当初の目的を達成することなく、廃止された[31]。

　1990年代に入って、ナイル川流域の広域的な水管理をめざす試みがみられるようになった。1992年12月、エジプト、スーダン、ルワンダ、タンザニア、ウガンダ、コンゴ民主共和国の6カ国は、水問題担当閣僚協議会（Council of Ministers of Water Affairs, Nile-COM）を開催し、ナイル開発促進技術協力委員会（TECCONILE）を設立した。他の流域国家であるエチオピア、ブルンジ、エリトリア、ケニアはオブザーバーとして参加した。

　TECCONILE は、エジプトによって主導され、資金の面ではカナダ国際開発機関（CIDE）によって援助された機関で、廃止された Hydromet の空白を埋めるものとして意図されたものであった。TECCONILE の目的は、短期的には、各国の総合計画の発展やそれをナイル川流域のための行動計画へと統合すること、そして流域の水資源の最適な利用のためにインフラを整備し、また能力や技術を高めることであった。長期的な目標としては、自然保護や、水資源の衡平な配分を交渉することであった[32]。

　1995年、TECCONILE の枠組のなかで、スウェーデン国際開発協力機関（SIDE）からの支持によってナイル川流域行動計画が準備された。同年、世界銀行は水問題担当大臣会合からナイル川流域行動計画の資金調達と実施のための外部機関の参入を調整するという指導的な役割を果たすことを要請された。1997年、世界銀行は水問題担当大臣会合の要請を受けて、UNDP と SIDE との連携のもとでその活動を引き受けることを提案し、また協議的かつ集団的なスタイルをとったドナー会合に先立って検討と協議のプロセスを開始することを提案した[33]。

---

31) Y. M. Abawari, *Conflict and Cooperation among the Nile Basin Countries with Special Emphasis on the Nile Basin Initiative (NBI)*, Hague, 2011, p.20. [以下 Abawari (2011)]
32) Ngowi (2010), p.67.
33) Degefu (2003), p.143.

NBI はナイル川流域国家以外の国際機関も参加した一連の会合の成果であり、1999年2月22日に、タンザニアの首都ダル・エス・サラームで開催された9カ国の水問題担当閣僚協議会で設立された[34]。NBI は、ナイル川流域の共有の水資源の衡平で持続可能な管理と開発を目的とする政府間組織で、その加盟国はブルンジ、コンゴ民主共和国、エジプト、エチオピア、ケニア、ルワンダ、スーダン、タンザニア、ウガンダの9カ国で、エリトリアはオブザーバーとして参加した。水問題担当閣僚協議会はハイレベルの決定機関で、NBI を管理する。この会合は、加盟国のナイル川流域水問題担当大臣によって構成され、会議の議長は毎年交替する。会合を支援しているのは、ナイル技術顧問委員会（Nile-TAC）であり、それは加盟国の高官から構成され、各国から1名が選出される。

　NBI はウガンダのエンテベにナイル川流域事務局を置いている。事務局は1999年6月1日から活動を開始したが、公式には1999年9月3日からであった。事務局の主要な役割は、ナイル COM、Nile-TAC、そしてプロジェクトに対して管理的な事務を行うことである。事務局は流域国からの寄付によって資金調達している小規模であるが効率的な機関とされている。事務局は各国から選出された代表者で構成される Nile-TAC の指導のもとで NBI の日常的な活動を遂行している。事務局はまた、ナイル COM、Nile-TAC に対する執行的・財政的・総合管理的な活動に加えて、共通のビジョン計画のためのワーキンググループと補完的行動計画の調整および監視に責任をもっている。NBI はプログラムの協力パートナーとして世界銀行、SIDE、UNDP と密接な関係をもっている。

　NBI 加盟国は、ナイル川に関する協力の指針となる、「共有ビジョンプログラム」（SVP）と「補完的行動プログラム」（SAP）から構成される「戦略的行動プログラム」に関して合意した[35]。「共有ビジョンプログラム」（SVP）は、8

---

34)　NBI の歴史と目的に関しては、NBI のホームページ参照。〈http://www.nile-basin.org/newsite〉
35)　NBI のホームページ参照。〈http://www.nilebasin.org/newsite〉

表5 ナイル川流域のレジームとガバナンスの枠組

協定／機構	加盟国	オブザーバー	形態	協力的側面	対立的側面
1929年協定	エジプトとイギリス	なし	一国主義	ナイル川に対するエジプトの管理	他の流域国家の要求
1959年協定	エジプトとスーダン	なし	二国間	アスワンハイダム、ジョングレイ運河の建設	他の流域国家の要求、Halfaタウン問題
Hydromet (1967)	すべて、例外あり	エチオピアとコンゴ民主共和国	多国間	水文気象学的プロジェクト	ナイル流域委員会の提案
UNDUGU (1983)	すべて、例会あり	エチオピア、ケニア、タンザニア	多国間	インフラストラクチャー	水の配分
TECCONILE (1993)	エジプト、スーダン、ルワンダ、タンザニア、コンゴ民主共和国	エチオピア、ブルンジ、エリトリア、ケニア	多国間	環境と水質	水の配分
NBI (1999)	すべて、例外あり	エリトリア	多国間	投資プロジェクト	水の安全保障

出所： Y.M. Abawari, *Conflict and Cooperation among the Nile Basin Countries with Special Emphasis on the Nile Basin Initiative (NBI)*, Hague, 2011, p.21.

つの流域プロジェクトから構成され、その主要な焦点は加盟国間の信用、信頼、能力の創出と、国境を越えた投資のための環境整備である。共有プログラムについては、NBIは2009年にほぼ実現されたとしている[36]。しかしながら、実際には、当初のNBIの課題としては共有の水資源の管理と国家間の利用を調整するための法的・制度的な枠組を形成することであり、これに関しては成果を上げていなかった。

　他方、「戦略的行動プログラム」は、本質的に国境を越えた投資プロジェクトの準備に焦点を当てたNBIの投資部門である。投資に関する最優先の目標は、貧困の緩和、環境破壊の防止に貢献し、流域国における社会経済的な成長を促進することである。このプログラムは、2つの下位流域事務所によって管理されているが、その1つは東ナイル地域にある東ナイル補完的行動プログラム（ENSAP）であり、もう1つはナイル川の赤道湖地域にあるナイル赤道湖補

---

36)　同上参照。しかし、他方では、実際にはナイル川流域の統合的水管理の枠組は形

完的行動プログラム（NELSAP）である。2つの事務所はそれぞれ、エチオピアのアジスアベバと、ルワンダのキガリに置かれている。

さて、表5は、ナイル川流域のレジームとガバナンスの枠組を示したものであるが、1929年協定と1959年協定は実質的にエジプトの一国主義によって特徴づけられるレジームであるが、Hydromet、UNDUGU、TECCONILE、NBI は、多国間のガバナンスの枠組である。1929年協定と1959年協定においては、エジプトが主導権を握ってナイル川の水資源をほぼ独占していたという構図があったのに対して、1967年の Hydromet 以後、多国間ガバナンスの枠組が一般的となった。そして NBI は流域国家すべてが参加する多国間の枠組である。しかし、ナイル川の水資源の衡平な配分と利用という観点からみると、NBI の枠組のなかでそれは実現しておらず、相変わらずエジプトに有利な水資源配分の構造となっている。

すでに触れたように、NBI は、加盟国間の協力によるナイル川流域における社会経済的な発展を高め、共有の水資源の管理と国家間の利用を調整するための法的・制度的な枠組の形成に向けて努力するという目標をもっていた。とくに、それはすべての国民のための繁栄、安全保障、平和を確実にし、効率的な水管理と資源の最適な利用を確実にし、そして流域国家の相互的利益をめざした協力と一致した行動を確実にするために、衡平な仕方でナイル川流域の水資源を開発することを目的としていた[37]。

NBI の SVP プロジェクトのなかで、ナイル川流域国家すべてが参加する協力枠組協定（Cooperative Framework Agreement：CFA）がもっとも重要な課題であった。この課題は、D－3として知られており、このプロジェクトは流域国家内の「水安全保障」をめぐる不一致のために保留されていた。D－3は、各

成されておらず、この点に関しては失敗したという評価がある。Cf., A. E. Cascão, Changing Power Relations in the Nile Basin: Unilateralism VS. Cooperation? in: *Water Alternatives*, Vol.2, 2009, p.263.［以下 Cascão (2009)］

37) H. E. R. Elemam, Egypt and Collective Action Mechanism in the Nile Basin, in: Tvedt (2010), p.229.

加盟国の専門家3名による代表者によって構成され、これらの代表者は、共有ビジョンの中心的原則、国際水路法の規定に沿ってCFAの草稿を作成するという困難で問題のある責任を与えられた[38]。ナイル川の上流国家と下流国家のあいだに大きな紛争をもたらしたのはこのCFAであった。というのは、上流国家はナイル川の水の衡平で合理的な利用を主張し、締約国ではなかった以前の協定の廃棄を要求したのに対して、下流国家は新しい協定の下に以前の協定を統合すべきであると主張したからである[39]。

　10年あまりの交渉後、2010年5月14日、エチオピア、タンザニア、ウガンダ、ルワンダは新しい協定に調印し、ケニアは5月19日に調印した。他の諸国は1年以内に調印することになっていた。エジプトとスーダンはこの協定に強く反対したが[40]、ブルンジは2011年2月28日に調印した。ブルンジが調印したことで、ナイル川流域国の必要な3分の2が成立したので、協定は批准後に発効することになった。次のステップはナイル川流域委員会を設置することであり、それは流域における水開発計画を監督することになる。

　新しい協定であるCFAによれば、ナイル川流域国家はそれぞれの領土で、公平で合理的な方法でナイル川システムとナイル川流域の水資源を利用し、他のナイル川流域国家に重大な損害を引き起こすことを回避するという原理を守ることになっている。しかしながら、CFAは、このようなナイル川の衡平な共有が何を意味し、個々の国家が異なった目的のためにどのくらいの水を利用するのかについては明らかにしていない[41]。

---

38)　Abawari (2011), p.26.
39)　Abawari (2011), p.29.
40)　協力枠組協定に対して、当時のエジプトの灌漑・水資源担当大臣であったムハマド・アランは、「新しい条約はわれわれを拘束するものではない。それは調印した国に責任が生じるにすぎない。同時にわれわれにとって確かなことは、その条約がナイル川に対するエジプトの割当て分に影響を与えるものではない」と述べ、さらに「われわれの歴史的権利について述べることも認めることもしないいかなる協定にも調印するつもりはない」と述べた（Oesgaard (2012), p.40）。
41)　Oesgaard (2012), p.39.

このCFAに関しては、2つの大きな論争点が存在する。その1つは、新しい協定に含まれる、ナイル川に対して有する歴史的権利というエジプトの主張である。スーダンはエジプトを支持したが、他の上流国は歴史的権利というエジプトの主張に反対した。歴史的権利という微妙な問題は、CFAの第14b条にかかわり、それは、ナイル川流域国家が他のナイル川流域国家に「重大な影響を与えないことに合意する」と記している。エジプトとスーダンは、これがナイル川の共有を拘束していると主張しただけでなく、「水の安全保障と現在の利用ならびに他のナイル川流域国の権利に有害な影響を与えない」という文言を提案した。これは1959年の協定と、それによって与えられるエジプトとスーダンの歴史的権利を認めるものであった。

　もう1つの論争点は、どのような決定がなされるのかということに関するものであった。エジプトとスーダンは、ナイル川流域に関する決定が多数決ではなく全会一致によってなされるべきであると主張したが、それは実際には、両国に、とりわけエジプトに拒否権を与えるものである。にもかかわらず、CFAは、エジプトとスーダン抜きに、上流国にそれぞれの領土における水の衡平な共有と利用への権利を与えることによって、ナイル川の水資源利用のための地政学的な前提を変えることはできない[42]。したがって、エジプトとスーダンがCFAに参加していないために、ナイル川の水資源の衡平で合理的な利用という原理の実現は将来的な課題となっている。

Ⅳ　変動する力関係とガバナンスの枠組

　1990年代後半以降、ナイル川流域地域においてはいくつかの政治的・経済的な変化を経験してきた。赤道直下のナイル川流域地域では、1999年、ケニア、ウガンダ、タンザニアはリージョナルな政府間組織である東アフリカ共同体（EAC）を設立し、2001年にはさまざまな開発目標をもつ連携協定を締結し、

42）　Oesgaard (2012), p.39.

そして2007年にはEACに新たにブルンジとルワンダが加盟した[43]。

EACの目的は、連携国家間の協力、とりわけ政治的・経済的・社会的な領域での利益をめざした協力の拡大と深化であり、総合的な開発のために地域の水資源は地域の将来的な経済発展のための重要な要素であるとされている。EACの主要な水関連計画は、ビクトリア湖開発計画である。2001年、EACはビクトリア湖流域委員会を設置したが、それは、湖とその流域におけるさまざまな内政干渉を調整し、さまざまなステークホルダー間の投資の促進と情報共有のための中心として機能するものとして位置づけられている。この制度の目的にはまた、ビクトリア湖流域での灌漑農業や水力発電といった水利インフラの整備も含まれている[44]。

EACに加盟する国は白ナイル川流域国であり、白ナイル水系はナイル川の流量全体の14％を供給しているにすぎないが、これらの国々は成立当初よりナイル川の水資源に対する権利を主張してきた。したがって、EACの設立の背景には、ナイル川の水資源に関してこれらの国々が地域統合を達成することで、政治的にも経済的にもこれまで優位を保ってきたエジプトに対抗するということがあるように思われる。白ナイル川流域国のなかには植民地時代の水協定である1929年協定と1959年協定に対する長年にわたる反発を復活させている国もあり、これらの国は植民地時代の協定に拘束されることを拒絶することを表明している。要するに、赤道地域のナイル川流域地域の政治的・経済的な変化は、ナイル川流域全体における権力バランスの変化を促したということができる[45]。

他方、東ナイル川流域においてもハイドロポリティクス的な面で変化が生まれている。東ナイル川（青ナイル川、ソバト川、アトバラ川）は、ナセル湖に到達するナイル川の全水量の85％を供給している。この地域では灌漑農業と水力

---

43) EACに関しては、以下のホームページ参照。〈http://www.eac.int/index.php?option=com_content&view=frontpage&Itemid=1〉

44) Cascão (2009), p.251.

45) Cascão (2009), p.253.

発電のもつ潜在力は他の流域地域と比べて大きく、とりわけエチオピアはその地政学的な特徴のために流域における水力発電にとってもっとも適した位置にある。スーダンもまた農業開発にとって大きな潜在力をもっている。エチオピアもスーダンもこれらの潜在力の開発への強い関心をもっていたが、エジプトはこれら上流国のプロジェクトに対して反対してきた。しかしながら、こうした状況が変化し、エチオピアとスーダンは1国的なプロジェクトを実施し始め、流域のハイドロポリティクス的なレジームに課題を投げかけている。

ナイル川流域のハイドロポリティクスにおけるもう1つの大きな変化は、新しい外部的パートナーとして中国が関与し始めたことである[46]。それまでのナイル川流域の権力関係の不均衡の主要な要因と上流域におけるインフラ開発に対する主要な障害は、水利プロジェクトのための外部資金の欠如であった。世界銀行などの国際機関や二国間援助も、ナイル川流域のプロジェクトに対する援助に消極的であった。その理由は、この地域の政治的安定性の欠如にあったといえる。しかし、中国のアフリカに対する援助政策は、ナイル川流域の巨大なプロジェクトを対象としたものであり、スーダンとエチオピアはこうした援助の対象国となった。中国はナイル川流域の数カ国との貿易相手国となっているだけでなく、ナイル川流域諸国におけるダム建設に資金と技術を援助している。中国の援助でダム建設が進められているナイル川流域国は、スーダン、エチオピア、ウガンダ、ブルンジ、コンゴ民主共和国に及んでいる。これらの国々におけるダム建設にかかわっている中国企業はしばしば同じ企業で、プロジェクトを渡り歩いているといわれている。しかも中国の建設資材、労働者、技術者がこれに投入されている[47]。

このようにナイル川流域国家は、中国の援助の下で一国的なプロジェクトを推進している。上流国はこの一国的プロジェクトによってインフラ整備が進み、灌漑農業や電力供給において多くの利益を受けている。これは1990年代以前にはなかったことであり、視角をかえてみると、このことはエジプトがもは

---

46) Cascão (2009), p.260.
47) Cascão (2009), p.260.

や上流国のプロジェクトに対して拒否権を行使することができなくなったことを物語っているといえるだろう。こうした一国的なプロジェクト開発の傾向がますます高まっており、このことは NBI や CFA といった多国間協力のあり方に対して重要な課題を突きつけているということができる。

　2010年5月に CFA が調印された後、エジプトでは、翌年の2011年2月11日にムバラク政権が崩壊した。そのムバラク政権が崩壊した後、3月30日に、エチオピアは青ナイル川の大規模なプロジェクト、すなわちスーダンとの国境にグランド・ルネッサンスダムを建設するというプロジェクトを表明した。この5,250メガワットの電力を供給する予定の大規模発電所は60億㎥以上の貯水量を有するものであり、それが完成すると、アフリカでもっとも大きく、世界で第10位のダムとなる。グランド・ルネッサンスダムには33億ユーロの建設費がかかり、このダムによるエネルギー生産はエチオピア国内の消費に当てられるだけでなく、イエメン、ジブチ、ケニア、スーダン、エジプトにも供給されることになっている[48]。

　グランド・ルネッサンスダムのメガプロジェクトに対してエジプトからの強い反発が生まれたが、エジプトにおける新しい体制はナイル川に関する言説を変えた。エジプトにおける現在の状況はナイル川をめぐるエジプトの将来的な交渉にとってどのような意味をもつのかは明らかではないが、これまでの地政学的な前提は変化し、エジプトの攻撃的なレトリックは外交的な対話とより和解的な協力に道を譲ることになった。この転換は、エジプトの灌漑・水資源相であるヒシャム・カンディルの言葉のなかにみられる。かれは2011年7月後半のナイロビでのナイル委員会大臣会合で、エジプト人は「協力し協働すること以外の手段をもたないので、前進する方法と手段を探している」と述べたからである[49]。

　エジプトの政治変動によってナイル川流域の水資源政策に大きな転換がもた

48）　Oesgaard (2012), p.41.
49）　Oesgaard (2012), p.41.

らされたことに加えて、この地域ではもう1つの大きな政治変動が起こった。それは2011年7月9日に南スーダンが新たな独立国家になったことである。南スーダンの領土は約64万平方キロメートルで、スーダン全体のほぼ26％を占める。2009年の国勢調査によれば、南スーダンの人口は約820万人で、全スーダンの人口3,910万人の約21％である。スーダンは1956年の独立後内戦によって疲弊し、新国家南スーダンも大きな課題に直面している。スーダンの石油埋蔵量の約74％が現在南スーダンに属しており、南スーダン政府の全収入の約95％を占めている[50]。

南スーダンの水資源に関しては[51]、ナイル川流域地域にとってきわめて重要な要因となりうる。というのは、南スーダン領土の約90％はナイル川流域内にあり、集水地域の約20％は南スーダン領内にあるからである。アスワンで測定されるナイル川の水の約28％の水は南スーダン領内にあり、ビクトリア湖から白ナイル川に流れ込む水量はアスワンでは全ナイル川の14％に当たる[52]。したがって、今後、南スーダンが国内で水資源をこれまで以上に利用するようになると、下流域への水量が減少する可能性も出てくる。スーダンには1959年協定で割当てられた185億㎥の水量が存在するが、南スーダンの割当量は定まっていない。スーダンは南スーダンの石油資源を失ったことから、将来的には水と油のバーター取引の可能性もありうるが、それは今後の大きな課題である。

ナイル川流域における水協定は、1929年協定までは植民地時代の協定であり、当事国以外の他の流域国にとっては根拠のないものであるという主張は正当であろう。ポスト・コロニアル時代の1959年協定に関しては、基本的にはエジプトとスーダンとのあいだのナイル川の水配分に関する協定であり、他の流

---

50) S. M. A. Salman, The new state of South Sudan and the hydro-politics of the Nile Basin, in : *Water International*, Vol.36, No.2, 2011, pp.155-156.

51) 南スーダンの水資源に関しては、Government of Southern Sudan, Ministry of Water Resources and Irrigation (MWRI), JUBA, *Preliminary Water Information Assessment Study (Funded by the World Bank) FINAL REPORT*, May 2011を参照。

52) Oesgaard (2012), p.42.

域諸国が関与していない以上、合理的で衡平な水配分という原則からすると、正当化されるものではないだろう。1999年のNBIは、ナイル川流域の共有の水資源の衡平で持続可能な管理と開発を目的とする政府間組織で、その加盟国はブルンジ、コンゴ民主共和国、エジプト、エチオピア、ケニア、ルワンダ、スーダン、タンザニア、ウガンダの9カ国で、エリトリアはオブザーバーとして参加した。その意味では、ナイル川流域国すべてが参加したナイル川流域ガバナンスの機構であるといえるが、ここでもナイル川の水利用に関する歴史的な権利という既得権を主張するエジプトと他の流域国との対立がみられた。結局のところ、NBIがリージョナル・ガバナンスの機構として十分に機能しないままに、各国が独自の開発を進めることになった。しかし、すでに触れたように、中長期的にはナイル川流域の統合的水管理を早急に機能化させることが重要な課題になることは明白であり、その意味ではNBIは将来的に統合的な水管理の役割を担わざるをえないであろう。

したがって、水資源に関する将来的な課題は、ナイル川流域における地政学的な地図の変化によって、今後、水資源に関する多国間の統合的な管理が成功する可能性があるかどうかであろう。2011年以降のエジプトとスーダンの政治変動によって、これまでのナイル川流域における権力関係に大きな変化が生じたことは確かであり、上流国ではダム建設などのプロジェクトを単独で進めている。他方において、今後も1国的な開発プロジェクトが推進すれば、多国間の協力の過程や枠組を危うくする可能性が高くなる。そうなれば、過去数十年間に進められてきたNBIやCFAといったリージョナル・ガバナンスが崩壊する可能性すら生じる。しかし、ナイル川流域には、NBI、CFAといった水資源に関するガバナンスの枠組だけでなく、EACなど多国間の経済協力の枠組も存在しており、多国間の統合的水管理へ方向づけるベクトルも働く可能性も高い。

第5章
ヨルダン川流域の政治的対立と水資源問題

　人間生活にとって、エネルギー、食糧、水といったさまざまな資源が必要不可欠であることはいうまでもない。とりわけ水資源は、生活用水、農業用水、工業用水に不可欠であり、水資源が稀少な地域では、その確保がまさに「死活的」問題となる。グローバル化した今日、人口増加と資源確保との不均衡な関係が顕著になり、その不均衡は拡大の一途をたどるものと予想される。このことは中東地域も例外ではない。というよりもむしろ2010年から2012年にかけてチュニジアとエジプトで発生した「市民革命」、アラブの春に現れているように、将来的にも食糧だけでなく水をめぐる紛争もこれまで以上に深刻化する可能性がある。さらに地球温暖化による気候変動は、水と食料の問題に大きな影響を与えることになろう。

　中東地域は、第二次大戦後4回にわたって中東戦争が起こっている紛争地帯で、政治的な緊張関係が継続しているという点では、現在でもその状況に変わりはないといってよい。この地域では、中央アジアのアラル湖の枯渇が深刻化しているのと同様に、死海の枯渇が問題となっている。塩分濃度が世界でもっとも高く、湖面の海抜がもっとも低いことで知られている死海は、毎年水位が著しく低下している。1960年にマイナス395メートルであった死海の海抜が、現在ではマイナス422メートルになっているという。その原因は、ヨルダン川から流れ込む水量が大幅に減少しているためであり、この傾向が続けば、将来的に死海の水が枯渇する可能性が高い。他方、ヨルダン川もヨルダン、イスラエル、シリア、レバノンなどの流域国が大量の水を利用しているために、年々水量が減少している。とりわけヨルダン、イスラエル、シリアの3カ国がヨルダン川の水量の約95-98％を利用していることから、その枯渇が問題となって

いる。ヨルダン川の水量が減少したうえに、現在では、塩水、排水、農業排水がヨルダン川に流れ込み、水質汚染も深刻化している。

　こうしてみると、中東地域における水紛争がこれまで以上に懸念される事態となる可能性も存在する。1967年の六日戦争とよばれている第3次中東戦争は、ヨルダン川をめぐる水問題が戦争の大きな原因の1つであるといわれている。さらにその背景を探っていけば、ヨルダン川の流域の水資源計画をめぐる流域諸国の確執の問題が浮上してくる。それは水資源と政治の問題であり、いいかえればハイドロポリティクスという問題である。本章では、ヨルダン川流域に焦点を当てて、そこでの紛争とガバナンスの問題を考察したい。

I　ヨルダン川流域の水利用計画と水配分をめぐる紛争

(1)　ヨルダン川流域の水環境

　ヨルダン川の水源は、標高2,814メートルのヘルモン山の西斜面と南斜面にあり、その水はダン川、ハスバニ川、バニアス川という3つの支流となってイスラエル領土で合流してヨルダン川上流を構成し、チベリアス湖に注いでいる。その後、ヨルダン川はチベリアス湖南端から流れ出し、ヨルダン川の主要な支流であるヤルムク川による東部からの合流を経て、ヨルダンとイスラエルの国境を形成し、ヨルダン渓谷をジグザグに流れて最終的に死海に注いでいる（図1参照）。ヨルダン川の全長は約350km、流域面積は18,500km²で、その流域地域を形成しているのがヨルダン、イスラエル、レバノン、シリア、パレスチナである[1]。ヨルダン川流域面積のうちヨルダンが占めている割合が40％、イス

---

1) K. Frenken (ed.), *Irrigation in the Middle East Region in Figures*, FAO, Rome, 2009, p.82. T. Naff and R. Matson (eds.), *Water in the Middle East*, Westview Press, 1984, p.17f, ［以下 Naff and Matson (1984)］ A. Wolf *Hydropolitics along the Jordan River*, United Nations University Press, 1995, p.7.［以下 Wolf (1995)］ なお、ヨルダン川の流域面積に関しては、上記の FAO の文献では、18,500km²となっているが、Naff と Matson の著作と Wolf の著作では、18,300km²となっている。

図1　ヨルダン川流域の地図

出所：Arun. P. Elhance, *Hydropolitics in the 3rd World*, United States Institute of Peace Press, 1999, p,88.

ラエルが37％、シリアが10％、レバノンが4％となっており、そしてヨルダン川西岸が9％となっている。

　ヨルダン川上流を形成する3つの支流のうち、ヨルダン川上流に50％の水を供給しているダン川がもっとも大きく、相対的に安定した流れを形成しながらイスラエル領土内を流れ、年2億4,500万㎥の水量を有している[2]。ハスバニ

川は、イスラエル国境から約50km離れたレバノンのヘルモン山の裾野にある源流から流れ出し、イスラエルに入る前に約2kmにわたってシリア領を横切っている。バニアス川の水量は季節と毎年の気候変化の影響を受け、年平均でみると約1億3,800万m³である。そして第3のもっとも小さな支流であるバニアス川は、シリア領内を流れてイスラエルに入る。その排水量は年平均にして1億210万m³である。これら3つの支流が合流してヨルダン川上流を構成し、毎年5億m³の水を供給している。他方、ヤルムク川はヨルダン川下流に約4億m³の水を供給しており、ヤルムク川の合流点でのヨルダン川の水量は約9億m³である。ヨルダン川は冬期と春期には多くの水を供給しているものの、4-5月から11月にかけて水量は減少する。

ヨルダン川の流域諸国は、多かれ少なかれ水供給をヨルダン川に依存している。E・W・アンダーソンによれば、ヨルダン川はそれぞれイスラエルに60％、ヨルダンに75％の水を供給している[3]。しかし、この地域では過度の水利用が共通の特徴となっており、ヨルダンは毎年15％の地下水を過度に利用し、他方、イスラエルは毎年補充可能な割合を15-20％超えた水資源を利用している。イスラエルの海岸の帯水層は過度の汲み上げのために海水の流入が問題となっており、ヨルダンでは過度の水利用のために死海の水を枯渇させつつある。

(2) ヨルダン川の水開発計画

ヨルダン川流域の水をめぐる紛争が顕在化したのは、第一次世界大戦後にオスマン帝国が崩壊した後、イギリスによる委任統治のもとで多くのユダヤ人がこの地域に移住してきた以降のことである。元々住んでいたこの地域の住民と新しいユダヤ人入植者とのあいだの水資源をめぐる問題が大きな政治的争点の1つとなった。この問題に対処するために、イギリス政府は1922年に水資源を

---

2) M. Lowi, *Water and Power*, Cambridge University, 1993, p.23. [以下 Lowi (1993)]

3) E. W. Anderson, "Water : The Next Strategic Resource", in : J. R. Starr and D. Stoll (eds.), *The Politics of Scarcity, Water in the Middle East*, Westview Press, 1988, p.7.

調査し開発計画を提案する任務をイギリス人技師のマヴロマティスに依頼した[4]。かれはフレー湖周辺地域を灌漑し、そこの湿地を干拓し、ヤルムク川をチベリアス湖に迂回させ、水力発電のダムを2つ建設し、ヨルダン川両岸に灌漑運河を建設するという入念な計画を提案した。さらに1928年には、もう1人のイギリス人技師のヘンリックスがヤルムク川三角地帯の灌漑を提案した。しかしながら、委任統治の時期を通じて、アラブ人とユダヤ人の間で単一の水利用計画に関する合意は成立しなかった。

水資源問題は、ユダヤ人のパレスチナへの入植が増大し始めた1930年代に緊急のものとなっていった（表1参照）。ユダヤ人の入植に対しては、アラブ人がゼネストや蜂起によって対抗した。1936年に起こった全パレスチナ人による蜂起は6カ月間も続き[5]、ユダヤ人の入植停止と入植者への土地の売却の停止を要求した。入植地で農業に従事するようになったユダヤ人入植者たちの多くは、農作物の栽培や植林のために水資源へのアクセスを求めたが、こうした農業の拡大によってこの流域の淡水を過剰に利用することになった。そのため、ヨルダン川の水資源の利用に関する計画や調査は1930年代中葉以降になって増大した[6]。これらの計画・調査・報告には、イギリス、アメリカ、ヨルダン、イスラエル、国際連合パレスチナ難民救済事業機関（UNRWA）、国際組織（世界シオニスト機構、アラブ連盟）などがかかわった（表2参照）。

1948年、中東にイスラエル国家が新たに誕生すると、各国は自国の水資源を単独で開発し始めた。そのためヨルダン川の水資源をめぐる紛争が避けられない状況が生まれた。1948年以降、イスラエルとヨルダンが多くの難民や移民を受け入れたことで、この地域の人口は劇的に増大した。イスラエルは、ヨーロッパからの大量のユダヤ人を受け入れるとともに、アラブ諸国に居住してい

---

4) M. Haddadin, *Diplomacy on the Jordan: International Conflict and Negotiated Resolution*, Kluwer Academic Publishers, 2002, p.17.［以下 Haddadin (2002)］
5) Wolf（1995）によれば、この蜂起で1936年7月までに300名以上が死亡し、当時のイラクの外相 Nuries-Said の交渉の結果、蜂起が終息した（p.37）。
6) Naff and Matson (1984), p.30.

表1　パレスチナとイスラエルにおけるユダヤ人人口

1500年代初頭	5000
1914-18年	80,000-85,000
1948年	600,000-650,000
1951年	1,300,000+
1952年	1,600,000+
1958年	2,000,000+
1996年	4,000,000+

出所：M. Dolatyar and T. Gray, *Water Politics in the Middle East*, Macmillan, 2000, p.99.

表2　ヨルダン川流域の開発計画

年	計画	主催者
1913年	Franghia 計画	オスマン帝国
1922年	Mavromatis 計画	イギリス
1928年	Henriques 報告	イギリス
1935年	パレスチナ土地開発会社	世界シオニスト機構
1939年	Ionides 調査	トランスヨルダン
1944年	Lowdermilk 計画	アメリカ
1946年	パレスチナ調査	アングロ-アメリカ調査委員会
1948年	Hays-Savage 計画	世界シオニスト機構
1950年	MacDonald 報告	ヨルダン
1951年	全イスラエル計画	イスラエル
1952年	Bunger 計画	ヨルダンとアメリカ
1953年	Main 計画	UNRWA
1953年	イスラエル7年計画	イスラエル
1954年	Cotton 計画	イスラエル
1954年	アラブ計画	アラブ連盟技術委員会
1955年	Baker-Harza 計画	ヨルダン
1955年	統一（ジョンストン）計画	アメリカ
1956年	イスラエル10年計画	イスラエル
1956年	イスラエル全国水道計画	イスラエル
1957年	大ヤルムク・プロジェクト（東ゴール運河）	ヨルダン
1964年	ヨルダン川上流分水路	アラブ連盟

出所：Naff and Matson (1984), p.31.

た約70万人のユダヤ人も受け入れた結果、イスラエルのユダヤ人人口は、1948年の65万人から1952年の160万人に増加した。他方、ヨルダンは難民の移住による影響を強く受けた。第1次中東戦争の結果、70-90万人のパレスチナ難民のうち、45万人がヨルダンと西岸地域に移住した[7]。こうして、この地域の劇

---

7) Wolf (1995), p.44.

的な人口増加に比例して、水需要も飛躍的に増大していった。

　そこで各国は、独自の水資源開発計画を立て始め、アラブ諸国はヨルダン川の北部水源であるハスバニ川とバニアス川の組織的な開発について議論を開始した一方、イスラエルは、「ヨルダン川のTVA」という考え方に基づいた全イスラエル計画を策定した。イスラエルの計画には、フレー湖とその湿地の干拓、北部ヨルダン川の迂回、沿岸地域やネゲヴ砂漠への排水管の建設などが含まれていた[8]。これに対して、ヨルダンはヤルムク川を分水してヨルダン渓谷の東グホールを灌漑する計画を公表した。このヨルダンの灌漑計画の公表に対抗して、イスラエルはチベリアス湖の南部のダムの門を閉鎖し、フレー湖の干拓を開始した。このプロジェクトを推進したのは、ユダヤ系のパレスチナ領土開発会社（Palestine Land Development Company）であり、その目的は、フレー湖とその周辺の湿地を干拓して6,250ヘクタールの土地を耕地化し、灌漑用水を利用し、この地域のマラリアの災害を取り除くことであった[9]。しかし、フレー湖とその湿地はシリアとの非武装地帯にあったことから、シリアは合同停戦委員会に申立書を提出した。さらにシリアはこうしたイスラエルの行動によって国境周辺でイスラエルとの戦闘を引き起こすことになった。

　1951年5月18日に国連安保理決議93号が出され、シリアに対しては砲撃の停止、そしてイスラエルに対してはプロジェクトの活動停止を呼びかけた[10]。安保理決議第93号は、イスラエルとシリアの両国に対して、1949年7月20日の一般停戦協定を忠実に遵守することが不可欠であり、それぞれの不平は停戦協定の下で適切な責任のある合同停止委員会または委員長に提示し、その決定に従

---

8)　Naff and Matson (1984), p.35.
9)　Lowi (1993), p.80.
10)　1951年5月18日の安保理決議第93号は、以下のように規定している。「1951年3月7日付覚書において停戦監視機関参謀長及びイスラエル＝シリア合同停戦委員会委員長は、合同停戦委員会イスラエル代表に、パレスチナ領土開発会社(the Palestine Land Development Company, Limited)は、合同停戦委員会委員長が本プロジェクトの継続する間、協定が調整されるまであらゆる活動を停止することを命じることを頻繁に要請されてきたことに留意」する。

う旨を明記していた。その1カ月後、イスラエルはフレー湖干拓プロジェクトを続行する許可を受け取った。ユダヤ系のパレスチナ領土開発会社はアラブの領土を侵害するものではないとした[11]。

(3) ジョンストン計画

　ヨルダン川を共有している国々は、以前にはオスマン帝国の一部であり、このような帝国的な政治権力の支配のもとでは、水資源をめぐる紛争は帝国内で解決されていた。しかし、このヨルダン川流域地域の分断化と国境線の再定義に伴い、そしてイスラエルという新興国家の成立も加わって、中東地域における水資源の配分をめぐる国際紛争が多発していった。第二次世界大戦後にイギリスの覇権がいっそう低下するなかで、1953年、アメリカのアイゼンハワー大統領は、この地域で行われている各流域国の単独的な水資源開発計画の拡大を抑えるために、特使としてエリック・ジョンストンを派遣した。ジョンストン派遣の目的は、イスラエル、ヨルダン、レバノン、シリアといった流域国間で水を共有するための衡平な水配分計画を策定することであった[12]。より具体的には、ジョンストンにとっての重要な目的は、ヨルダン川周辺の住民による作物栽培のための灌漑用水の利用を保証するために合意を形成することであった[13]。しかし、1950年代中葉には、すでにみてきたように、各国や国際組織が独自の開発計画を策定していたので、ジョンストンとしても、ヨルダン川流域の水配分に関するかれの提案を出す際にも、多かれ少なかれ既存の計画案を利用せざるをえなかった。ジョンストンは、1953年10月から1955年10月までの間にこの地域を4回訪問して、イスラエル政府やアラブ連盟の代表者たちと議論した。そしてジョンストン計画は、1955年10月30日の日付で出された。

---

11)　Lowi (1993), p.80.
12)　Lowi (1993), p.86, J. R. Starr and D. C. Stoll (1988), p.44.
13)　D. J. H. Phillips, S. Attili, S. McCaffrey, and J. S. Murry, The Jordan River Basin : 1. Clarification of the Allocation in the Johnston Plan, in : *Water International*, Vol. 32, Nr. 1, 2007, p.19.

ジョンストンは基本的には協力や経済的な安定を促進することで地域紛争の潜在力を低下させることをめざした。1953年から1955年の間に出された多くの計画案は、ヨルダン川の水資源の共有に関するものであった（表3参照）。ヨルダン川流域における水利用に関してジョンストン計画が提案したことは、以下のようなものであった。チベリアス湖はヨルダン川の貯水のためにイスラエルによって利用され、ヨルダンはヤルムク川の貯水のためにマカリンにダムを建設するとされたが、リタニ川の水資源に関しては何も言及がなかった。水資源に関しては、その割合ではなくて量によって配分され、特定された配分量を超えた残りの水についてはその受益者を明示した。ヨルダンはシリアとイスラエルへの配分が特定されないヤルムク川の残りの水のすべてを獲得できるものとされ、イスラエルは、ヨルダンへの水配分を除くすべての水を利用できるものとされた[14]。

　ジョンストンの交渉は主に、①流域国の水配分、②チベリアス湖の貯水施設としての利用、③流域外地域でのヨルダン川の水利用、④水系の一部としてのリタニ川の利用、⑤国際的な監視と保証のあり方、の5点にかかわるものであった[15]。交渉が進展するにつれて、意見の対立はしだいに減少していった。イスラエル側はリタニ川の統合を諦め、アラブ側は流域外地域でのヨルダン川の利用を撤回した。チベリアス湖に関しては、ヤルムク川の貯水施設としての利用をアラブ側は拒絶した。国際的な監視に関しては、アラブ側はそれを要求したが、イスラエル側は反対した[16]。

　もっとも困難な問題は水配分であった。表3に示されているように、1954年のアラブ計画の水配分では、イスラエルに対してヨルダンの割合が高くなっているのに対して、同年のイスラエルによるコットン計画の水配分では、イスラ

---

14) R. Sabel, The Jordan Basin : Evolution of the Rule, in : J. W. Dellapenna and J. Gupta (eds.), *The Evolution of the Law and Politics of Water*, 2008, p.267. ［以下 Sabel (2008)］
15) Naff and Matson (1984), p.39.
16) Naff and Matson (1984), p.41.

表3 ジョンストン交渉（1953-1955年）：ヨルダン川水系流域国の水配分 （100万㎥／年）

計画／水源	レバノン	シリア	ヨルダン	イスラエル	全体
主要計画	0	45	774	394	1,213
アラブ計画	35	132	698	182	1,047
コットン計画	450.7	30	575	1,290	2,345.7
統一（ジョンストン）計画					
ハスバニ	35				35
バニアス		20			20
ヨルダン		22	100	375	497
ヤルムク		90	377	25	492
サイドワディス			243		
統一計画全体	35	132	720	400	1,287

出所：Naff and Matson (1984), p.42.

エルがはるかに大きな割合を占めていた。ジョンストン計画は、これらの点に配慮して策定されたものになっていた。この統一計画（ジョンストン計画）は、イスラエルとアラブ連盟の双方の技術委員会によって受け入れられた。しかし、イスラエル内閣は1955年7月にこの計画案を議論したが、投票はしなかった。イスラエルにとっては、ジョンストン計画は明らかに成果となるべきものであった。なぜなら、イスラエルはヨルダン川の水の3分の1を確保できるうえに、イスラエルが流域国の1つであることを暗黙裡にアラブ諸国に認めさせることになるからである。アラブの専門家委員会は1955年9月にこの計画を承認し、最終的な決定をアラブ連盟理事会に委託した。1955年10月11日、理事会は承認しない決定を下した。ジョンストン計画の不承認は、アラブ側の専門家が認めていたこともあって、全面的な拒絶ではないという見方が一般的であった。その背景には、この地域の政治的関係の悪化が最終的な承認を妨げたということがあるが、とりわけシリアが拒否権行使国となった。というのは、シリアはイスラエルの正統性を承認する合意に調印することを望まず、またジョンストン計画が実施されればイスラエル経済を強化することにつながると考えたからである[17]。

---

17) A. Earle, A. Jägerskog, and J. & Ouml;jenda (eds.), *Transboudary Water Management*, Earthscan, 2010, p.203. [以下 Earle, et. al. (2010)]

II　イスラエルの全国水道網計画とアラブ諸国の対応

(1)　イスラエルの全国水道網プロジェクト

　ジョンストン計画が策定される以前の1953年7月に、すでにイスラエル政府は、チベリアス湖の北部に全国水道網（National Water Carrier System）の取り入れ口の建設を開始していた[18]。これに対して、シリアは国境付近に軍隊を派遣して建設工事現場に向けて砲撃を加えた[19]。シリアが軍事的な行動をとって激しく反発したのは、イスラエルの建設場所が非武装地帯の領域にあり、イスラエルはそこで活動する権利を有しないという理由からであった。他方、イスラエルは、この領域はイスラエルの主権のもとにあり、1949年のシリアとの停戦協定のもと非武装地帯としたにすぎないと主張した。シリアは国連安保理に異議を申し立てたが、安保理は主権に関しては決定しないままに、イスラエルに対して建設場所の変更を要請した。イスラエルはこの要請に従ってチベリアス湖の北西岸に移した。

　全国水道網の建設は計画段階であった1953年に開始されたが、詳細な最終計画が完成したのは1956年であり、プロジェクト自体はベングリオン首相の時代に始まり、エシュコル首相の時代の1964年に完成した。建設についてはイスラエルの国営水道会社のメコロット（Mekorot）が請け負った。そのプロジェクトの主要な水道網は、130kmに及ぶ運河、トンネル、パイプライン、貯水池、ポンプ給水所から成り、チベリアス湖の北西部から全国水道網の終点であるテルアビブの東まで延び、最終的にはネゲヴ地方に移転させるというものであった。イスラエルがこの計画を公にしたのは、1959年6月であった。

　1964年から活用され始めた全国水道網によって、輸送される水の80％が農業に利用され、20％が飲料水として利用された。しかし、時が経つにつれて、飲

---

18) Wolf (1995), p.45.
19) J. Cooley, "The War over Water", in: *Foreign Policy* (54), 1984, p.10.

料水としての消費が拡大し、1990年代初頭になると、全国水道網はイスラエルの飲料水の約50％を供給するようになった。その理由は、１つには、イスラエルの人口が急激に増加し、とりわけ都市部での水需要が拡大したこと、さらに国の生活水準が向上して国内の水利用が増加したことである。

(2) イスラエルのプロジェクトに対するアラブ諸国の対応

こうしたイスラエルの全国水道網の建設に対して、アラブ諸国は強い反対の立場をとり、それがアラブ流域諸国に対する権利侵害であるとした。アラブ諸国のなかでヨルダン川にもっとも依存し、チベリアス湖の淡水の減少に悩んでいたヨルダンは、他のアラブ諸国に対してイスラエルの計画の実行を妨害するための行動を強く訴えかけた[20]。アラブ諸国からは２つの可能性のある対応が提案された。１つは、イスラエルへの水路を妨害するためにハスバニ川とバニアス川の源流を北部のレバノンとシリアに迂回させること、もう１つは、イスラエルの上流にあるヨルダン川の水を与えないための軍事的措置をとることであった。エジプト、ヨルダン、レバノンは最初の案を支持した一方、パレスチナの回復のためにイスラエルと闘う「義務」を回避するものとして第１の迂回案に反対していたシリアのバース党は、第２案を支持した。他のアラブ諸国は軍事的な対応を支持しなかった[21]。

アラブ側にとっては、法的な観点からみても、この計画は到底受け入れられるものではなかった。その理由は、第１に、全国水道網計画がヨルダン川流域全体のニーズが満たされる以前に流域外で分水路を建設することによって国際法を侵犯し、流域住民の権利を侵害するものであるというものであった[22]。第２に、全国水道網建設は、ヨルダン川を領土とするアラブ人の権利を侵害する

---

20) Lowi (1993), p.119.
21) Lowi (1993), p.119.
22) この点に関しては、S. Elmusa, *Negotiating Water: Israel and the Palestinians*, Institute for Palestine Studies, 1996, p.15を参照されたい。[以下 Elmusa (1996)] Elmusaも、流域内のニーズを満たす前に水を流域外へ移転することを慣習法が認めていないといているアラブ側の主張を提示している。

ものである。そして第3に、それが安全保障上の脅威となっているというものであった。安全保障上の脅威というのは、その計画がネゲヴ砂漠地域を開発することによって、イスラエルの経済力と工業力を高め、多くのユダヤ人移民の吸収を可能にし、結果的にイスラエルを経済的・軍事的に強い国家とするというものであった[23]。

　アラブ連盟は、1960年から1964年まで、イスラエルの全国水道網建設に関して、その対応策を協議したが、結局のところ手詰まり状態が続いた。アラブ諸国の指導者たちも、イスラエルの全国水道網の弊害については認識のうえで一致していたといえ、統一的な戦略で対応することができなかった。エジプト大統領のナセルは他のアラブ指導者に対して、イスラエルと戦争するには機は熟していないと説得しようとした。ナセル大統領はケネディ大統領からアラブ諸国が水計画のためにイスラエルを攻撃する場合にはアメリカはイスラエルを支持するということを聞いていた。またアラブ諸国はロシアにも期待できなかった。さらにナセル大統領は、アラブ諸国が軍事的対立によってイスラエルと敵対するほど十分な協力体制を整えていないと主張していた[24]。

　イスラエルの全国水道網計画が完成に近づくと、ナセル大統領は、アラブ首脳会議を呼びかけた。1964年1月13-17日にカイロで開催された会議で、アラブの指導者たちは、ヨルダンの水問題に関して統一的な立場と政策を採用することで手詰まり状態を打破しようとした。というのも、1961年にエジプトとシリアの統合が崩壊し、アラブ諸国の統一的な態勢が整っていなかったからである。元ヨルダンの水・灌漑大臣であったM・ハダディンによれば[25]、アラブ諸国を結束させる触媒的な役割を果たしたのは、イスラエルによるヨルダン川の分水路問題であり、アラブ首脳会議の招集の直接的な理由は、この問題であるとしている。首脳会議は秘密裡に進められたものの、いくつかの問題が決定されたことが判明した。第1に、ヨルダン川の分水路計画の実行のために、ア

---

23) Lowi (1993), p.120.
24) Lowi (1993), p.121.
25) Cf., Haddadin (2002), p.178.

ラブ連盟に特別の資金と部署が設けられた。1,750万ドルの資金とヨルダン川及びその支流を管理する水開発局が設置された。第2に、イスラエルからの攻撃から分水路を守るためにエジプトのリーダーシップのもとにアラブ合同軍事司令部（United Arab Command or Joint Arab Command）が設立された。アラブ諸国は、合同司令部を設立し、ヨルダン、レベノン、シリアの軍隊を強化するために4,200万ドルを拠出した。そして第3に、アラブの指導者たちは、アラブ内の意見の対立を解消し、関係改善をはかることを誓約した[26]。

第2回のアラブ首脳会議は、1964年9月にエジプトのアレクサンドリアで開催され、いくつかの決定がなされた。第1に、アラブの分水路計画に関する作業が9月末に開始されることになっており、契約者に対して実施の用意が整ったプロジェクトに関しては開始する指示が出されていた。第2に、分水路計画に対応して、シリアとヨルダンの国境沿いのヤルムク川のムクハイバ（Mukheiba）にダムが建設され、トンネルによって東グホール運河につながることになっていた。そのダムは、200万㎥の貯水量をもち、ヤルムク川からだけでなくバニアス川とハスバニ川の支流からも水が引かれることになっていた。第3に、アラブ諸国1国に対する攻撃はすべてのアラブ諸国に対する攻撃であるとみなされた。そして最後に、パレスチナ解放機構（PLO）が設立され、パレスチナ民衆を代表し、かれらの利益を守ることになった。そして軍事部門のパレスチナ解放軍（PLA）は、難民によって形成され、アラブ合同司令部のもとで活動する[27]。

アラブ諸国の中で、エジプトとシリアの間で意見の対立が存在した。エジプ

---

26) Lowi (1993), p.122, Haddadin (2002), p.179. ローウィとハッディンによれば、アラブ首脳会議に対するイスラエルの報道機関に対応は、以下の3点に集約できる。第1に、会議の具体的な結果がどうであれ、それが開催されたという事実と、いくつかの決議が採択されたという事実は、ナセル大統領のリーダーシップにとっては勝利であったこと、第2に、アラブ諸国がイスラエルのへの敵意によって団結したこと、第3に、シリアが大きな関心を示したのは会議の結果に満足したからではなく、行動の自由を確保したためである。

27) Lowi (1993), p.123, Haddadin (2002), pp.181-182.

トのナセル大統領は、分水路作業が開始された場合にイスラエルからの攻撃に備えて、アラブの流域国家にエジプト主導の合同司令部を設置すると考えていたが、これに対して他のアラブ諸国はエジプトが地域的な覇権国として行動することになるということで否定的であった。他方、シリアの立場はイスラエルに対して強硬的であった。シリアのバース党指導部が要求していたことは、「不法に奪われた母国を回復するという重大な行動」のために確実な日程が設定されるべきであるというものであった。シリアは戦争への圧力を強め、メディアもシリアのアラブ大衆は闘争に勝利することができると報道した。しかし、第2回のアラブ首脳会議では、エジプトとシリアの要求は否決された[28]。

III 第3次中東戦争とその後の水資源紛争

(1) アラブ諸国の分水路計画とイスラエルの対応

すでに触れたように、アラブ流域諸国は1964年にイスラエルの全国水道網に対抗してアラブの分水路計画を立てた（表4参照）。その分水路計画の作業が開始されて6週間も経たないうちに、シリアとイスラエルのラジオ放送は、両国間の国境で衝突が起こったと報じた[29]。実際のところは明らかではないが、両国の衝突は相互の水利計画への一連の軍事的対応のなかで生じたことであり、政治的・経済的な目的と利益の対立でもあった。この時期にヨルダン川の水資源利用に関して流域国同士の相互威嚇が再発した。イスラエル首相のエシュコルは、「水はイスラエルの生存問題である」と述べ[30]、ヨルダン川水系をイスラエルに利用させないことは、国境侵犯だけでなく、生存権の侵犯であるとした。そしてエシュコルは、近隣諸国に対して、ヨルダン水系をめぐって危険な冒険を犯すべきではないと警告した。こうしたイスラエルの強硬な姿勢の背後

---

28) Lowi (1993), p.124, Haddadin (2002), p.183.
29) Lowi (1993), p.124.
30) Lowi (1993), p.125.

表4 イスラエルとヨルダンの水プロジェクトとその結果（1950－1990年）

受益者	年代	プロジェクト	結果
イスラエル	1951	フレー湖湿地の干拓	完成
	1953	チベリアス湖からの迂回運河	完成
	1959－1964	全国水道網	完成
	1960s	貯水池としてのチベリアス湖	完成
ヨルダン （とシリア）	1953	ヤルムク川の開発のためのバンガー計画	アメリカ支援の「統一」計画によって中止
ヨルダン	1958－66	東グホール運河	最初の3段階が完成
	1960s	ムクヘイバダム	軍事介入により作業停止（1967）
アラブ流域国	1964	アラブ分水路	作業停止（1966）
ヨルダン	1972－82	ヨルダン渓谷開発 段階1と段階2 (a)東グホール運河の伸長	完成
ヨルダン （とシリア）	1976－81	(b)マカリンダム	合意に至らなかったために中止
	1987－1990	統一ダム	中止

注：アラブ流域国はレバノン、シリア、ヨルダン
出所：Miriam R. Lowi, *Water and Power*, Cambridge University, 1993, p.160.

には、イスラエルの「防衛力の強さ」と、水資源問題ではアメリカがイスラエルを支持するという約束が存在していた。

　1960年代を通じて、アラブの分水路建設は中東における国家間関係の主要な政治的問題であった。イスラエルは、アラブ諸国との対抗関係のなかで軍事力を強化する政策を採りながら、欧米諸国から兵器を購入した。アラブ諸国の政治家たちは会議を開催し、過去の会合の成果を検討し、以前の決定を再確認していた。そしてメディアは、アラブの不動心と決断、統一と団結、確信と豪胆さを擁護していた。

　イスラエルとシリアの国境付近の衝突は、1965年の春と夏の間続いた。イスラエルは、シリアがダン貯水池近くの作業活動に砲撃したと批難する一方、シリアの方も、イスラエル軍が分水路プロジェクトの現場に攻撃を加えたと批難した。8月に起こった3度目の衝突によって、両国が軍事力を行使するところまで緊張が高まった。分水路地域におけるイスラエルとシリアの軍事的対立は2つの直接的な効果をもっていた[31]。1つは、シリアの与党であったバース党が「イスラエルの挑戦」に直面してアラブ諸国は手をこまねいているだけであ

ると批難したことである。シリアにとっては、イスラエルによるヨルダン川上流の水利用を阻止し、攻撃を撃退するという計画は棚上げにされたように思われた。シリアはアラブ諸国から取り残された形になった。シリアはアラブ諸国が首脳会議での決定を実施することを求めたのである。

　もう1つは、衝突が直接的な戦争に対する支持派と反対派の間の論争を再び呼び起こしたことである。シリアのバース党の挑発に対するナセルの対応は率直で揺るぎないものであった。第1に、アラブ諸国は必要な場合に自国の領土にアラブ諸国軍が入ることを認めないために、統合司令部はその任務を十分に発揮できない。ナセルとすれば、イスラエルが5月に作業現場を攻撃したときにエジプトはシリアに空軍部隊を派遣する用意があったが、シリアはダマスカスの基地を提供しないだろうということであった。第2に、イスラエルに対して戦争を遂行するというシリアの示唆は不合理であった。ナセル大統領は、「われわれは自ら防衛できないのにどうして攻撃について論じることができるのか」として、パレスチナ解放を「人気取りと虚勢に変えた」とバース党を批難した[32]。

　このようにアラブ諸国の間に、ナセルのエジプトとバース党のシリアの激しい対立関係が存在していた。またサウジアラビアとヨルダンの国王は、ナセルの呼びかけに応じて、第4回アラブ首脳会議が開催されるまで会議で設立されたすべての機構への関与を凍結するとした[33]。アラブ諸国間の関係は混乱し、アラブ側の主張も一致していなかった一方、イスラエルの指導部は戦争が切迫しているという認識をもっていた。この地域の緊張は1965年の秋から1966年の冬にかけて一層高まっていった。1966年の冬の期間、イスラエルには派遣された大規模な米軍が駐留していた。この点に関して、アラブ諸国に不信を抱いていたアメリカ政府は、その意図が中東の勢力均衡を維持するためであると主張した。

---

31) Lowi (1993), p.126.
32) Lowi (1993), p.126.
33) 第3回アラブ首脳会議は1965年9月に開催された。

(2) 分水路計画をめぐる軍事衝突と六日戦争への過程

1966年2月には、シリアでクーデタが発生し、シリアの政権はもっとも戦闘的なバース党右派に交替した[34]。シリアの新政権はそれ以後、イスラエルの行動に対応しイスラエルの計画を阻止しようとするだけでなく、空軍力の行使も含めて大規模な軍事的行動を指導することになった。こうしたシリアの戦略上の目的は、イスラエルに対する勝利を得るか、あるいはイスラエル－アラブ関係を悪化させて、最終的にはアラブ世界全体が加わる大規模な戦争をもたらすことにあった。1966年7月半ばに、イスラエル空軍は、チベリアス湖北部にあるシリアのバニアス－ヤルムク運河の分水路工事現場を爆撃した[35]。他方、1カ月後の8月15日に、今度はシリア空軍機2機がチベリアス湖上のイスラエルのボートを攻撃した。この事件は、シリアのミグ17戦闘機がイスラエルの対空砲によって、そしてミグ21戦闘機がイスラエルのミラージュ戦闘機によって撃墜されることで終わった[36]。

確かに、M・クレアーがいうように[37]、イスラエルとアラブの対立は水資源だけをめぐるものではなかったかもしれない。アラブ側はイスラエルのパレスチナ人の扱いを非難し、イスラエル側はヨルダンとシリアによるパレスチナ系組織のファタハのゲリラ活動支援に激怒していた。しかし、水資源問題に関しては、双方が国家安全保障上の問題とみなし、ヨルダン川の水問題で譲歩する意思はなかったことは明らかである。

翌1967年の4月には、イスラエルとシリアの国境付近で衝突が起こった。シ

---

34) M. Maoz and A. Yaniv (eds.), *Syria under Assad*, Croom Helm, 1986, p.166. [以下 Maoz and Yauiv (1986)] MaozとYanivによれば、シリアの新政権は、Salah JedidとHafez al-Assadという2名のアラウィ派の人物の指導下に入った。前者はイデオロギー的にきわめて戦闘的であり、後者はシリア空軍の司令官であった。

35) Lowi (1993), p.130. イスラエルによる7月半ばのこの攻撃ついては、Maoz and Yaniv (1986) では触れていない。

36) Maoz and Yaniv (1986), p.166.

37) M・クレアー『世界資源戦争』斎藤裕一訳、廣済堂出版、2002年、247頁。

リアがイスラエルの開墾地と国境近くの入植地を攻撃したのである。この戦闘でイスラエルは 6 機のミグ戦闘機を撃墜した。これに関して、イスラエルのエシュコル首相は、主権を侵害する行為に対して自国を守る権利と義務を行使したと表明した。4 月を通じて、イスラエルとシリアの双方から国境侵犯に関して合同停戦委員会に繰り返し申し立てが行われ、イスラエルはシリアが非武装地帯の入植地を攻撃したと批難し、シリアはイスラエルが停戦ラインを侵犯したと批難した。

　イスラエルとシリアの停戦ライン付近の状況が不安定なまま衝突が続いた。1967年 5 月末に、シリア政府はイスラエル軍が南西部国境沿いに軍隊を集結させていると発表した。エジプトの指導者は軍部に対して非常事態を宣言した。ナセルは 5 月18日に、シナイ半島に駐留していた国連緊急部隊の即時全面撤退を要求した。当時、ナセルはイスラエルがシリアを攻撃しないと予想して、シナイとイスラエル国境沿いに自国の軍隊を集結させていたのである[38]。5 月末、ヨルダンとエジプトは防衛協定に調印し、ヨルダンはイラクとサウジアラビアの軍隊が自国に進入することを認めた。そして 6 月 5 日、エジプト軍とイスラエル軍とのあいだで激しい戦闘が勃発した。中東諸国はただちにこれに巻き込まれ、第 3 次中東戦争となった。六日戦争後、中東の地政学的な地図は大きく変化した。イスラエルは、シナイ半島、ガザ地区、ヨルダン川西岸、東エルサレムを占領することによって、その支配地域を 3 倍以上に拡大した。

(3)　六日戦争以後の水資源問題とマカリンダム計画

　1950年代と1960年代のシリアとイスラエルの水の利用と配分をめぐる対立は、最終的には軍事的対立によって決着をみた。1967年の第 3 次中東戦争によって、イスラエルはゴラン高原を占領することで、ヨルダン川の源流およびチベリアス湖への支配権を獲得した。イスラエルは、バニアス川とゴラン高原に発する淡水の水路を獲得した。さらにイスラエルは、ゴラン高原に対する主

---

38) Lowi (1993), p.132.

権と、ヤルムク川の開発へ異議申し立てができる権利を主張していた。後者に関しては、イスラエルはヨルダン川西岸を占領することでヨルダン川下流域への支配権を手に入れたからである[39]。イスラエルにとっての懸念事項は、ヨルダンがヤルムク川に大規模な分水路あるいはダムを建設するということであった[40]。

ヨルダン政府はすでに1959年にアメリカの経済援助のもとで東グホール運河の建設事業を開始していた[41]（表4参照）。1957年に、ヨルダン政府とアメリカは技術・資金援助に関する一般協定を締結し、1958年5月31日にヨルダンの開発庁の代表とアメリカの国際協力局（ICA：1961年に国際開発庁に統合）の代表がアンマンでプロジェクト協定に調印した。東グホール運河は、ヤルムク川の水をアダシア近郊の地下水道に迂回させて、そこから西岸のヨルダン川を並行する70キロにおよぶもので、現在はアブドラ国王運河という名称になっている。運河建設の第1段階は1961年に終了し、1966年までに上流のザルカ（Zarqa）まで完成した。しかし、1967年の六日戦争以後、ヨルダンは西岸の管理権を失い、それ以後、東グホール運河計画に関しては進展がない。ヨルダンは東グホール運河を延長して、西グホール運河を建設する計画を立てていたようであるが、それも1967年以前に失敗していた[42]。

ヨルダンは東グホール運河の建設によってヤルムク川の水を西岸に迂回させ、毎年約1億1,000-3,000万m^3の水を確保することができた。しかし、急速に増加する人口の社会的経済的なニーズを充足させるためには、ヨルダン渓谷のさらなる開発が必要となっていた。ヤルムク川はシリアとヨルダンの国境を流れる河川であるので、開発にはシリアの協力が必要となる。1953年にすでに、シリアとヨルダンの間でヤルムク川の共同開発プロジェクトに関する合意

---

39) Elmusa (1996), p.15.
40) L. Ohlsson, *Hydropolitics,* Zed Books, 1995, p.70.
41) ヨルダンの東グホール運河計画に関しては以下が詳しい。J. L. Dees, Jordan East Ghor Canal Project, in : *Middle East Journal*, Vol. 13, Nr. 4, 1959, pp.357-371.
42) Elmusa (1996), p.21.

が成立し協定が調印されていた。1976年に、シリアとヨルダンが再び交渉を開始し、1953年の協定を修正することに合意した。こうしてマカリンダム計画を実現しようとするキャンペーンが開始され、おもにヨルダンとシリアの灌漑と水力発電を目的とした計画が進められた[43]。

アメリカのカーター政権は、このプロジェクトに強い関心を示し、ダム建設とヤルムク川の利用によるヨルダン渓谷の灌漑の実現可能性に関する調査に資金を援助した。アメリカはマカリンダム計画への資金援助も引き受けた。他方、イスラエルは、マカリンダム計画の復活に強く反応し、それが「水をめぐる紛争への回帰」であるとして、ヤルムク川の水管理に対する当事国であることの承認を求めた。ヨルダン、シリア、アメリカは、マカリンダム計画に対するイスラエルの対応のなかに、占領地域への入植計画を容易にするために追加的な水資源の確保を暗黙裡に要求していることを感じ取った[44]。この最初の危機に対するアメリカの対応は断固としたもので、ヤルムク川の水資源はヨルダン渓谷へのユダヤ人入植計画の実施のために利用されるということを受け入れないというものであった。

カーター政権は、プロジェクトが進展する場合、3年間で1億5,000万ドルの資金が必要になるとして、予算支出を議会に求めた。1979年、アメリカ議会はマカリンダム計画を支持する政府の決定に対して、2つの条件をつけた。第1に、アメリカの参加はヨルダンが他の資金源からも拠出に関して明確な約束を取り付けていることを前提としている点、第2に「水を共有する下流国の問題に関してすべての流域国の利益を考慮に入れる」という点、である。後者に関しては、イスラエルはヤルムク川の下流国であるために、ヤムルク川の三角地帯のための水利用という問題の検討が必要であった。マカリンダムに貯水する場合には下流国に水利用の面で影響を与える。したがって、ヨルダンは水配分と施設に関してイスラエルとの合意に到達しなければならない。

他方で、ヨルダンはシリアとの合意も得なければならない。というのは、ダ

---

43) Lowi (1993), p.172.
44) Lowi (1993), p.173.

ムに貯水される水は元来ヤルムク川上流に発するものであり、ダムのもう一方はシリア側に建設されるからである。シリアは当初マカリンダム計画の実施に懸念を示していた。シリアはダムで生産される水力発電の限られた量しか獲得できなかった。にもかかわらず、ヤルムク川の5つの水源のうち4つがシリア領にあり、これらの水の約4,800万m^3が毎年マカリンダムに引き込まれることになる。このことはシリアにとっては解決されるべき重要な問題であった[45]。1978年末にこの地域に派遣されたアメリカ政府の専門調査団は、シリアがどのくらいの水をヤルムク川から取水するのかについては明確でないと報告していた。水利用に関するシリアの最終的な決定はきわめて重要であった。

しかし、シリアは最終的にマカリンダム計画に反対した[46]。またヨルダンは、ヤルムク川でのマカリンダム建設のための資金援助を世界銀行に要請したが、イスラエルはヨルダンとの間に水共有に関する協定が成立するまでその提案に反対するとした。そこで1980年にアメリカの外交官P・ハビブが合意に向けて調停するために派遣され交渉にあたった。ハビブは原則的にダムに関する合意には到達できたにもかかわらず、冬期におけるイスラエルへの水配分に関して交渉が難航し、最終合意には至らなかった。

こうした背景には、水資源問題だけではなく、ヨルダンとシリアとの対立、1980年のイラン・イラク戦争があったといえる。シリアのアサド体制のもとで、国内が混乱し反対派の勢力も強かった。シリア指導部はヨルダンに対して、体制を不安定化させるためにシリア国内のムスリム同胞団への支持を行っていると批難した。アサドはヨルダン国境に軍隊を集結させ介入を威嚇することで対応した。また続いてイラン・イラク戦争が起こり、シリアはイランを、ヨルダンはイラクを支持した。こうした政治的緊張関係のなかでは、ヤルムクダム計画の合意に到達する展望はひらけなかったといえよう[47]。

マカリンダム計画は、当事国間の合意が形成されないことで実現されなかっ

---

45) Lowi (1993), p.174.
46) Elmusa (1996), p.21.
47) Lowi (1993), p.176.

たものの、1980年代後半になると、ヨルダンとシリアの間でマカリンにアルヴェーダ（Al Wehda）ダム（統一ダム）を建設するという合意に達した。ヨルダンの提案で、1987年9月に両国間で条約が調印された。ヨルダンは水資源へのアクセスを必要としており、シリアは政治的孤立を回避し、領土の南側を強化したかった。両国は1980年代初頭に悪化した外交関係の改善を望んでいたのである。にもかかわらず、ヨルダンは条約を実施するためには大きな譲歩が求められた。その条約の条件とは、提案されたマカリンダムの半分の規模のダムが以前の場所に建設され、そしてシリアが上流に24のダムを建設することが受け入れられるという点であった[48]。

このプロジェクトは、合意から17年経過した2004年に開始されたが、シリア領からヤルムク川への水量が減少したために、ダムは当初よりも少ない貯水量をもつものとして建設された[49]。シリアは、1980年代と1990年代に、ゴラン高原とヤルムク川上流にいくつかの小規模あるいは中規模のダムを建設した。それらのダムは、現在、南シリアの住民に2億5,000万m^3の水を供給している。これらのダムの建設によって、ヤルムク川の水量やチベリアス湖に至るオアシスの水量が減少することになった。

Ⅳ　イスラエル－ヨルダン平和条約と水資源の配分

ヤルムク川のマカリンに統一ダムを建設するための1987年のヨルダンとシリアの条約が締結されてから、ヨルダンは世界銀行に資金援助を求めた。しかし、世界銀行は資金援助に関して、すべての流域国（この場合はイスラエル）によるプロジェクトの承認とそのプロジェクトに関する流域国とのデータと情報の共有という条件を付けた。しかし、1990年に湾岸戦争が勃発してヨルダン経済が崩壊すると、そのプロジェクトも消え去ったように思われた。1989年のヨ

---

48) Lowi (1993), p.180.
49) Sabel (2008), p.269.

ルダンの輸出の30％以上がイラク市場に依存していたためである[50]。ヨルダン国内の水資源の状況も最悪となり、ヨルダンとしては何とかイスラエルとの交渉を進める以外に選択肢がない状況にあった[51]。

1994年10月26日、イスラエルとヨルダンの間で平和条約が調印された。その平和条約は、安全保障における両国の協力関係を強めることを目的にしているとはいえ、水資源に関する合意や協力関係の強化および水と環境に関連する付属書が含まれているということから、世界でもっとも有名な水資源共有のための協定の1つであるともいわれている[52]。その意味では、イスラエル－ヨルダン平和条約は、水資源の共同管理に向けた努力の成果である。

この平和条約は、第6条「水」で、以下のように規定している。「両国間のすべての水問題の包括的で持続的な解決を達成するために」、「両国は付属書Ⅱで述べられている合意され承認された原則、質、量に従って、ヨルダン川とヤルムク川の水およびアラバ・アラヴァの地下水の正当な配分を認めることを相互に合意する。」[53] この条約の規定は、ヨルダンにとっては現状と比較して著しい改善をもたらすものであり、イスラエルにとっても水資源という観点からみて大きな変化であった。ヨルダンにとっては、この条約によって既存の水供給よりも有利な配分が期待された。

---

50) I. Diwan and M. Walton, Between Jordan and Israel : the Economics of Palestine's Uneasy Triangle, in : J. W. Wright, Jr. (ed.), *Structural Flaws in the Middle East Peace Process*, Palgrave, 2002, p.49.

51) S. McCaffrey, *The Law of International Watercources*, 2nd. ed., Oxford University Press, 2007, p.315. [以下McCaffrey (2007)] マッカフリーは1991年のヨルダンの水状況について国営ラジオ放送を紹介している。それによれば、報道は以下のようなものであった。「ヨルダンは現在水を配給制にしており、誰もがその影響を受けています。水は特定の時間に供給され、多くの家族はしばしば家から出ています。経済的な余裕のある人は街の給水車から通常の価格で10回も購入しています。」

52) M. Manna, Water and the Treaty of Peace between Israel and Jordan, Roger Williams University Macro Center Working Paper, 2006, p.58. 平和条約の外交交渉過程については、当時ヨルダンの水担当大臣であったM. ハダディンの前掲書（*Diplomacy on the Jordan : International Conflict and Negotiated Resolution*、2002）が詳しい。

53) Treaty of Peace Between the State of Israel and the Hashemite Kingdam of Jor

第 1 に、イスラエルはヤルムク川からの毎年の取水量に関して、最高限度2,500万m³を受け取る。ヨルダンにとって特に重要なのは、付属書Ⅱの「水と関連事項」の第 1 条「配分」の規定である。それによると、イスラエルは、需要が最大となる夏期（5月15日から10月15日まで）には1,200万m³を受け取り、冬期には1,300万m³を受け取るとされた。冬期におけるイスラエルの取水量1,300万m³という量がヨルダンにとってはそれほど重要でなかったのは、ヨルダンには冬期の流れの貯水手段がなかったからである。さらにイスラエルは追加的にヤルムク川から冬期に2,000万m³の水を受け取り、夏期までチベリアス湖に貯水し、夏期にヨルダンのニーズを満たすために放水される。そのために、チベリアス湖の真下とアブドラ国王運河との間を物理的に結び付けるパイプラインが1995年 6 月に完成した[54]。これによって水需要が高まる夏期にもヨルダンに水が供給されることになった。

第 2 に、結果的に、ヨルダンは2,000万m³の水をヤルムク川の合流地点の南部のヨルダン川に貯水することができるようになった（付属書Ⅱの第 1 条第 2 項の 2 「ヨルダン川からの水」）[55]。第 3 に、ヨルダンは、ヤルムク川の合流点とワディ・ヤビス（Wadi Yabis）とティラト・ツヴィ（Tirat Zvi）との合流点のあいだのヨルダン川から、イスラエルが取水しているものと同等量を取水する権利を有する（付属書Ⅱの第Ⅰ条第 2 項の 2 「ヨルダン川からの水」）[56]。ただし、ヨル

---

dan, October 26, 1994. 平和条約の第 6 条に基づく附属書Ⅱ「水関連の諸問題」（Israel-Jordan Peace Treaty, Annex Ⅱ, Water Related Matters）に関しては、Committee on Sustainable Water Supplies for the Middle East, *Water for the Future*, National Academy Press, 1999, pp.176-181を参照。ただし、この協定においては、ヨルダン川からの過度の取水と死海への環境上の影響については触れられていない。この点については、E. Feitelson and N. Levy, The Environmental aspects of reterritorialization: Environmental facets of Israeli-Arab agreements, in: *Political Geography*, 25, 2006, p.469を参照。

54) G. Shapland, *Rivers of Discord International Water Disputes in the Middle East*, Hust and Company, London, 1997, p.29. [以下 Shpaland (1997)]
55) Israel-Jordan Peace Treaty Annex Ⅱ Water and Related Matters.
56) Shapeland (1997), p.29. ワディ・ヤビス（Wadi Yabis）は西岸から流れているヨル

ダンの水利用がイスラエルの水利用の質及び量を害するものではないという条件が付けられている。第4に、ヨルダンは毎年、イスラエルによってヨルダン川下流に分水されるようになったチベリアス湖の南に位置する塩水の水源から脱塩化された水を1,000万m³受け取る権利を有する（付属書Ⅱの第1条第2項の2「ヨルダン川からの水」）。

これらの利点に加えて、ヨルダンには以下のような他の4つの便益が存在する。第1に、付属書Ⅱの第1条3項の「追加的な水」という規定に示されているように、イスラエルは毎年飲料水を追加的に5,000万m³供給するための源泉を発見するうえで協力し、この目的のために、共同水委員会がヨルダンに追加的な水を供給するための計画を作成するとしている。第2に、アブドラ国王運河への流れを改善するためにヤルムク川で分水路と貯水施設を建設するうえでの協力にイスラエルが同意したことである。第3に、塩水の水源からの水が川に流れ込まないように、ヨルダン川下流の水質の改善を行うことである。そして最後は、水プロジェクトにおけるイスラエルとの協力によってさらなる便益を得る可能性である[57]。

一方、イスラエルは、毎年ヤルムク川から2,500万m³の水を取水続け、ヤルムク川とワディ・ヤビス（Wadi Yabis）とティラト・ツヴィ（Tirat Zvi）との合流点の間のヨルダン川からの水を利用し続ける権利を承認された。イスラエルはまた、ワディ・アラバ（死海の南）のヨルダン領内にある水源から塩水を取水し続けるというヨルダンの合意を得た。それによってイスラエルにとっては毎年1,000万m³の水を増加させる可能性が生まれた[58]。

平和条約の付属書Ⅱの第1条第2項及び第7条では、共同水委員会の設置が規定されている。まず第1条では、「共同水委員会が現行の資料の利用と明白な危害を精査する」としており、第7条では、以下のように規定している。第

　　ダン川の支流であり、ティラト・ツヴィ（Tirat　Zvi）はイスラエル領内を流れている川である。
57)　Shapeland (1997), p.30.
58)　Shapeland (1997), p.30.

1に、「当事国は、この付属書の実施という目的のために、各国から選出される3名のメンバーで構成される共同水委員会を設立する。」第2に、「共同水委員会は、各政府の承認を得て、その作業手続き、会合の頻度、その作業範囲の詳細を明示する。委員会は必要に応じて専門家あるいは顧問を招聘する。」そして第3に、「委員会は、必要とする場合に、若干の専門小委員会を設置し、技術的な作業を割り当てる。この関連において合意されている点は、これらの小委員会が北の小委員会と南の小委員会を含んでいること、その目的がこれらの領域における相互的水資源の管理であるということである。」

ところで、平和条約の水に関する規定に関しては、それがジョンストン計画で受け入れられた十分な割当て量をヨルダンに配分しておらず、ヨルダンに対して差し迫ったニーズを満たすために「新しい水」に目を向けさせ、しかもヨルダン川の水の西岸への割当てについては触れていないという理由で、批判されてきた[59]。すでに触れたように、ジョンストン計画においては、ヨルダンへ配分される予定の水量はかなり多く、イスラエルを上回っていた。また「新しい水」というのは、イスラエルがすでに領有している不均衡な割り当て量を再配分するというものではなくて、将来的に発見が期待される水である。そして、西岸への割当てに関しては、ジョンストン計画が暗黙裡にヨルダンへの割当てに含めたものである。

1997年、ヨルダンは、イスラエルがヨルダンに追加的な水を供給するという約束を達成していないという異議申し立てを行った。イスラエルがヨルダンに供給することになっている1億m^3の水は、まだ建設されていないヤルムク川のダムからのものであるとされた。同年、イスラエルは、1995年10月にヨルダンへの移転を開始した5,000万m^3の水に関してまだ履行していなかった。そこでイスラエルの水担当官は、5,000万m^3の水は塩気のある水の脱塩化によって供給され、その費用は両国で分担されるという提案を行った。それに対してヨルダンは、条約がコスト負担について規定していないので、イスラエルが単独で

---

59) McCaffrey (2007), p.316.

支払うべきであるとした。当時のイスラエルのネタニヤフ首相とヨルダンのフセイン国王の会合で、イスラエルがヨルダンに2,500万㎥の水を供給するということで、問題は一時的には解決された[60]。このようにイスラエルとヨルダンの間に平和条約と水に関する付属書が取り交わされても水配分にかかわる論争は依然として継続しており、さらに他の流域国との関係の問題も残っている。というのは、イスラエル-ヨルダン平和条約は純粋に2国間の条約であり、レバノン、シリア、西岸といった他の流域国や地域が含まれていないからである。

　地球温暖化が進むと、将来的には大きな気候変動が予想される。条約の付属書が規定している水量は長年の平均に基づくものとされており、大きな気候変動を想定していない。1998年から2000年にかけてこの地域で旱魃が起こったとき、イスラエルは条約で規定された十分な水量をヨルダンに供給することを望まず、このために政治的危機が発生した。イスラエル側の主張は、当事国が「欠損を共有」すべきであるというものであった。他方、ヨルダンは、平和条約に従ってイスラエルは水を供給する義務があるということであった。その政治的危機は、結局のところ、イスラエルが水を供給することで解決した[61]。したがって、イスラエルとヨルダンの条約の課題は、今後、気候変動にどのように対処するかであろう。

　ヨルダン川流域の水資源管理すなわち水ガバナンスの問題は、1950年代に当時の強力な覇権国家アメリカが介入しても解決できなかったものである。オスマン帝国の支配の時代には単一の政治権力がヨルダン川の水配分を管理することができたが、それが崩壊して分断された主権国家群が成立すると、水ガバナンスは一層困難になった。水資源計画は各国の国益に基づいてバラバラに策定され、その調整が十分に成功せずに、結局のところ、各国が単独で水資源開発に乗り出した。ヨルダン川流域の水ガバナンスに関しては、少なくともこうし

---

60) McCaffrey (2007), p.316. Sabel (2008), p.271.
61) Earle, et. al. (2010), p.163.

た特徴づけが可能であろう。

　ヨルダン川流域においては、これまで2国間の条約が形成されてきた。そのなかでも、1994年のイスラエル－ヨルダン平和条約は、水に関する国際レジームという性格を有しており、中東地域の水ガバナンスにおいては大きな進展であったということができる。しかし、すでにみてきたように、ヨルダン川流域全体としてみると、それはレバノン、シリア、そして西岸とガザのパレスチナの問題が欠落する不十分な水ガバナンスの枠組となっている。今後の課題は、流域諸国とその住民が参加できる多国間のガバナンスの枠組をいかに作り上げていくかということであろう。その際には、各国が準拠できる水ガバナンスのベンチマークが必要となろう。

　国際水路の衡平かつ合理的な利用という原則を規定している1997年の「国際水路非航行的利用法条約」は、そのベンチマークとしての役割を果たしうるものであるように思われる。しかし、残念ながら、ヨルダン川流域国はこの条約を批准していない。第3次中東戦争のように水資源問題を武力によって解決するという選択肢を採用せずに、水の安全保障の問題に向き合うためには、リージョナルな観点からのガバナンス構造を作り上げるという努力が必要である。

第6章
メコン川流域のガバナンスとレジーム

　メコン川は、チベット高原北西部に発して中国の雲南地方を抜け、ミャンマー、ラオス、タイ、カンボジア、ベトナムの5カ国を通過し（図1参照）、最終的に南シナ海にいたる約4,800キロメートルを流れる世界で第12位の国際河川である。メコン川流域の自然的境界線は「メコン川上流域」と「メコン川下流域」に分割されている。メコン川上流域は中国の雲南地方とミャンマー東部に位置しており、メコン川下流域は、ラオス、タイ、カンボジア、ベトナムに位置している（表1参照）。流域に占める各国の割合に関しては、ラオスとカンボジアはメコン川流域のほとんどを占め、ラオスとミャンマーがそれぞれ25％で、ベトナムは5％にすぎず、中国、ミャンマーは流域の限られた部分を構成しているにすぎない（表2参照）。メコン川流域は独特の地理的・水文学的な特徴をもち、そのことが河川の利用とその資源に大きな影響を与えている[1]。

　国境線に沿って6カ国に分けられているメコン川流域は、ベトナム戦争やカンボジア・ベトナム戦争などの戦争や共産主義体制による度重なる地政学的な緊張の影響を受けた結果、そこでの資源開発が制限されてきた。その結果、メコン川とその支流は、その貯水量や生態学的な多様性という点からみて世界の大河川のなかでもっとも手が加えられていない河川の1つであるといわれてきた。メコン川流域で緊張関係が出現した原因は、流域各国の一国主義的な行動に基づく水配分をめぐる問題であり、それが水資源の開発と管理のための地域

---

1) Mekong River Commission, *State of the Basin Report* 2003, Executive Summary, p.4. メコン川流域の経済的・政治的環境については、アシット・K・ビスワス／橋本強司編著『21世紀のアジア国際河川開発』勁草書房、1999年を参照。

図1 メコン川流域の地図

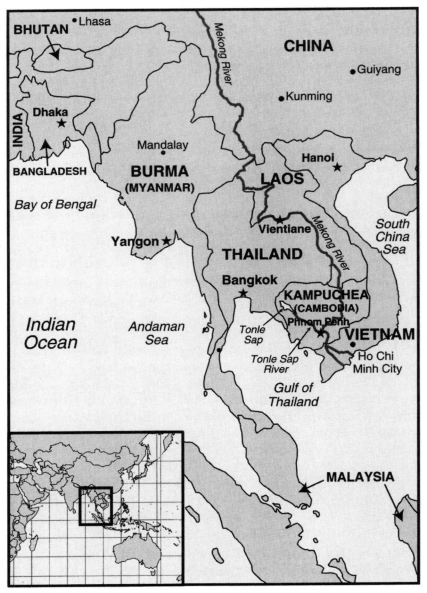

出所：Arun. P. Elhance, *Hydropolitics in the 3rd World*, United States Institute of Peace Press, 1999, p193.

表1 メコン川流域国の社会経済的・自然的資源の指標

	ミャンマー	ラオス	タイ	カンボジア	ベトナム
人口1998年(百万)	44.4	5.0	61.1	10.7	76.7
人口2000年(百万)	45.6	5.4	61.4	11.2	79.8
人口2025年(百万)	58.1	9.7	72.7	16.5	108.0
平均年成長率(1992-98年,％)	1.2	2.6	1.1	2.6	1.7
貧困(1992-98年,％貧困線以下)	N/A	46	13	36	37
生存率(1992-98年,年)	60	53	69	54	68
イリテラシー(人口の％, 15歳以上, 1992-98年)	16	N/A	5	N/A	17
GDP1998年(USドル, 10億)	N/A	1.6	111.3	3.0	25.9
一人当たりGNP(1998年, USドル)	N/A	330	2,200	280	330
再生可能な淡水2000年(1,000㎥/cap)	19.3	35.0	3.4	10.8	4.6
水利用％(家庭／産業／農業)	7/3/90	8/10/82	5/4/91	5/1/94	4/10/86

出所：Nnatana Gajaseni, Oliver William Heal, and Gareth Edward-Jones, The Mekong River Basin : Comprehensive Water Governance, in : Mattias Finger et. al., (eds.), *The Multi-Governance of Water*, State University of New York Press, 2006, p.53

的協力における重要な課題となってきた[2]。

　たとえば中国の雲南地方はメコン川上流域に位置しており、そこでの河川と集水量の変化は下流の河川開発に重大な影響を与える。中国がその領土内で行っている開発が下流地域に影響を与えているという兆候や、雲南やその上流でのダム建設の下流地域への影響の兆候は必ずしも十分に明らかにされていないとはいえ、下流国に対して潜在的に影響を及ぼす可能性は否定できず、さら

---

[2] Nnatana Gajaseni, Oliver William Heal, and Gareth Edward-Jones, The Mekong River Basin : Comprehensive Water Governance, in : Mattias Finger et. al., (eds.), *The Multi-Governance of Water*, State University of New York Press, 2006, pp.49-50. ［以下 Gajaseni et al. (2006)］

表2 メコン川流域国の面積および流域面積の割合

	雲南地方	ミャンマー	ラオス	タイ	カンボジア	ベトナム	メコン川流域
面積 (km²)	165,000	24,000	202,000	184,000	155,000	65,000	795,000
国・地方の流域割合(%)	38	4	97	36	86	20	
メコン川流域の割合(%)	21	3	25	23	20	8	100

出所：Mekong River Commission, *State of the Basin Report* 2003, Executive Summary, p.4.

に中国がメコン川流域のガバナンスに参加していないことが地域的な協力へのアプローチを難しくしている。メコン川委員会ですら、水資源の開発や管理に関して中国と交渉できない状況であり、その結果、流域国家間での平等な水配分や水の利益をめぐって紛争が存在している[3]。

本章では、1995年に成立したメコン川協定に焦点を合わせ、メコン川流域のガバナンスの歴史、メコン川協定の特徴、そしてメコン川協定におけるガバナンス構造について検討し、最後にメコン川協定の課題について触れたい。

I　メコン川流域ガバナンスの歴史

メコン川流域水管理のガバナンスあるいはレジームは1957年以降存在しており、それ以後3つの明確な時期に分けることができる。第1の時期は、メコン委員会（Mekong Committee 1957-75年）の時期で、この時期にはメコン川の統合的な流域開発を進めたものの、ベトナム戦争後の地政学的な変動のために開発は達成されなかった。第2の時期は暫定メコン委員会（1978-1992年）の時期で、この間、メコン川流域諸国はそれぞれ独自の水資源開発を進めた結果、水配分をめぐる紛争を引き起こした。第3のメコン川委員会（1995年-現在）の時期には、冷戦終結後に加盟国の水資源の共有を支援する目的をもってメコン川委員会の制度的な枠組が形成され、メコン川委員会は今日のメコン川流域の

---

3) Gajaseni et al. (2006), p.50.

ガバナンスとレジームの基礎をなしている。

　メコン川流域の水管理レジームは、当初、東南アジアにおいては冷戦時代に発展した。第二次世界大戦後、とりわけ1954年にフランスがベトナムから撤退し、その後アメリカが南ベトナムの後ろ盾となると、東南アジア諸国は多くの政治体制に分かれた。北ベトナムでは、ホーチミンの共産主義勢力がソ連と中国によって支援されて、南ベトナムでは、アメリカに支援された政府がアジアでの共産主義の拡大を阻止する決定をした。タイは西欧志向の資本主義陣営に属し、ラオスは長い内戦状態に巻き込まれ、全体的にみると、この地域はベトナムを背景とする共産主義勢力と、アメリカとタイの勢力に分かれていた。カンボジアでは、シアヌークがソ連を背景とする北ベトナムとアメリカ、南ベトナム、タイの間の軍事的な紛争において中立的な立場をとろうとしていた[4]。以下では、メコン川流域のガバナンスとレジームの体制の3つの時期について検討したい。

(1) メコン委員会 (Mekong Committee) の時代

　1950年代中葉、国連のアジア極東経済委員会 (ECAFE) と米国内務省開拓局 (Bureu of Reclamation) は水資源開発の選択肢を究明するためにメコン川流域に調査チームを派遣した。調査チームは、メコン川にダムを建設し、水力発電を行い、洪水を減少させ、灌漑と航行改善のために乾季の流量を増やすために、本流に貯水池を作るという大胆な構想を描いた。アメリカと他の西側諸国もまた、メコン川流域における広範囲の地域開発計画が南ベトナム、カンボジア、タイ、ラオスの結びつけ、東南アジアにおける共産主義の拡大を阻止できると考えた[5]。

　1957年、ECAFE の援助の下、カンボジア、ラオス、南ベトナム、タイの政

---

[4] Greg Browder and Leonard Ortolano, The Evolution of an International Water Resources Management Regime in the Mekong River Basin, in : *Natural Resources Journal*, Vol. 40, 2000, pp.499-531. [以下 Browder and Ortolano (2000)]

[5] Browder and Ortolano (2000), p.505.

府代表者は、「メコン川下流における調査調整のための委員会」を創設する協定に署名した。「メコン川下流」という用語が使われたのは、中国とミャンマーが委員会の加盟国ではなかったからである。また中国が排除されたのは、その当時国連の加盟国ではなかったからであり、ミャンマー政府は加盟そのものに関心をもたなかったからである。1957年の協定は、メコン川流域レジームの最初の制度的な文書であった。協定の第4条は、メコン委員会 (Mekong Committee) の機能を規定している。すなわち、メコン川下流における水資源開発プロジェクトの計画と調査を促進し、調整し、監督し、管理する[6]。

メコン委員会は、南ベトナム、カンボジア、タイ、ラオスという4カ国の加盟国によって構成され、メコン委員会の研究と計画のための資金は、おもにヨーロッパ、アメリカ、日本によって提供された。メコン委員会はメコン事務局によって支えられ、事務局はメコン川流域諸国、国連、ドナー国からの100名のメンバーによって構成され、事務局長はECAFEから選出され、メコン委員会によって承認された。事務局は、水資源開発を支援するための技術的・財政的な資源の動員を支援することが期待された[7]。

1960年代を通じて、メコン委員会は水資源の調査と計画の大きなプログラムの作成に従事した。アメリカが主導する国際社会はメコン川貯水池への投資に準備を進め、1965年にジョンソン大統領は、アメリカが北爆を開始した理由に関して説明したジョンズ・ホプキンス大学での講演のなかで、インドシナ半島への開発援助、特にメコン計画への投資に10億ドルを拠出する約束をした[8]。アメリカは1972年までに計画と調査活動のために7,000万ドルを使い、インフラ計画、とりわけラオスとタイのメコン川支流の小規模ダムに1億5,000万ドルを投資した。

しかし、1975年には、東南アジア諸国で大きな政治変動が生じ、メコン川のガバナンスとレジームの体制にも大きな影響を与えた。ベトナム戦争において

---

6) Browder and Ortolano (2000), p.505.
7) Browder and Ortolano (2000), p.506.
8) Browder and Ortolano (2000), p.507.

は北ベトナムが南ベトナムに軍事的に勝利して南北を統一し、クメール・ルージュの共産主義勢力がプノンペンを占領してカンボジアを支配下に置き、ラオスではベトナムに支援された共産主義勢力が政府を掌握した。メコン川流域諸国で西側の資本主義陣営にとどまったのはタイだけであった。メコン川流域の統合的な開発の夢は崩れ去り、メコン委員会も崩壊した[9]。

(2) 暫定メコン委員会（Interim Mekong Committee）の時代（1978-1992年）

ベトナム戦争終結以後、タイ、ベトナム、ラオスはイデオロギー的に対立していたけれども、これらの国々の外交的関係は1978年に復活した。他方、ベトナムとカンボジアは、ベトナム共産党とカンボジアのクメール・ルージュとの対立が激化し、1975年以降戦争状態が続いた。こうした状況にかかわらず、ESCAFEの後継機関である国連のアジア太平洋経済委員会（ESCAP）の援助によって、ラオス、タイ、ベトナムの代表者は同年1月5日に暫定メコン委員会（IMC）宣言に調印した[10]。この宣言の中で、ラオス、タイ、ベトナムの3カ国で構成される暫定メコン委員会は、「それぞれの国の再建と経済発展という要求を実現する」（第1条）ために、「農業生産と電力生産を増加させるためのメコン川下流域の水資源の開発を促進する」（第5条）[11]ことを目標に掲げた。

暫定メコン委員会のレジームは、国連開発計画（UNDP）の中立的な支援と拠出国の援助によって維持され、ヨーロッパ諸国の拠出国、とりわけ北欧諸国はメコン川レジームの主要な支援国となった。他方、アメリカは1975年のベトナム戦争終結後メコン川流域レジームへの支援を停止し、その政策は実質的に1999年まで続いた[12]。暫定メコン委員会の活動は、メコン川本流でのプロジェ

---

9) Browder and Ortolano (2000), p.509.
10) Browder and Ortolano (2000), p.509.
11) Declaration concerning the Interim Committee for coordination of investigations of the lower Mekong basin, signed by the representatives of the goverments of Laos, Thailand and Vietnam to the Committee for coordination of investigations of the Lower Mekong Basin, signed at Vientlane on 5 January 1978.
12) Browder and Ortolano (2000), p.511.

クト計画を延期し、その代わりに各国内でのデータ収集やプロジェクトに集中した。したがって、その予算もメコン委員会の時代と比較してはるかに減少し、年平均で500万ドルから800万ドルであった。このため、暫定メコン委員会の重要性は次第に低下し、メコン川流域のベトナムとタイにおける水資源の開発は1980年代に勢いを増していった。ベトナムとタイは自国の水資源開発計画を進めていっただけでなく、メコン川上流に位置する中国も独自のメコン川開発計画を進めるようになった。

　タイは1990年までに北西に位置するメコン川流域に7つの小規模ダムを建設したが、これらのダムは限られた貯水能力しかなく、乾燥した東北部の水不足は恒常的な問題であった。1980年代後半に、タイ政府は植林と水資源開発に基礎を置く東北部の開発を促進する壮大な計画に着手した。その計画の中心となったのは、コン・チー・ムン（Khong-Chi-Mun）・プロジェクトで、ビエンチャン近くのメコン川本流からチー川とムン川に分水するというものであった[13]。ベトナムがタイのこの計画に懸念を示したのは、乾期にメコン川から分水することはメコン川デルタにおけるベトナムの農業に潜在的に損害を与えることになるからである。ベトナム人が1,700万人ほど住んでいるメコン川デルタは、ベトナムのコメ生産の半分を占める「ライスボール」となっている。1980年代には、ベトナム政府がドイモイ政策によって農業部門を自由化したことで、メコン川デルタのベトナム人はコメの生産性を飛躍的に高めるための新しいインセンティブを得た[14]。

　1990年代に入るとメコン川流域での地政学的な構図は変化し、1991年10月に国連の主導の下でカンボジア和平協定が締結されると、カンボジアは戦争で疲

---

13) Browder and Ortolano (2000), p.511. チー川とムン川はビエンチャンの500キロ下流で合流し、さらにメコン川に合流している。コン・チー・ムン計画に関しては、河合尚「メコン河総合開発の動向―暫定メコン委員会の15年―」（『国際農林業協力』、15(4)、pp.2-13）及び中山幹康「メコン川流域国による新協定の交渉過程における国連開発計画の役割」（『水文・水資源学会誌』Vol.11, No.2, 1998年, pp.128-140）を参照されたい。

14) Browder and Ortolano (2000), p.512.

弊した自国の経済の再建を切望し、メコン川レジームによって提供される開発援助に期待した。これに対して、タイとベトナムの政府はカンボジアの再加入に積極的であったが、両政府はメコン川レジームの新しい組織的な構造に関しては合意に達しなかった。ベトナム政府は以前のメコン委員会の組織的な規則に立ち戻ることを求めたのに対して、タイ政府は一国が他国の水資源計画に拒否権を行使できるメコン委員会規則に立ち戻ることに反対の立場を取った。タイ政府当局は、メコン川上流域での中国の開発がタイやラオスに影響を与えるということで、中国をメコン川流域レジームの枠組に組み入れることを望んでいたのである[15]。

1992年、カンボジアの再加入をめぐって生じたメコン川流域レジームのあり方をめぐるタイとベトナムとの間の対立のために、メコン川流域レジームは崩壊することになった。1992年後半には妥協案が合意され、そこでカンボジア、ラオス、タイ、ベトナムのメコン川下流域の4カ国がメコン川流域レジームの新しい協力枠組に関して交渉することになった。

(3) メコン川委員会 (Mekong River Commission) の時代 (1995年-現在)

1995年、カンボジア、ラオス、タイ、ベトナムのメコン川下流域4カ国は、「メコン川流域の持続可能な開発のための協力に関する協定」に調印し、メコン川委員会という新しい組織が形成された。この協定は、メコン川の利用と開発に関する一般的原則を規定し、その実施とさらなる精緻化のためにメコン川委員会を設置した[16]。この協定にはメコン川の上流国である中国とミャンマーは参加しなかった[17]。しかし、中国とミャンマーはメコン川委員会にオブザーバーとして参加し、1996年以来、メコン川委員会の毎年の会合に正式の対話パートナーとして出席している。

---

15) Browder and Ortolano (2000), p.516.
16) Stephen C. McCaffrey, *The Law of international watercourses*, 2nd. ed., Oxford University Press, 2007, p.285.〔以下 McCaffrey (2007)〕
17) 中国が1995年のメコン川協定に不参加であったのにはいくつかの理由が考えられ

II　メコン川協定の特徴

　1995年のメコン川協定（正式名称は「メコン川流域の持続可能な開発のための協力に関する協定」）は、全体で6章42条から構成され、第Ⅰ章「前文」、第Ⅱ章「用語の定義」、第Ⅲ章（協力の目的と原則）、第Ⅳ章（制度的枠組）、第Ⅴ章（見解の相違と紛争の処理）、第Ⅵ章「最終規定」となっている。

　メコン川協定の規定のなかに正式に記されている国際法の概念のなかでとりわけ重要なのは正式名称にも含まれている持続可能な開発の概念である[18]。第Ⅰ章の「前文」の第5パラグラフでは、「すべての流域諸国の社会的経済的発展及び福利のため、環境及び水の状態並びにこの河川流域に特有の生態学的均

る。第1に、カンボジア・ベトナム戦争において中国がカンボジアを支援していたことで、ポル・ポト政権崩壊後の1979年に中越戦争が起こり、その後もベトナムと中国との関係が改善されていないかったため、ベトナムが中国の参加に積極的ではなかったこと。第2に、上流国であった中国は、ダム建設を計画しており、協定への参加によって自由な計画実施が阻害される恐れがあること、また協定の第26条に沿った形での水利用に関する「通告」と「事前協議」の規定があること、第3に、メコン川協定は、基本的に、1997年の国連の国際水路非航行的利用法条約の草案の基本的な考え方を踏襲しており、この条約に対しては当時中国が反対の立場を取っていたこと。国際水路非航行的利用法条約が国連総会によって採択されたとき、地域のヘゲモニー国家である中国は、ハーモン・ドクトリンとして知られている「絶対的な領土主権」を援用してそれに反対した3カ国のうちの1カ国であった。

18) メコン川協定における持続可能な開発の概念の意味については、Bantita Pichyakorn, Sustainable Development and International Watercourses Agreement : The Mekong and the Rhine, IUCN Draft Paper, 30, June 2002を参照。尚、持続可能な開発の概念の国際法における意味に関しては、P・バーニー／A・ボイル『国際環境法』池島大策・富岡仁・吉田脩訳、慶応大学出版会、2007年、97頁以下を参照されたい。P・バーニー／A・ボイルは、持続可能な開発の概念の要素として、「環境保護と経済開発の融合」、「開発の権利」、「天然資源の持続可能な利用と保存」、「世代間の衡平」、「世代内部の衡平」、「汚染者負担の原則」、「持続可能な開発の手続き的要素」の7つを挙げている。そして最後の「持続可能な開発の手続き的要素」として、環境影響評価と情報へのアクセス及び意思決定への公的参加を上げている。

衡を保護、保存、向上及び管理する必要性と両立させながら、メコン川流域の水及び関連する資源の持続可能な開発、利用、保存及び管理のために建設的かつ相互互恵的な方法によって継続して協力し奨励する決意を再確認」[19]するとしている。

メコン川下流諸国は、こうした共通の認識に基づいて、効果的に協力し、環境条件や生態的均衡が保存され維持されるような方法で自然資源を利用するためのあらゆる努力を行うとしている。しかしながら、メコン川協定が条約として十分に拘束力をもつものだとしても、その広範な基本的枠組は、実際上、合意形成のための協定であり、本質的に勧告的なものである[20]。

さて、メコン川協定における流域国の協力の領域は、第1条で以下のように規定されている。

「メコン川流域の水及び関連の資源について、すべての沿岸国の多目的利用と相互受益を最適化し、自然発生及び人為的活動から生じうる有害な効果を最小化する方法で、その持続可能な開発、利用、管理及び保存のあらゆる分野（灌漑、水力発電、航行、食料管理、漁業、木材浮流、余暇及び観光を含み、これらに限定されない）において協力すること。」[21]

この条文にも示されているように、メコン川協定における協力の領域は、灌漑、水力発電、航行、食料管理、漁業、木材浮流といった主要な領域から、それ以外の領域まで広範囲に渡っており、さらに第3条では、環境の保護と生態学的均衡にまで及んでいる。すなわち、第3条は、以下のように規定している。

「メコン川流域の環境、天然資源、水の生命と状態及び生態学的均衡を、流域における開発計画及び水と関連資源の利用の結果として生じる汚染その他

---

19) Agreement on the cooperation for the sustainable development of the Mekong River Basin (以下 Mekong Agreement), 5 April, 1995, art. 1. 広部和也・白杵知史編修代表『国際環境条約集』三省堂、2003年、187頁。
20) Bennett L. Bearden, The legal regime of the Mekong River : a look back and some proposals for the way ahead, in : *Water Policy*, 12, 2010, p.807. [以下 Bearden (2010)]
21) Mekong Agreement, art. 1.『国際環境条約集』、187頁。

の有害な効果から保護すること。」[22]

メコン川流域でのプロジェクト、プログラム、及び計画作成に関しては、第2条で以下のように規定している。

「流域開発計画の定式化を通じた共同及び／又は全流域に及ぶ開発プロジェクト及び流域プロジェクトを強調及び優先しつつ、すべての沿岸諸国にとっての持続可能な利益の潜在能力の十分な開発及びメコン川流域水の消耗的利用の防止を促進し支持し協力し協調すること。流域開発計画は、援助が求められ流域レベルで実施されるべきプロジェクト及びプログラムを確認し、分類し優先順位を付けるために使用される。」[23]

このメコン川協定は、メコン川委員会の役割を「水資源開発を促進し、調整し、監督する」と規定した1957年の協定よりも厳格ではないが、水資源開発を「促進する」と規定した暫定メコン委員会の権限の範囲を超えている[24]。さらに、1995年のメコン川協定の大きな特徴は、第5条で以下のようにメコン川の水資源の合理的かつ衡平な利用を規定している点である。

「メコン川水系の水をそれぞれの領域において、すべての関連する要因及び事情、第26条に定める水利用及び流域間分水のための規則並びに次のA及びBの規定に従って、合理的かつ衡平な方法で利用すること。

 A トンレ・サップを含むメコン川の支流においては、流域内利用及び流域間分水は合同委員会への通告に服する。

 B メコン本流においては、

  1 雨期の間、

   (a)流域内利用は合同委員会への通告に服する。

   (b)流域間分水は、合同委員会による協定の達成をめざして行われる事前協議に服する。

  2 乾期の間、

---

22) Mekong Agreement, art. 3.『国際環境条約集』、187頁。
23) Mekong Agreement, art. 2.『国際環境条約集』、187頁。
24) Browder and Ortolano (2000), p.523.

(a)流域内利用は、合同委員会による協定の達成をめざして行われる事前協議に服する。

(b)いかなる流域間分水プロジェクトも、各プロジェクトについての分水計画に先立つ特別協定を通じて、合同委員会によって合意される。但し、乾期においてすべての当事者の利用計画を上回る利用可能な余剰水量が存在することが合同委員会によって検証され全会一致で確認されるような場合には、その余剰分の流域間分水を事前協議に服せしめることができる。」[25]

このように、第5条は、メコン川の水資源の合理的かつ衡平な利用についての規定であり、流域内利用と流域間分水に関して手続きと原則に焦点を合わせており、支流における流域内利用と流域間利用と、メコン川本流における雨期の利用については合同委員会への通告を義務付けている。この第5条はメコン川本流の水流の維持を規定している第6条と密接に関連している[26]。後者の流域間分水に関しては、上述のタイによるコン・チー・ムン・プロジェクトのように、メコン川流域から水不足に陥っているタイのチー川とムン川の流域に分水するというものである[27]。流域内利用に関しては、合同委員会への通告が必要であるが、流域間分水に関しては事前協議を必要とする。この事前協議については、メコン川協定の第2章の「用語の定義」のなかでは、以下のように規定されている。

「第26条にいう水利用及び流域間分水のための規則に定められているような

---

25) Mekong Agreement, art. 5.『国際環境条約集』、187頁。但し、訳文の文言は多少変えてある。

26) 第6条は以下のようになっている。「「分水、貯水放出又は他の永続的な性質をもつ行為から本流の水流を維持するために協力すること。但し、歴史的に過酷な干ばつ及び／又は洪水の場合はこの限りではない。」(Mekong Agreement, art. 6.『国際環境条約集』、187-8頁)

27) Browder and Ortolano (2000) によれば、タイ政府の水担当高官は、メコン川協定に調印した直後に、メコン川の支流を成しているコー川とイン川からバンコクが位置しているチャオプラヤ川流域へ20億㎥の水を分水する計画を明らかにした。この際、タイの交渉担当者はメコン協定の第6条に合意していた (p. 522)。

合同委員会に対する時宜を得た通告並びに追加的データ及び情報で、他の流域諸国が提案された利用に対する影響及びその他の影響について議論し評価することを可能とさせるもので、合意に到達するための基礎となるものである。事前協議は、流域諸国の利用に対する拒否権を意味するものでなく、また流域国が他の流域国の権利を考慮することなく水利用に対して有する一方的権利を意味するものでもない。」[28]

第7条の「有害な効果の防止及び停止」に関しては、以下のように規定されている。

「メコン川流域の水資源の開発と利用又は廃棄物の排出及び戻り水流から、環境、特に水質及び水量、水の（生態的）状態並びに河川システムの生態学的均衡に対して発生しうる有害な効果を回避し、最小化及び軽減するためにあらゆる努力を払うこと。1カ国あるいはそれ以上の国が、メコン川の利用及び／又は流出によって1カ国又はそれ以上の流域国に実質的な損害をもたらしている旨を適切かつ妥当な証拠とともに通告されたときには、当該被通告国は、主張される有害原因が第8条に従って決定されるまでの間、このような有害原因を直ちに停止する。」[29]

この第7条のなかで、実質的な損害を通告された国は、第8条に従って有害原因を直ちに停止するとされているが、第8条の規定は以下のようになっている。

「流域国によるメコン川の利用及び／又は流出に伴う有害な効果が1カ国またはそれ以上の流域国に実質的な損害をもたらしている場合には、関係当事国はすべての関連要素、その原因、損害の程度並びに当該国がもたらした損害に対する国家責任の原則に従った責任を決定し、すべての争点、見解の相違及び紛争に取り組み、友好的かつ時宜を得て、この協定の第34条及び第35

---

28) Mekong Agreement, chap. II.『国際環境条約集』、187頁。但し、訳文については多少変えてある。

29) Mekong Agreement, art. 7.『国際環境条約集』、188頁。但し、訳文については多少変えてある。

条に定める平和的手段により、かつ国連憲章に従って、解決する。」[30]
メコン委員会の時代には、すべての提案された水利用はメコン委員会で全会一致によって承認されることが必要であり、それとは対照的に暫定メコン委員会の時代には、審査要件は存在しなかった。他方、メコン川協定においては、第5条に示されている事前協議の規定は、流域諸国の「拒否権」でも「一方的権利」でもないというきわめて曖昧なものにとどまっている[31]。また第6条の本流の水流の維持に関しては、最終的には、合同委員会がガイドラインを採択し、それらの維持のために監視し、及び必要な行動をとるとなっているにすぎない。第7条の有害な効果の防止に関しても、「実質的な損害」の用語についての定義が明確ではなく、メコン川委員会が紛争解決のため「あらゆる努力を行う」（第35条）となっているだけである。

　これらの点から、1995年のメコン川協定の実質的枠組においては、締約国は明らかに水質よりも水量と配分に関心をもっているというBeardenの見解[32]には一定の妥当性があるといえる。メコン川協定の第5条（合理的かつ衡平な利用）と第6条（本流の水流の維持）はきわめて厳格で、河川の流れが十分に維持されるかぎりにおいて水量は公平に利用されることを保証している一方、第7条の損害回避については、上述のように、「実質的な損害」の定義が明確ではない。

　この点で興味深いのは、1997年の国連の「国際水路非航行的利用法条約」の第5条と第7条との関連性である。1997年の国連条約の第5条は「衡平かつ合理的な利用と参加」、第7条は「重大な損害を与えない義務」となっており、メコン川協定と対応している。問題なのは、「衡平かつ合理的な利用」と「重大な損害の回避」のいずれが優先するのかという点で、これに関して、McCaffreyは、これらの関連性は曖昧となっているとしたうえで、「重大な損害の回

---

30) Mekong Agreement, art. 8.『国際環境条約集』、188頁。但し、訳文については多少変えてある。
31) Browder and Ortolano (2000), p.521.
32) Bearden (2010), p.809.

避」が「衡平かつ合理的な利用」に優越することはないとしている[33]。1997年の国連条約は1995年のメコン川協定の2年後に締結されたにもかかわらず、国連条約が基礎を置いた国際法委員会（ILC）の草案条項はメコン川協定の草稿に影響を与えたことから[34]、メコン川協定の第5条と第7条の関連も1997年の国連条約に即して解釈することができよう。

Ⅲ　メコン川協定の制度的枠組とMRC

　メコン川協定の制度的枠組であるメコン川委員会（MRC）の地位に関しては、第11条で、以下のように規定されている。
　「この協定の下でのメコン川流域における協力のための制度上の枠組みはメコン川委員会と呼び、その機能をはたすためには提供者又は国際社会と協定及び債権債務関係を結ぶことを含む、国際機関としての地位を享有する。」[35]
　MRCは3つの常設機関、すなわち理事会、合同委員会、そして事務局から構成されている（第12条）。理事会は、各参加流域国から1人ずつのメンバーによって構成され、そのメンバーは国内の政策決定に権限を有し、副大臣レベルよりも地位の高い閣僚級の地位を有する者である（第15条）。理事会は、少なくとも年に1度の通常会期を開催し、理事会が必要と考えるか又は加盟国の要請があるときはいつでも特別会期を開催することができる（第17条）。毎年、カンボジア、ラオス、タイ、ベトナムの環境大臣あるいは水担当大臣がメコン川下流域に関連する新しい問題について審議するために会合を開いている[36]。
　第18条で規定されている理事会の任務は、以下の通りである。

---

33)　McCaffrey (2007), p.366. この点に関しては、第10章「水の国際レジーム——ヘルシンキ規則からベルリン規則へ——」を参照されたい。

34)　Stephen C. McCaffrey, International Water Law for the 21st Century : the contribution of the U. N. Convention, *Water Resources Update*, 118, 2001, pp.11-19.

35)　Mekong Agreement, art. 11. 『国際環境条約集』、188頁。

36)　メコン川委員会の組織に関しては、以下のメコン川委員会のホームページ参照。
　　http://mrcmekong.org/about-mrc/organisational-structure/

「A　メコン川流域の水及び関連資源の持続可能な開発、利用、保存及び管理のための建設的で相互受益的方法による共同活動及びプロジェクトの促進、支援、協力及び調整並びにこの協定の下で規定される河川流域の環境と水状態の保護に関して、政策を立案し決定を行いその他必要な指導を与えること。

B　その他のいかなる政策立案事項についても決定し、この協定を首尾よく実施するために必要な決定を行うこと。その中には、第25条にいう合同委員会の手続規則、第26条にいう合同委員会によって提案される水利用及び流域間分水規則、並びに流域開発プラン及び主要な構成をなすプロジェクト／プログラムが含まれるが、これに限られない。開発プロジェクト及びプログラムの財政的及び技術的な支援のためのガイドラインを設けること。また、もしも必要と考える場合には、提供者に対してその支援を提供者協議団体を通じて調整するように求めること。そして、

C　この協定の下で生じる問題に関するいかなる理事会構成員、合同委員会、又はいかなる構成国から付託される争点、相違及び紛争についても、検討し、取り組み、解決すること。」[37]

そして理事会の決定は、手続き規則で別段の定めがない限り、一国一票の投票による全会一致によって行われる（第21条）。全会一致の例外は、理事会が事前に決定した問題について可能となり、同様に多数決投票も可能であるが、事実問題として多数決原理は採用されていない[38]。

理事会に対して、合同委員会は、「各参加流域国１人ずつの、省の長と同等の地位の構成員」（第21条）から成る執行機関である[39]。合同委員会は技術的な

---

37)　Mekong Agreement, art. 18.『国際環境条約集』、188-9頁。
38)　Susanne Schmeier, *Governing International Watercourses*, Routledge, 2013, p.158.［以下 Schmeier (2013)］
39)　各加盟国の合同委員会の構成員に関しては、カンボジアとタイは国家メコン委員会の副議長、ラオスは自然資源・環境省の大臣、ベトナムは国家メコン委員会の長官である（Schmeier (2013), p.151）。

専門知識に基づいて理事会の決定を具体的なプログラムとプロジェクトとして実施する。合同委員会は、「少なくとも年に２度の通常会期を開催し、合同委員会が必要と思料するか又は加盟国の要請があったときはいつでも特別会期を開催することができる。」[40]

合同委員会の任務は、第24条で以下のように規定されている。

「A　理事会の政策及び決定並びに理事会から与えられるその他の任務を実施すること。

B　流域開発計画を定式化すること（これは定期的に審査され必要に応じて改正される）。理事会に対し、理事会と連携して実施されるべき流域開発プラン及び共同開発プロジェクト／プログラムの承認を求めて付託すること。また、直接又は協議団体を通じてプロジェクト／プログラムの実施に必要な財政的及び技術的支援を得ることにつき提供者と協議を行うこと。

C　この協定の実施に必要な情報及びデータを取得し更新し交換すること。

D　メコン川流域の環境の保護及び生態学的均衡の維持のために適当な研究と評価を行うこと。

E　事務局の業務を割り当て、この協定並びにこれに従って採択される政策、決定、プロジェクト及びプログラムの実施に必要な事務局の活動（理事会及び合同委員会がその役割を遂行するのに必要なデータベースと情報の維持を含む）を監督すること並びに事務局が作成する年次作業プログラムの承認。

F　理事会の通常会期の間に生じることのある争点や相違であって、この協定の下で生じる問題に関していずれかの合同委員会の構成員又は構成国が合同委員会に付託するものについて、これに取り組み、その解決のためにあらゆる努力を行うこと、並びに必要な場合には問題を理事会に

---

40)　Mekong Agreement, art. 23.『国際環境条約集』、189頁。訳文は多少変えてある。

付託すること。

　G　メコン河流域の活動にかかわる流域構成国の人員がこの協定を実施するための能力を強化するのに適当かつ必要な研究及び訓練を審査し承認すること。

　H　理事会に対して事務局の組織構造、修正及び構造改革に関する勧告を行い、その承認を求めること。」[41]

合同委員会の決定に関しては、手続規則で別段の定めがおかれている場合を除き、全会一致の投票によって行われるとされている（第27条）。

　さて、MRCの常設機関である事務局は、理事会と合同委員会に対して、「技術的及び管理的な業務を行い、合同委員会の監督の下に置かれる。」（第28条）[42] 事務局の所在地に関しては、第29条で「所在地と組織構造に関しては理事会によって決定される」とされている。

　MRCが設置された最初の頃には、事務局はバンコクに置かれていたが、その後、加盟国はMRC事務局が流域内に位置する加盟国の首都、すなわちラオスのビエンチャンかカンボジアのプノンペンに置かれるべきであることを決定した。1997年から、MRC事務局はプノンペンに置かれたが、2005年にビエンチャンに移され、ローテーション・システムを確立した。2007年、MRC理事会は、MRC事務局の所在地に関して新たな決定が必要であることを決定して交渉が進められたが、最終的にはカンボジアとラオスはローテーション・システムの維持に合意し、事務局長（CEO）はカンボジアとラオスでそれぞれ半分ずつ滞在することに合意した。しかし、この決定はコストがかかるという理由で資金提供者によって拒否された。その後の交渉で、共同ホストという形での解決が行われ、CEO、管理、計画に関するプログラムはビエンチャンに維持され、機能的プログラムはプノンペンに移された[43]。

　MRC事務局の任務は、第30条で以下のように規定されている。

41）　Mekong Agreement, art. 24.『国際環境条約集』、189頁。訳文は多少変えてある。
42）　Mekong Agreement, art. 28.『国際環境条約集』、189頁。訳文は多少変えてある。
43）　Schmeier (2013), p.159.

「A　合同委員会の指揮の下でかつ直接これに責任を負い、理事会及び合同委員会が与えた決定と任務を実施すること。
B　理事会及び合同委員会が求める技術サービス、財政管理、助言を提供すること。
C　年次作業プログラム並びに必要とされるその他のすべての計画、プロジェクト及びプログラムの文書、研究及び計画を作成すること。
D　必要とされるプロジェクト及びプログラムの実施及び管理について合同委員会を補助すること。
E　理事会及び合同委員会の会合の準備をすること、そして
F　必要とされるその他のすべての任務を実施すること、である。」[44]

　MRC 事務局は、事務局長（Chief Executive Officer）の指揮の下に置かれている。事務局長は、「合同委員会によって選考された有資格候補者の最終名簿から理事会で任命される」[45]（第31条）。事務局長の任命は理事会によって全会一致で行われる。しかし、事務局長の任命は各加盟国の利害が絡んでいるということもあって必ず順調に進むとは限らない場合もある。

　2008年から2011年のあいだ MRC の事務局長であった J・バード（Jeremy Bird）が退任したとき、加盟国は新しい CEO を加盟国から選出することに同意した。しかし、全会一致の必要性から、合意には至らず、上流国（タイとラオス）は下流国の CEO に反対し、下流国（特にベトナム）は上流国の CEO に反対した。さらに、タイはカンボジアの CEO を選出することに消極的であったが、それは2009年に軍事的衝突に至ったタイ・カンボジア国境紛争のためであった。その結果、MRC 事務局は7カ月間 CEO 不在の時期を過ごし、事務局の立場を弱めることになった。最終的に、2011年半ばに非流域国の CEO が議論のなかに浮上し、2011年11月、スウェーデン出身の新しい事務局長の H・

---

44) Mekong Agreement, art. 30.『国際環境条約集』、189–90頁。訳文は多少変えてある。
45) Mekong Agreement, art. 31.『国際環境条約集』、190頁。訳文は多少変えてある。

グットマン（Hans Guttman）が就任した[46]。そして2016年からの新しい事務局長は、ベトナム出身のP・T・ファン（Pham Tuan Phan）である[47]。

このようにメコン川委員会のガバナンスは、これら理事会、合同委員会、事務局という協定の枠組の組織以外に、各加盟国に置かれているメコン川委員会（National Mekong Committee）とインフォーマルな資金提供者協議グループによって担われている[48]。

最後に、メコン川協定における意見の相違と紛争の解決について触れると、大きく分けて、メコン川委員会による解決と、関係政府による解決の2つの方法が規定されている。前者のMRCによる解決に関しては、第34条で、協定の解釈や当事国の法的権利についての相違や紛争が生じた場合、第18条に基づいて理事会が検討し、取り組み、解決すること、そして第24条に基づいて合同委員会が取り組み、あらゆる努力を行うこととされている。後者の関係政府による解決に関しては、「外交交渉による時宜を得た解決のために関係政府が問題

図2　メコン川委員会の組織編制

出所：Schmeier (2013), p.151.

---

46) Schmeier (2013), p.159.
47) A. Haefner, *Negotiating for Water Resources*, Earthcan, 2016, p.51.
48) Schmeier (2013), p.151. 資金提供国については、Gajaseni他は以下のように記している。「流域国は、日本、台湾、香港、シンガポール、韓国といったさまざまな国々から資金提供を受けており、ラオス、カンボジア、ベトナムへの開発援助は、EU、オーストラリア、スカンジナビア諸国、そして世界銀行やIMFといった国連機関から受けている。」Gajaseni et al. (2006), p.66.

を認識し、また関係政府の決定を理事会に通報してかかる決定を実施するのに必要なさらなる手続きを求めることができるよう、問題は関係政府に付託される」[49]ものとされている。

この紛争解決の規定は、最終的にはメコン川協定をめぐる意見対立や紛争は関係各国の外交交渉に委ねられるというものであり、国際司法裁判所などの国際的な仲裁機関への付託については触れられていない。1997年の国連の「国際水路非航行的利用法条約」の第33条で、第三者による仲介や国際司法裁判所への付託について規定されており、この点で、メコン川協定の場合には、紛争解決の規定は十分なものとはいえない。とりわけメコン川流域での環境問題やダム建設問題が発生したとき、紛争解決の具体的な手続きが規定されていない場合には、環境問題が軽視されるだけでなく、紛争解決の道が閉ざされる可能性すら存在する。さらにメコン川協定は、持続可能な開発を原則として掲げているにもかかわらず、その手続き的な手段としての環境影響評価についての規定が存在しないこともしばしば批判点として指摘されてきた[50]。

1995年のメコン川協定とその制度的枠組であるメコン川委員会は、持続可能な開発を原則とするメコン川流域のガバナンスとレジームの枠組として、メコン川の水資源の保護、水量の維持、環境保護という点で大きな役割を果たしてきたといえる。しかしながら、発足当初より、メコン川流域を構成する上流国である中国とミャンマーが加盟していないことは、流域全体のガバナンスとレジームという観点から見ると、不十分といわざるをえない。中国としては、加盟国の力を限定するレジームに参加することから得る利益よりも失う利益が大きいとして単独行動主義の道を選択している。上流国の立場にある中国は、国際水法の「ハーモン・ドクトリン」という立場をとり、自国内の水資源に対する排他的権利を主張している。さらに中国は自国の経済発展、とりわけメコン川の大規模水力発電計画とメコン川上流での航行的障害の除去への関心に焦点

---

49) Mekong Agreement, art. 34.『国際環境条約集』、190頁。訳文は多少変えてある。
50) Bearden (2010), p.814.

を合わせており、それらはいずれも明らかに、メコン川下流諸国からみると、河川の「重大な損害」を引き起こすものとみられている。メコン川協定における現在のガバナンスとレジームの枠組ではこうした問題に対処することはできない。

中国は1996年から毎年、「メコン川委員会との正規の対話パートナー」して参加している。2002年4月1日、中国は、メコン川下流諸国に水文学的なデータを提供することでMRCとの協定に調印し、それが2008年8月29日に更新された。しかし、中国のメコン川の源流に対する管理のために、メコン川の法的レジームの一般的な枠組のなかに中国を含めることは困難であろうが、メコン川流域ガバナンスのステークホルダーの1つとしてかかわる姿勢は今後も続くものと思われる。

さて、メコン川協定に関する問題点として指摘されているもう1つの点は、メコン川の支流に関する問題である。比較的開発が遅れている本流と比較して、メコン川支流は一般に開発され、その自然的な水流体制の崩壊に至っている。メコン川協定は、管理の目的で本流と支流を区別していないだけでなく、支流の水路の開発を規制するための法的原則とメカニズムを欠いている[51]。たとえば第6条は、「本流の水量の維持」の規定であり、支流には言及していない。その結果、支流は1995年のメコン川協定においては軽視され、現在の法的レジームは各当事国に対して、メコン川下流諸国の国境を越えた協力的な流域ガバナンスのための法的要件を避けることを可能にしている。このため、各当事国は自国内のメコン川支流でのダム建設等を進め、それが結果的に環境破壊を引き起こすという状況も生まれている[52]。

さらに、メコン川協定には、すでに触れたように、紛争解決のメカニズムの

---

51) Bearden (2010), p.812.
52) Bearden (2010), p.812. 1995年のメコン川協定に先立って、河川の主要な支流の開発は1975年の共同宣言の第21条によって管理された。その共同宣言は、「すべての当事国によって主要な支流として認められた支流は、本流に適用される現在の原則宣言の規定によって管理されるものとする」と規定している。

具体的規定が欠けている点や、環境影響評価についての規定がないことが、大きな問題点として指摘されよう。今後、メコン川流域は依然として経済発展の可能性が大きく、メコン川上流域や支流でのダム建設の増加、アジア開発銀行（ADB）が中心に推進している中国と東南アジア諸国を結ぶ大メコン圏の構想の実現によってメコン川の開発もますます進展する可能性がある。

しかしながら、メコン川協定にはそのガバナンス機能が発揮された近年の事例がある。それは、ラオスによるサヤブリダム建設に関するものである。ラオス政府は2010年にメコン川本流に巨大なサヤブリダムの建設計画を出した。このダム建設計画にはラオス政府のほかにタイの電力企業が開発に関与しており、そこで発電される電力の95％はタイに供給されることになっていた。その意味では、サヤブリダム建設は、財政面と利用面からみてタイのプロジェクトとみなされていた。2010年9月に、ラオス政府はメコン川協定の第5条の通告義務に基づいて他の加盟国にサヤブリダム建設の提案を付託した[53]。これに対して、ダム建設には環境保護団体の反対もあったことから、ラオス政府は2011年5月7日に開催された第18回ASEAN首脳会議において、メコン川本流で計画していたサヤブリダムの建設を一時中止すると発表した。その意味では、サヤブリダム建設の一時中止は、メコン川協定の事前通告義務というガバナンス機能が働いた事例であるといえるだろう。今後、メコン川協定の基礎となっている生態学的な均衡の維持、水資源および関連する資源の持続可能な開発の原則が大きな役割を果たすうえでも、メコン川流域のガバナンスとレジームの枠組の強化が期待される。

---

53) Haefner (2016), p.57.

第Ⅱ部

グローバル化と水の国際ガバナンス・レジーム

第 7 章
グローバル化と世界の水資源

　地球上のエネルギー資源と水資源は地理的に偏在しており、その均衡化は世界経済における市場原理によって図られている。資本主義世界経済という世界システムは、近代以降に形成され500年の歴史をもつものであるが、しかし、その世界システムがグローバル化したことで、その外延的な広がりはすでに限界に達し、自然資源そのものの開発も限界に到達している[1]。その意味で、地球社会はオーバーシュート（W・キャトン）の状態に立ち至っているということができる。およそ人間社会のシステムは生命体と同様に発生、発展、衰退のプロセスを有しており、その点からすれば、近代世界システムとしての世界経済もその過程を辿っている。すなわち、グローバル化した世界システムにおける成長の限界が始まりつつあるといってよいだろう。それがピーク到達するのは21世紀後半以降であることは間違いないであろう。その終焉がグローバルなレベルで大きな制御不可能な状況を引き越すことも想像に難くない。その後、新しい社会システムが徐々に形成されていくことになろう。問題なのはこの過程を制御することで、いかにして持続可能で生態学的に均衡のとれた新しい地球社会システムを作り上げていくのかということであろう。

I　地球社会とオーバーシュート

　1972年に発表されたローマ・クラブの報告書は、ヨーロッパや日本といった先進諸国が経済発展するなかで、その限界を指摘し、長期にわたる持続可能な

---

1) W. Catton, *Overshoot : The Ecological Basis of Revolutionary Change* Urbana : University of Illinois Press, 1980.

生態学的ならびに経済的な安定性を打ち立てることを提起した警告書であった。当時は、経済成長の可能性が限界に到達するということは、21世紀以降の将来のことであるという認識が依然として強く、この警告が現実的なものであるという認識は当時の人々に必ずしも実感されなかった。しかし、それから40年以上経過した今日、その報告書の結論はますます現実味を帯びているように思われる。

「(1)世界人口、工業化、食糧生産、および資源の使用の現在の成長率が不変のまま続くならば、来たるべき100年以内に地球上の成長は限界点に到達するであろう。もっとも起こる見込みの強い結末は人口と工業力のかなり突然の、制御不可能な減少であろう。

(2)こうした成長の趨勢を変更し、将来長期にわたって持続可能な生態学的ならびに経済的な安定性を打ち立てることは可能である。この全般的な均衡状態は、地球上のすべての人の基本的な物質的必要が満たされ、すべての人が個人としての人間的な能力を実現する平等な機会をもつように設計しうるのである。

(3)もし世界中の人々が第1の結末ではなくて第2の結末にいたるために努力することを決意するならば、それを達成するために行動を開始するのが早ければ早いほど、それに成功する機会は大きいであろう。」[2]

このようにローマ・クラブの報告書『成長の限界』は、世界システムにおける成長の限界について言及し、持続可能な生態学的・経済的安定性の構築を謳っている。さらに現在の世界システムの均衡を阻害する要因としての負のフィードバック・ループに関して、以下のように説明している。

「われわれは、正のフィードバック・ループがなんの制約もなしにはたらく

---

2) ローマ・クラブ『成長の限界』大来佐武郎監訳、ダイヤモンド社、1972年、11頁。

と、幾何級数的成長を生じるということを見てきた。世界システムにおいて、2つのフィードバック・ループが現在支配的であり、それが人口と工業資本の幾何級数的成長をつくり出している。いかなる有限のシステムにおいても、幾何級数的成長をとめるようにはたらく制約が存在するはずである。その制約というのは負のフィードバック・ループである。負のループは、成長がシステムの環境の究極の限界、すなわち生命維持能力の限界に近づくにつれ、しだいに強くなる。最後には、負のループが正のループとバランスするか、あるいはこれに打ち勝って成長は終わりを告げる。世界システムにおける負のフィードバック・ループは、環境の汚染、天然資源の枯渇、飢餓などのプロセスを含んでいる。」[3]

　今日では、負のフィードバック・ループはさまざまな場面で現れており、具体的には化石燃料の枯渇、気候変動、放射能汚染、食糧不足、そして水不足などである。化石燃料の可採年数に関しては、ピーク・オイルの時代が到来し、石油が40年、天然ガスが60年といわれており、これらにシェールガスなどの非在来型の石油を加えると石油の可採年数は増えるとしても、今世紀後半には枯渇する可能性が高いだろう。原子力発電の原料であるウランの可採年数は100年ほどであるので、ウラン自体は今世紀で枯渇する可能性があり、原発自体が世界で今後100年しか持続できず、再生可能エネルギーへの転換がますます拡大することになろう。しかし、その反面、人類は多くの放射性汚染と放射性廃棄物という負のフィードバック・ループに直面することになる。

　食料と水に関しての将来的な見通しについては、暗澹たる将来像しか描けないというのが現実であろう。世界食糧農業機関（FAO）は2011年に、『気候変動・水・食料安全保障』という報告書を出し、そのなかで気候変動が食料生産あるいは食料安全保障に大きな影響を与える点を指摘している。

　3）　ローマ・クラブ『成長の限界』、139-140頁。

「将来、食糧安全保障戦略はより複雑になるだろう。高温化は水需要を高め、降雨量が減少するところでは、多くの人々は食糧の安定を確保し生計を維持するために灌漑をさらに拡大しようとする。同時に、灌漑に向けられる水供給は変動しやすく、世界の多くの場所で減少するだろう。安定した食料供給へのアクセスにおける衡平性を達成する必要性から、これまで以上に新しい農業への需要が高まるだろう。灌漑は世界の耕地面積の20％で行われているにすぎないので、その恩恵を享受してこなかった多くの貧しい人々が存在してきた。生存可能な水の生態系を維持する必要性という点からみて、とりわけ貧しい人々が水資源に依存しているところでは、その水資源の重要性は高まるだろう。」[4]

2013年現在、世界人口は71億人であり、国連が同年6月に発表した人口推計では、2050年までに世界人口は96億人に達し、先進諸国では現在とほぼ同じに推移するのに対して、アフリカなど途上国の人口は59億人から82億人に増える可能性があるという。このことから今世紀後半以降に世界人口が100億人に達することは確実視されている。なかでも途上国では食糧と水の供給という点から見て、人口増加による影響は計り知れないものがあり、食糧価格の高騰による人口移動、餓死者の増加、さらに食料と水資源をめぐる地域紛争が激化することは容易に予想されるところである。

したがって今後、農業、産業、生活の各方面での水資源の需要がますます増大すれば、利用可能な淡水量の供給量が世界的に減少することは確実となろう。IPCCが2008年に出版した『気候変動と水』[5]によると、水資源の利用可能性に対する気候変動上のもっとも大きな要因は降水量、気温、蒸発という要因で、これらのなかで気温がとくに重要となるのは雪どけ水に依拠する流域地帯や沿岸地域であり、後者の場合は海面上昇への影響が大きい。地表面に流れる

---

4) FAO, *Climate Change, Water and Food Security*, Rome, 2011, p.5.
5) IPCC, *Climate Change and Water*, IPCC Technical Paper VI, 2008, p.38. [以下 Ipcc (2008)]

表1　気候変動と干ばつ・洪水

時期区分	水の利用可能性と旱魃	洪水
2020s	北欧の毎年の流去水は15%まで増加し、南欧では23%まで減少	北欧と欧州全体の突発的洪水のリスクは冬期に増大。
2050s	南欧と東欧で毎年の流去水は20〜30%減少	
2070s	北欧の毎年の流去水は30%まで増加、南欧は36%まで減少	今日の100年に一度の洪水が北欧と北東ヨーロッパで頻発

出所：IPCC (2008), p.94より作成

河川の流去水に関しては、増加すると予測されるものの、水を確保し貯水するための適切なインフラがなければ、増加した水を十分に利用できないとしている。洪水に関しては、21世紀を通じて降水量がほとんどの地域で増加するために、突発的な洪水や都市部での洪水のリスクに影響を与えるとする一方、旱魃に関しては、その影響は増大し、とりわけ大陸の中央部においては夏の季節に旱魃の大きなリスクを伴うとしている[6]。

淡水生態系が気候変動に対して脆弱であるということは、国家的あるいは国際的な水資源管理を必要としているということである。現在、世界は「統合的水資源管理」というパラダイムに基づくことが求められており、こうした動きは、水資源と生態系としての水資源問題を政策決定の中心的な場面に置いてきたとしている。水資源の供給に関しては、気候変動のコストが地球的レベルでその便益を上回るとしているが、その理由の1つは、降水量が増加し、洪水が増加し、旱魃が予測されるためである[7]。

他方、IPCCの『気候変動と水』は、淡水資源に影響を与える気候変動以外の推進力が人口、食糧消費、経済、科学技術、生活スタイル、淡水生態系の価値に関する社会的見解であるとしている[8]。帯水層からの地下水の汲み上げに依存している農業は、帯水層の水資源を減少させており、これは気候変動とは直接的には関連しない要因の1つであろう。アメリカの穀物生産に水を供給し

---

6) IPCC (2008), p.42.
7) IPCC (2008), p.44.
8) IPCC (2008), p.43.

ている中部のオガララ帯水層は、近年、大規模な灌漑のために揚水量が増加し、現在の利用量を減らさないかぎり、向う50年以内に枯渇するだろうという予測も出ている。このことから、P・グリックたちは「ピーク・ウォーター」という用語を使い、とりわけ地下水に依存している地域では、その利用のピークが存在するとしている[9]。

このように、気候変動と水資源の利用可能性の減少、旱魃と洪水は、世界システムにおける負のフィードバック・ループの1つとして作用するだろう。気候変動は、ローカルな場面では、水資源の再生可能性に大きな影響を与えている。氷河の融解水に依存している地方のコミュニティは、温暖化によって氷河が消滅すれば、河川の水を利用できなくなる。ここでも「ピーク・ウォーター」の問題が深くかかわってきている。

II 水資源の利用とピーク・ウォーター

すでに触れたように、FAOやIPCCの報告書は、将来的に気候変動によって降水量は増加する一方、世界的な旱魃や洪水が増加するという予測を立てている。他方で、人間社会が利用できる水の量は、増加するのであろうか、それとも減少するのであろうか。

P・グリックの「ピーク・ウォーター」という概念は、石油資源をめぐるピーク・オイルという概念から類推したものであるということができるが、もちろんそれとは異なる性格をもっている。石油はその埋蔵量が限定され消費することによって枯渇するが、水は利用されても再び循環する再生可能な資源であって、それ自体は枯渇するものではない。その意味で、水資源はグローバルなレベルで枯渇することはなく、したがってピークに達することはないだろう[10]。このためにグローバルな場面での「ピーク・ウォーター」という考え方

---

9) M. Palaniappan and P. H. Gleick, Peak Water, in : P. H. Gleick, *The World's Water* 2008-2009, Island Press, 2009, pp.1-16.［以下 Gleick (2009)］

10) Gleick (2009), p.9.

第7章　グローバル化と世界の水資源　185

図1　ピーク・ウォーターの曲線

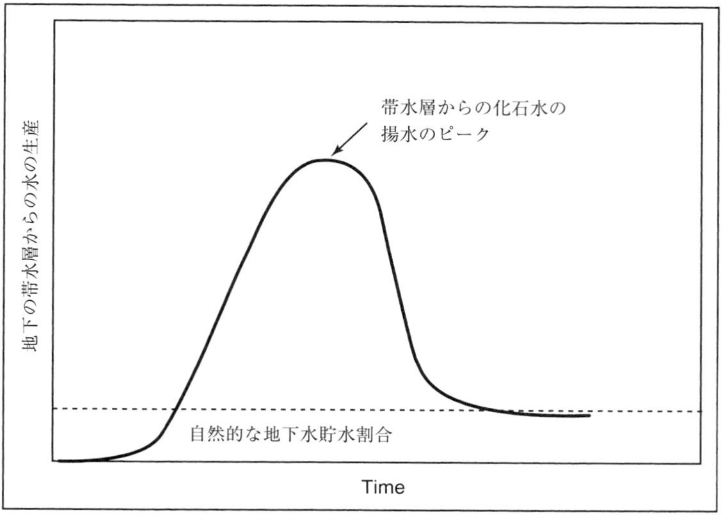

（グラフ：縦軸「地下の帯水層からの水の生産」、横軸「Time」。山型の曲線の頂点に「帯水層からの化石水の揚水のピーク」の注記。低い位置の点線に「自然的な地下水貯水割合」の注記）

出所：Gleick (2009), p. 10

は誤っているということができる。

　しかし、P・グリックによれば、「ピーク・ウォーター」という概念は、一定の仕方では適用可能であるという。ほとんどの流域においては、降雨、河川の流れ、雪解け水などで水の再生可能な流れが存在するが、化石水あるいは帯水層の水といった水のストックは再生可能ではない。地下の化石水は、何千年もかけて蓄積されたものであり、その自然的な貯水の時間は緩やかである。地下の帯水層からの水利用が自然的な貯水の時間をはるかに上回れば、地下水のストックはただちに枯渇してしまう[11]。ストックが一定の地下の化石水の場合、それを汲み上げると枯渇するのは明らかであり、したがってそこに石油と同じように「ピーク・ウォーター」を設定することが可能である（図1参照）。

11) Gleick (2009), p.10. アメリカの中部に存在するオガララ帯水層の広さは45万km²で、それが位置しているグレートプレーンズはアメリカ合衆国で有数の穀倉地帯となっている。現在のペースで水を利用すると、将来的に枯渇する可能性があるという。世界中の帯水層もこうした状況にあり、その意味では「ピーク・ウォーター」という概念は帯水層に関して有効である。

帯水層からの揚水は経済的なコストの面で入手可能な時点まで継続され、その後急速に低下する。しかしその場合、重要な点は、取水がゼロに至ることはなく、再生可能な貯水が可能になる時点まで続き、そこでは経済的にも物理的にも持続可能な揚水が可能となるということである。

　水資源は他の資源と同様に、地球上において偏在しており、水資源の多い地域においては、穀物生産や綿花生産など農業が盛んであることはいうまでもない。これらの地域の農業はおもに灌漑農業であり、その灌漑水は基本的には河川水か地下水に依存するケースが一般的である。そのため世界の灌漑農業においては、水不足を来すというケースが広く見られる。この点に関しては、F・ピアスは、『水の未来』（原題は『川が干上るとき』）という著作のなかで以下のように述べている。

　「地下水の農業利用は、2つの原因から生まれた大きな改革だった。原因の1つは、河川から取水して農民が必要とする水をまかなおうと政府がつくった灌漑システムの失敗。もう1つは、従来の手掘り井戸よりも深くまで掘ることを可能にし、そこから水を汲み上げる日本製の安いポンプを買えるようにした、安価な掘削技術の進歩である。

　公式の統計はほとんどないし、集める方法もない。だが、インド、中国、パキスタンの3カ国だけでも、新しい手押しポンプ井戸から年間に400km³ほどの水を汲み上げている。この数字は、全世界で農業用に使われている地下水の半分以上を占める。彼らは目先の必要のために大陸の水資源を枯渇させようとしている。

　毎年、1億人ほどの中国人が、雨水で補充されない地下水で育てた作物を食べていると思われる。インドでも、2億人ほどが同じことをしている。国内の小麦の90％を生産しているパキスタンのパンジャブ州では、インダス川からの灌漑用水が減った分を地下水に頼る農家が増えている。地下水の取水量が帯水層への涵養量を30％もうわまわり、地下水面は1年に1mから2mも低下している。」[12]

---

12) F・ピアス『水の未来』古草秀子訳、日経BP社、2008年、102-3頁。[以下ピア

いうまでもなく、地下水の大量の取水は、中国やインドに限ったことではなく、世界中で起っている現象であり、しかも取水量が涵養量を上回るのが通常である。ベトナム、インドネシア、イラン、バングラデシュなど人口の多いアジア諸国では、競って井戸を掘り、地下水に頼る国ぐにが増えている。しかし、この傾向はアジア諸国にとどまらず、メキシコ、アルゼンチン、ブラジル、サウジアラビア、そしてモロッコなどにも波及している。そして、河川水の減少によって、地下水が世界で使われる水の3分の1を占めているという[13]。

　ところで、取水量が涵養量を越えるところでは、P・グリックのいう「ピーク・ウォーター」の時点が出現する可能性は高いといえるが、この影響は降水量の多い地域と少ない地域、あるいは涵養量が多い地域と少ない地域では異なり、厳密な概念とはいえない。そこでP・グリックは、「ピーク・エコロジカル・ウォーター」という概念を用いて、水によって提供される生態的サービスと、水によって提供される人間的サービスの交差点としてその概念を説明している。

　水資源の提供プロジェクト（たとえばダム、飲料水、灌漑など）が流域における水資源の提供を増加させるにともない、水によって提供される生態的なサービス（たとえば植物と動物のための水）は低下する。一定の理論的な段階で、水によって提供される生態的なサービスの価値は、水によって提供される人間的なサービスの価値と等価となる。この理論的な段階の後、人間による水の占有の増大は、これが人間に提供する価値を越えて生態的な破壊を導くに至る。この生態的なサービスの低下の傾斜は、人間的な価値の増大の傾斜よりも大きい。いってみれば、水によって享受する人間の便益よりも、水不足あるいは水質汚染によってもたらされる生態的な破壊の方がはるかに大きいということであろう。

　「ピーク・エコロジカル・ウォーター」の段階では、社会は水によって提供

　　ス（2008）]
[13]　ピアス（2008）、104頁。

される生態的な便益と人間的な便益を最大化しようとする。P・グリックがいうように、「ピーク・エコロジカル・ウォーター」の段階を決定することは、その定量化において難しく、むしろ主観的に決定される段階であるかもしれない。それにもかかわらず、人間社会はどのくらいの生態的な破壊が人間的なニーズを満たすために受け入れ可能なのかを決定する。重要な点は、人間による水の専有が増大するにつれて、この水が提供する生態的なサービスが減少するということである。このことは、人間が水を使いすぎると、環境に対してどのような影響を与えるのかを考えてみるとわかりやすいだろう。ある地域の地下水の多量の汲み上げは、植生を変化させ、周辺の動植物へ影響を与え、最終的には砂漠化を引き起こすかもしれない。グリックの問題関心は、人間と水環境のバランスが崩れる段階を「ピーク・エコロジカル・ウォーター」という考え方で捉えようとするところにある。しかしながら、この概念は抽象的かつ主観的な要素が多く含まれているために、水資源の現状を把握するうえでは不十分であるといわざるをえない。

Ⅲ 国際貿易とバーチャル・ウォーター

　気候変動は、今後、地球環境に甚大なる影響を与えることになるうえに、途上国の経済発展と人口増加がさらに地球環境の悪化に拍車をかけることになろう。すでに触れたように、気候変動は世界の水問題にも深刻な影響を与え、人口増加と相まって地球的レベルでの食料不足を引き起こす可能性も高い。世界で水不足に直面している地域は枚挙にいとまがないくらい多く、その深刻さの度合いは年々高くなっているといってよいだろう。しかしながら、水の稀少な地域でもなんとか食料を確保することができるのは、世界経済における自由貿易システムのためである。

　水不足は食糧不足と密接に関連し、現在の世界経済における貿易システムが機能しなければ、世界の水不足の地域においては食糧供給すら不可能になるだろう。現在の世界システムにおける貿易は水の存在する地域から水のない地域

に食糧という形でバーチャル・ウォーターを提供している。その意味では、人間生活において、資源はグローバルな領域で限界に達し、水不足の地域ではその住民を養うだけの食糧を確保することが困難となっている。このような状況を反映して、バーチャル・ウォーター論がこのような状況を説明する概念として注目されている。すなわち、水資源の豊かな地域から水不足の地域へとバーチャル・ウォーターという形で水を移転しており、このことがグローバルな視点からみて水資源のグローバルな配分を実現しているという考え方がそれである。歴史的にみても、食糧供給は世界システムのなかの分業構造のなかで行われており、古代のギリシア時代には、肥沃な土壌を失っていたアテネは、植民地化した北アフリカ地域から小麦をはじめとする穀物を輸入し、近代以降も、世界システムの中心を担っていたイギリスは、三角貿易によって砂糖や綿花などを海外から輸入し、穀物法廃止によってさらに穀物輸入を増加させた。

　バーチャル・ウォーターという用語は、中東および北アフリカ地域（MENA）の水問題の研究者であるJ・アランによって精緻化された概念で、「穀物商品に埋め込まれた水」として捉えられる[14]。世界でも深刻な水不足に悩んでいるMENA地域は、世界貿易というネットワークのなかで穀物を調達している。アメリカとEUはMENA地域に毎年4,000万トンの穀物を輸出しているとされ、これに含まれるバーチャル・ウォーターの量は400億トンで、ナイル川の水がエジプトに流れるのと同じくらいの水量であるとされる[15]。ヨルダン川やナイル川といった河川を抱えるMENA地域における紛争の大きな原因の1つが水問題であることを考えると[16]、これらの国々の政治にとっては穀

---

14) J. A. Allan, Policy Response to the Closure of Water Resources : Regional and Global Issues, in : P. Howsam and R. Carter (ed.), *Water Policy : Allocation and Management in Practice*, London, 1996, p.3-12. J. A. Allan, Virtual Water : Strategic Resources, Global Solution to Regional Deficits, in : *Ground Water*, 36 (4), 1998, pp.545-546.

15) Allan (1998), p.545.

16) この点に関しては、第5章「ヨルダン川流域のハイドロポリティクス」を参照されたい。

物の輸入が間接的に水問題を潜在化させているといってよいかもしれない。逆にみると、アメリカやEUからの穀物輸出は、MENA地域の紛争回避のための戦略として機能しているとみることも可能であろう。たとえば、ヨルダンは年間50億立法メートルから70億立方メートルのバーチャル・ウォーターを輸入しているが、その数字は毎年国内から引き出される10億立法メートルの水量とは対照的となっており、このことはヨルダンの国民はアメリカといった国々から水集約的な商品を輸入することで生活しているということである[17]。

アランはこのMENA地域の水不足におけるバーチャル・ウォーターの政治的・経済的意味に関して、以下の3点を指摘している。

第1に、バーチャル・ウォーターが政治的に重要であるのは、それによって政治的リーダーシップが水不足に直面することを回避することができるからである。「バーチャル・ウォーターは、経済的な問題の解決と同時に政治的な解決を提供している。水が政治的にみて戦略的なものであるのは、この地域の人々が旱魃にもかかわらずこれまでの歴史のなかで需要を満たすために必要な十分な水を有しているからであり、MENAの国々は将来的にも十分な水があると信じている。指導者にとって、これらの信念に矛盾することは統治に不適格であることを認めることに等しいだろう。バーチャル・ウォーターという形の全体的にみて効果的ではあるが不明確な解決の利用は、これ以上によいタイミングはない。」[18]

第2に、穀物に埋め込まれているバーチャル・ウォーターは、その生産コスト以下で取り引きされているということである。「穀物価格は約1世紀のあいだに世界市場では下落している。1996年に1トン当たり240ドルに急騰した価格は1997年に1トン当たり140ドルに下落した。小麦の1トン当たりの生産価格は約200ドルである。穀物輸出国は、補助金を受けた取引を行っている。水

---

17) A. Y. Hoektra and A. K. Chapagain, *Globalization of Water*, Blackwell, 2008, p.2. [以下 Hoektra and Chapagain (2008)]
18) Allan (1998), p.546.

不足の国は予想できないほどの有利な価格で埋め込まれたバーチャル・ウォーターにアクセスすることによって二重の利益を得ている。」[19]

　第3に、バーチャル・ウォーターは水危機が水戦争になることを回避させているということである。「水不足の解消が埋め込まれた水を含む補助金を与えられた高価ではない穀物を輸入することによって容易にもたらされるならば、破壊的なほど高価な軍事紛争に訴える必要はない。」[20]

　このように、アランの研究はバーチャル・ウォーターという概念を手がかりにして、中東の水不足問題の部分的な解決を考察したものであるが、これはMENA地域にとどまらず、水不足に直面している他の地域においても同じような性格をもっているといえよう。しかし、問題なのは、グローバルな国際貿易システムのなかで穀物を輸入することが困難な国々、たとえばサハラ以南のアフリカ諸国は、バーチャル・ウォーターを輸入する能力も資源を持ち合わせていないということである。したがって、この問題は究極的には、資本主義世界経済としての世界システムにおける中心と周辺との格差に由来するものであり、半周辺諸国が多いMENAの国々が概して世界貿易からバーチャル・ウォーターの恩恵を受けることができるのに対して、周辺国はその恩恵に与ることができないというところにある。

　一般に、バーチャル・ウォーターという用語は、生産物を生産するために必要な水として定義されるが、ここでの必要な水というのはもちろん実際的に利用された水ではなくて、その意味では文字通り仮想水である。このバーチャル・ウォーターの実質的な中身に関しては、バーチャル・ウォーターは生産するために利用される水量であり、それは生産物が実際に生産される場所で測定されるとされる[21]。

　それではバーチャル・ウォーターの実質的な中身はどのように測定されるのだろうか。A. Y. HoektraとA. K. Chapagainは、穀物収穫量（ton/ha）によって

---

19)　Allan (1998), p.546.
20)　Allan (1998), p.546.
21)　Hoektra and Chapagain (2008), p.9.

分けられる農地レベル（㎥/ha）での穀物での穀物の水利用で計算されるとしている[22]。穀物と畜産物を比較した場合、畜産物の方がバーチャル・ウォーターの量が多い。この理由は、生きた動物は多くの穀物を消費し、水を飲み、その飼育においても多くの水供給を受けるからである。牛肉の場合、一頭の牛からから200kgの牛肉が生産されるには平均して3年がかかるが、この期間、その牛はほぼ1,300kgの穀物（小麦、カラスムギ、大麦、トウモロコシ、乾燥エンドウ、大豆、他の穀物）を消費し、7,200kgの粗飼糧（牧草、乾草、サイレージ（サイロの飼糧）他の粗飼料）を消費し、24㎥の水を飲み、世話のために7㎥の水を消費する。このことは、1kgの牛肉を生産するために、6.5kgの穀物、36kgの牧草、115㎥の水が必要である。その飼糧を生産するためには平均して15,340㎥の水が必要となる[23]。われわれの日常生活における食料品に含まれるバーチャル・ウォーターの量についてみると、1個のハンバーガーには2,400リッターの水が含まれ、その大部分は牛肉が占めている。1杯のミルクには200リッターの水、一杯のワインには120リッターの水、1杯のビールには75リッターの水が含まれている。

　表2は、生産物の単位当たりのバーチャル・ウォーターの量であり、表3は、世界主要国における農業生産物の平均的なバーチャル・ウォーター量である。日本の農業生産物に関しては、日本産の農産物は全般的にみて、平均してバーチャル・ウォーター量が少ないことがわかる。このことは日本のコメ生産においては水を効率的に利用しているということである。

　バーチャル・ウォーターの研究領域においては、世界貿易を通じたバーチャル・ウォーターの流れについての研究が多くなされるようになってきた[24]。バーチャル・ウォーターのグローバルな流れの総量は、年間、約1-2兆㎥の範囲にあるといわれており、このことは地上の降水量の1-2％が輸出のため

---

22) Hoektra and Chapagain (2008), p.10.
23) Hoektra and Chapagain (2008), p.13.
24) バーチャル・ウォーターの流れに関しては、以下を参照。A. Y. Hoektra and P. Q. Hung, *Virtual water trade: A quantification of virtual water flows between nations in*

表2　生産物の単位当たりのバーチャル・ウォーターの量（世界的平均）

生産物	バーチャル・ウォーター含有量（リッター）
1シートのA4の紙	10
1個のトマト（70g）	13
1個のジャガイモ（100g）	25
1カップの紅茶（250ml）	35
1切れのパン（30g）	40
1個のオレンジ（100g）	50
1個のリンゴ（100g）	70
1杯のビール（250ml）	75
チーズ（10g）付きパン（30g）	90
1杯のワイン（125ml）	120
1個のたまご（40g）	135
1杯のコーヒー（125ml）	140
1杯のオレンジジュース（200ml）	170
1袋のポテトチップス（200g）	185
1杯のリンゴジュース（200ml）	190
1杯のミルク（200g）	200
1個のハンバーガー（150g）	2,400
1足の靴（牛革）	8,000

出所：Hoektra and Chapagain (2008), p.14.

の商品生産に利用されているということを意味する[25]。この水量は、コンゴ川、オリノコ川、黄河、ガンジス川といった巨大河川の毎年の水量に匹敵するか、あるいはそれ以上のものである。

　Hoektra と Chapagain の研究によると[26]、1997～2001年の期間の国際的なバーチャル・ウォーターの流れは平均して年間1兆6250億m³と見積もられ、また国内生産物の輸出に関連するバーチャル・ウォーターのグローバルな量は、

---

relation to international crop trade. Value of Water Research Report Series, No. 11, UNESCO-IHE, Deft, 2002, A. Y. Hoektra (ed.), *Virtual water trade : Proceedings of the International Expert Meeing on Virtual Water Trade*, Value of Water Research Report Series, No. 12, 2003, A. [以下 Hoektra (2003)] Y. Hoektra and P. Q. Hung, Globalization of water resources : International virtual water flows in relation to crop trade, in : *Global Environmental Change*, 15 (1), 2005, pp.45-56.

25) Hoektra and Chapagain (2008), p.19.
26) Hoektra and Chapagain (2008), p.22.

表3 世界主要国の農業生産物における平均的バーチャル・ウォーターの量 (㎥/ton)

生産物	アメリカ	中国	インド	ロシア	ブラジル	日本	世界平均
コメ（籾米）	1,275	1,321	2,850	2,401	3,082	1,221	2,300
コメ（玄米）	1,656	1,716	3,702	3,118	4,003	1,586	3,000
コメ（白米）	1,903	1,972	4,254	3,584	4,600	1,822	3,400
小麦	849	690	1,654	2,375	1,616	734	1,300
トウモロコシ	489	801	1,937	1,285	1,180	1,493	9,00
大豆	1,869	2,617	4,124	3,933	1,076	2,326	1,800
サトウキビ	103	117	159	—	155	120	175
綿花	2,535	1,419	8,264	—	2,777	—	3,600
綿布	5,733	3,210	18,694	—	6,281	—	8,200
大麦	702	848	1,966	2,359	1,373	697	1,400
モロコシ	782	863	4,053	2,382	1,609	—	2,850
ココナッツ	—	749	2,255	—	1,590	—	2,550
キビ	2,143	1,863	3,269	2,892	—	3,100	4,600
コーヒー（青豆）	4,864	6,290	12,180	—	13,972	—	17,000
コーヒー（焙煎）	5,790	7,488	14,500	—	16,633	—	21,000
紅茶	—	11,110	7,002	3,002	6,592	4,940	9,200
牛肉	13,193	12,560	16,482	21,028	16,961	11,019	15,500
豚肉	3,946	2,211	4,397	6,947	4,818	4,962	4,850
ヤギ肉	3,082	3,994	5,187	5,290	4,175	2,560	4,000
羊肉	5,977	5,202	6,692	7,621	6,267	3,571	6,100
鶏肉	2,389	3,652	7,736	5,763	3,913	2,977	3,900
卵	1,510	3,550	7,531	4,919	3,337	1,884	3,300
ミルク	695	1,000	1,369	1,345	1,001	812	1,000
粉ミルク	3,234	4,648	6,368	6,253	4,654	3,774	4,600
チーズ	3,457	4,963	6,793	6,671	4,969	4,032	4,900
皮革（牛）	14,190	13,513	17,710	22,575	18,222	11,864	16,600

出所：Hoektra and Chapagain (2008), p.14.
　注：インドネシア、オーストラリア、メキシコ、イタリア、オランダは省略している。

約1兆2000億㎥である。さらに、年間7兆4500億㎥の全体的なグローバルな水利用（ブルー・ウォーターとグレイ・ウォーターの総量）に関しては、このことはグローバルな水利用の16％が国内消費のためでなく、輸出のために利用されていることを意味し、農業部門では、水利用の15％が輸出生産物の生産に利用され、工業部門では34％である（表4参照）。

そして、バーチャル・ウォーターの大量の「水輸出国」はアメリカ、カナダ、フランス、オーストラリア、中国、ドイツ、ブラジル、オランダ、アルゼンチンであり、大量の「水輸入国」はアメリカ、ドイツ、日本、イタリア、フ

表4 国際的なバーチャル・ウォーターの流れと部門別のグローバル・ウォーターの利用（期間は1997-2001年）

	バーチャル・ウォーターの総量			
	農業生産物関連	工業製品関連	国内取引関連	全体
国内生産物の輸出に関連したバーチャル・ウォーター（10^9m^3／年）	957	240	0	1,197
輸入生産物の再輸出に関連したバーチャル・ウォーター（10^9m^3／年）	306	122	0	428
全体的なバーチャル・ウォーター（10^9m^3／年）	1,263	362	0	1,625
	部門別水利用			
	農業部門	工業部門	国内部門	全体
グローバルな水利用（10^9m^3／年）	6,391	716	344	7,451
国内ではなく輸出に利用される世界の水利用（％）	15	34	0	16

出所：Hoektra and Chapagain (2008), p.23.

ランス、オランダ、イギリス、中国である。バーチャルな形態での「水輸入」は、実質的に1国の「水供給」に貢献している。たとえば、オランダは毎年の降水量に等しい量のバーチャル・ウォーターを輸入し、ヨルダンはバーチャルな形態で毎年の再生可能な水資源の5倍もの量の水を輸入しているからである[27]。

アメリカとカナダのバーチャル・ウォーターの「輸出」は、それぞれ穀物と大豆、穀物と家畜製品であるのに対して、アルゼンチンとブラジルからの輸出は、動物の飼料として利用される大豆である。ブラジルでは、コーヒーと茶の輸出がその全体的なバーチャル・ウォーターの輸出にとって重要になっている。バーチャル・ウォーターの輸入の大部分を占める地域は、ヨーロッパ、日本、メキシコ、北アフリカ、アラビア半島である。ヨーロッパのなかでも、フランスは穀物を輸出している例外的なケースである[28]。

このように、バーチャル・ウォーターという概念は、世界の水資源の分布と世界貿易を通じたその配分に関する見取り図を示唆するうえでは有効な概念であり、現代において水不足および食料不足に陥っている地域の問題を考えるう

---

27) Hoektra and Chapagain (2008), p.22.
28) Hoektra and Chapagain (2008), pp.22-23.

えでも示唆的であるということもできる。すでに言及したように、アランの研究は、MENA地域におけるバーチャル・ウォーターによる戦争回避の可能性を探るものであり[29]、ヨルダン川流域諸国の食料輸入がこの地域の紛争の潜在化に大きな役割を果たしているとしている。

他方、バーチャル・ウォーターがグローバルな水節約に貢献しているというHoektraとChapagainの研究が示唆している点は、輸出生産物を生産するための実際的な水利用が年間1兆2,500億トンであるとすれば、かりに輸入国が国内で輸入生産物を生産した場合、全体で年間1兆6,000億m^3の水が必要となり、このことは、農業生産物の貿易によるグローバルな水の節約は3,500億m^3であるということを意味しているということである。したがって、農業生産物における国際貿易に伴う平均的な水の節約は、22％である。農業生産物に利用されるグローバルな水量は、年間6兆4,000億m^3である。貿易がなければ、すべての国は国内的に生産物を生産しなければならず、世界の農業における水利用は、6兆4,000億m^3の代わりに6兆7,500億m^3となる。このように国際貿易は、農業におけるグローバルな水利用を5％削減する[30]。

Ⅳ　世界経済とウォーター・フットプリント

M・ワケナゲルとW・リースは、「エコロジカル・フットプリント」という概念を用いて、ある経済システムに流入して出ていくエネルギーと物質のフローを面積で表現する方法を導入した[31]。いいかえれば、この概念は環境への負荷を計測する方法であり、現在のレベルの資源消費と廃棄物を維持するために必要な土地面積のことである。これに対して、エコロジカル・フットプリン

---

29) J. A. Allan, Virtual water eliminates water war? A case study from the Middle East, in: A. Y. Hoektra (2003), p.137-145.
30) Hoektra and Chapagain (2008), p.42.
31) M. Wakenagel and W. Rees, *Our ecological footprint: Reducing human impact on the earch*, New Society Publishers, 1996.（『エコロジカル・フットプリント』和田善彦監訳・解題、池田真里訳、合同出版、2004年）

トという概念とのアナロジーによって展開されてきたウォーター・フットプリントという概念は、国民によって消費される財とサービスの生産のために利用される淡水の全体量として定義される[32]。バーチャル・ウォーターが特定の生産物を生産するために必要な水量であるのに対して、ウォーター・フットプリントは国民が財とサービスを消費する際の水量を示す概念である。ウォーター・フットプリントは、この点で国内的なウォーター・フットプリントと国外のウォーター・フットプリントという2つの部分から成る。

国内的なウォーター・フットプリントは、国民によって消費される財とサービスの生産に利用される国内の水資源量として定義され、一国の国内的な水資源から他国へのバーチャル・ウォーターの輸出量を差し引いた全水量に等しい。国外のウォーター・フットプリントは、当該国の国民によって消費される財とサービスを生産するために他国で利用される毎年の水資源量として定義される。[33] グローバルなウォーター・フットプリントは、7兆4,500億m³／年であり、それは1人平均では1,240m³／年である。世界における人類のグリーン・ウォーター（雨水）のフットプリントは5兆3,300億m³／年であるのに対して、ブルー・ウォーター（淡水）のフットプリントは2兆1,200億m³になる。これらのグリーン・ウォーターのすべては農業生産に利用される。ブルー・ウォーターは、農業生産物（50％）、工業製品（34％）、家庭用水（16％）に利用される。[34]

グローバルなウォーター・フットプリントの規模は、おもに食糧の消費と他の農業部門によって決定される。穀物生産のために世界で利用される全体的な水量は、6兆4,000億立方メートルである。そのなかで大きな割合を占めているのはコメであり、全体の21％となっており、以下、小麦12％、トウモロコシ9％、大豆4％、サトウキビ・綿花・大麦・サトウモロコシの3％となっている（表5参照）。

---

32) Hoektra and Chapagain (2008), p.51.
33) Hoektra and Chapagain (2008), p.54.
34) Hoektra and Chapagain (2008), p.55.

表5 世界の穀物生産における水利用の割合

穀物の種類	割合（％）
コメ	21
小麦	12
トウモロコシ	9
大豆	4
サトウキビ	3
綿花	3
大麦	3
サトウモロコシ	3
ココナッツ	2
キビ	2
その他 コーヒー アブラヤシ 殻つきナッツ キャッサバ 生ゴム ココア豆 ジャガイモ 他の穀物	 2 2 2 2 1 1 1 26

穀物生産に利用される全体水量：6兆4000億㎥／年
出所：A. Y. Hoektra and A. K. Chapagain, *Globalization of Water*, Blackwell, 2008, p.59より筆者作成。

　ウォーター・フットプリントの国別の水資源消費量に関しては、上位8カ国にインド (978.38)、中国 (883.39)、アメリカ (696.01)、ロシア (270.98)、インドネシア (269.96)、ナイジェリア (248.07)、ブラジル (233.59)、パキスタンが (166.22) 入り、グローバルなウォーター・フットプリント全体 (7,452) の50％を占めている（表6参照）[35]。これらのなかでいわゆるBRICs諸国の比率が高くなっているが、今後、これらの諸国がさらに経済発展を遂げると水消費の割合も増加することになる。ウォーター・フットプリントの規模とその構成は、

---

35) Hoektra and Chapagain (2008), p.58. 因みに、日本は146.09（単位は10^3㎥/yr）という数字になっている。

表6　世界各国の水資源量とウォーター・フットプリント（1997－2001）

国名 (アルファベット順)	人口（千人）	GNI (1人当たり/ドル)	ウォーター・フットプリント (家庭、農業、工業の消費量)		
			全体 ($10^9 m^3$/yr)	一人当たり (m^3/cap/yr)	国内／国外 (m^3/cap/yr)
アフガニスタン	26,179	410	17.29	660	642 / 18
アルバニア	3,131	4,090	3.84	1,228	879 / 349
アルジェリア	30,169	5,265	36.69	1,216	812 / 405
アンゴラ	12,953	5,230	13.00	1,004	887 / 118
アルゼンチン	36,806	11,576	51.66	1,404	1312 / 91
アルメニア	3,131	3,360	2.81	898	688 / 209
オーストラリア	19,072	66,289	26.56	1,393	1,141 / 252
オーストリア	8,103	32,400	13.02	1,607	594 / 1013
アゼルバイジャン	8,015	5,290	7.83	977	813 / 165
バーレーン	647	15,920	0.77	1,184	243 / 941
バングラデシュ	129,943	770	116.49	896	865 / 32
バルバドス	267	12,660(09)	0.36	1,355	607 / 748
ベラルーシ	10,020	5,820	12.74	1,274	900 / 372
ベルギー／ルクセンブルク	10,659	4,6106/7,8130	19.21	1,802	354 / 1,449
ベリーズ	236	3,690	0.39	1,646	1,492 / 154
ベナン	6,192	780	10.91	1,761	1,699 / 62
ブータン	793	2,070	0.83	1,044	920 / 123
ボリビア	8,233	2,040	9.93	1,206	1,018 / 87
ボツワナ	1,658	7,480	1.03	623	340 / 283
ブラジル	69,110	12,340	233.59	1,381	1,276 / 105
ブルガリア	8,126	6,550	11.33	1,395	1,220 / 174
ブルキナファソ	11,138	570	17.03	1,529	1,498 / 30
ブルンジ	6,743	250	7.16	1,062	1,042 / 20
カンボジア	11,885	830	20.99	1,766	1,720 / 45
カメルーン	14,718	1,210	16.09	1,093	1,037 / 56
カナダ	30,650	45,560	62.80	2,049	1,631 / 418
カボヴェルデ	429	3,540	0.43	995	844 / 151
中央アフリカ共和国	3,689	470	4.00	1,083	1,069 / 13
チャド	7,595	690	15.03	1,979	1,967 / 12
チリ	15,113	12,280	12.13	803	486 / 317
中国	1,257,521	5,417	883.39	702	656 / 46
コロンビア	41,919	6,110	34.05	812	687 / 127
コンゴ民主共和国	50,265	190	36.89	734	724 / 10
コスタリカ	3,767	7,660	4.33	1,150	914 / 237
コートジボワール	15,792	1,090	28.09	1,777	1,709 / 69
キューバ	11,175	5,460	19.13	1,712	1,542 / 170
キプロス	755	29,450	1.67	2,208	776 / 1,433
チェコ	10,269	18,520	16.15	1,572	1,114 / 458
デンマーク	5,330	60,390	7.68	1,440	570 / 870
ドミニカ	8,305	5,240	8.14	980	925 / 56
エクアドル	12,528	4,140	15.26	1,218	1,128 / 89
エジプト	63,376	2,200	69.50	1,097	889 / 207
エルサルバドル	6,216	3,805	5.41	870	660 / 210
エチオピア	63,541	400	42.88	675	668 / 3
フィジー	805	3,680	1.00	1,245	1,186 / 58

フィンランド	5,170	48,420	8.93	1,727	1,026/701
フランス	58,775	42,420	110.19	1,875	1,176/699
ガボン	1,214	7,980	1.72	1,420	1,034/385
ガンビア	1,283	610	1.75	1,365	998/367
グルジア	5,271	2,860	4.17	792	743/48
ドイツ	82,169	43,980	126.95	1,545	728/817
ガーナ	19,083	1,410	24.67	1,293	1,240/53
ギリシア	10,551	25,030	25.21	2,389	1,555/834
グアテマラ	11,239	2,870	8.56	762	649/113
ガイアナ	759	2,900	1.60	2,113	1,967/147
ハイチ	7,885	700	6.69	848	840/8
ホンジュラス	6,337	1,970	4.93	778	695/83
ハンガリー	10,123	12,730	7.99	789	661/128
アイスランド	278	35,020	0.37	1,327	510/818
インド	1,007,369	1,410	978.38	980	964/16
インドネシア	204,920	2,940	269.96	1,317	1,183/135
イラン	63,202	4,520	102.65	1,624	1,333/291
イラク	23,035	2,640	30.92	1,342	1,182/160
イスラエル	6,166	28,930	8.58	1,391	357/1,033
イタリア	57,718	35,330	134.59	2,332	1,143/1,190
ジャマイカ	2,564	4,980	2.61	1,016	692/323
日本	126,741	45,180	146.09	1,153	409/743
ヨルダン	4,814	4,380	6.27	1,303	352/951
カザフスタン	15,192	8,220	26.96	1,774	1,752/23
ケニア	29,742	820	21.23	714	644/70
韓国	46,814	20,870	55.20	1,179	449/731
北朝鮮	22,213	−	18.78	845	751/93
クウェート	1,955	48,900	2.18	1,115	142/972
キルギスタン	4,883	920	6.64	1,361	1,356/5
ラオス	5,219	1,130	7.64	1,465	1,426/40
ラトビア	2,383	12,350	1.63	684	391/293
レバノン	4,299	9,110	6.44	1,499	499/1,001
リベリア	3,087	240	4.27	1,382	1,310/73
リビア	5,233	12,320	10.76	2,056	1,294/763
リトアニア	3,519	12,280	3.97	1,128	701/427
マダガスカル	15,285	430	19.81	1,296	1,276/20
マラウイ	10,205	340	13.03	1,277	1,261/16
マレーシア	22,991	8,420	53.89	2,344	1,691/653
マリ	10,713	610	21.64	2,020	2,007/12
マルタ	390	18,620	0.75	1,916	257/1,660
モーリタニア	2,621	1,000	3.63	1,386	1,008/379
モーリシャス	1,180	8,240	1.59	1,351	547/804
メキシコ	97,292	9,240	140.16	1,441	1,007/433
モルドバ	4,284	1,980	6.31	1,474	1,437/37
モロッコ	28,472	2,970	43.60	1,531	1,300/231
モザンビーク	15,507	470	19.49	1,113	1,111/3
ミャンマー	47,451	834	75.49	1,591	1,567/24
ナムビア	1,737	4,700	1.19	683	606/78
ネパール	22,773	540	19.33	849	819/30
オランダ	15,865	49,730	19.40	1,223	220/1,003
ニカラグア	5,007	1,170	4.10	819	706/114

第7章　グローバル化と世界の水資源　201

国					
ナイジェリア	125,375	1,200	248.07	1,979	1,931 / 47
ノルウェー	4,474	88,890	6.56	1,467	576 / 891
オマーン	2,385	19,260	3.83	1,606	382 / 1,224
パキスタン	136,476	1,120	166.22	1,218	1,152 / 65
パナマ	2,832	7,910	2.77	979	745 / 234
パプアニューギニア	5,068	1,480	10.16	2,005	1,005 / 1,000
パラグアイ	5,212	2,970	6.07	1,165	1,112 / 54
ペルー	25,753	5,500	20.02	777	600 / 177
フィリピン	75,750	2,210	116.85	1,543	1,378 / 164
ポーランド	38,653	12,480	42.62	1,103	785 / 357
ポルトガル	9,997	21,250	22.63	2,264	1,050 / 1,214
カタール	573	80,440	0.62	1,087	332 / 755
ルーマニア	22,451	7,910	38.92	1,734	1,541 / 193
ロシア	145,879	10,400	270.98	1,858	1,569 / 288
ルワンダ	7,605	570	8.42	1,107	1,072 / 36
サウジアラビア	20,504	17,820	25.90	1,263	595 / 668
セネガル	9,405	1,070	18.16	1,931	1,610 / 321
シエラレオネ	4,982	340	4.46	896	865 / 31
ソマリア	8,627	220	5.79	671	587 / 83
南アフリカ	42,387	6,960	39.47	931	727 / 202
スペイン	40,418	30,990	93.98	2,325	1,494 / 832
スリランカ	18,336	2,580	23.69	1,292	1,208 / 85
スーダン	30,883	1,300	68.25	2,214	2,196 / 17
スリナム	416	7,640	0.51	1,234	1,166 / 69
スワジランド	1,031	3,300	1.26	1,225	1,009 / 217
スウェーデン	8,868	53,230	14.37	1,621	760 / 861
スイス	7,165	76,380	12.05	1,682	347 / 1,335
シリア	15,994	2,750	29.22	1,827	1,640 / 186
タジキスタン	6,181	870	5.80	939	939 / 0
タンザニア	33,299	540	37.51	1,127	1,097 / 30
タイ	60,488	4,420	134.46	2,223	2,037 / 185
トーゴ	4,457	560	5.69	1,277	1,202 / 75
トリニダード・トバゴ	1,297	15,040	1.35	1,039	566 / 473
チュニジア	9,507	4,070	15.18	1,597	1,328 / 269
トルコ	66,850	10,410	107.95	1,615	1,378 / 237
トルクメニスタン	5,184	4,110	9.14	1,764	1,716 / 49
イギリス	58,669	37,780	73.07	1,245	370 / 876
ウクライナ	49,701	3,120	65.40	1,316	1,256 / 60
アメリカ	280,343	48,450	696.01	2,483	2,018 / 464
ウズベキスタン	24,568	1,510	24.04	979	927 / 52
ベネズエラ	23,938	11,920	21.14	883	651 / 232
ベトナム	78,021	1,260	103.33	1,324	1,284 / 40
イエメン	17,278	1,070	10.70	619	397 / 222
ザンビア	9,980	1,160	7.52	754	729 / 25
ジンバブエ	12,497	640	11.90	952	943 / 10
全世界（平均）	5,994,252	-	7,452	1,243	1,043 / 200

出所：Globalization of Water, A. Y. Hoektra and A. K. Chapagain, Blackwell, 2008, Appendix Ⅳより筆者作成（各国の1人当たりのGNIは筆者が追加）。
※GNIは2011年、外務省他参照。

表7　世界のウォーター・フットプリントにおける主要国の割合

国名	割合（％）
インド	13
中国	12
アメリカ	9
ロシア	4
インドネシア	4
ナイジェリア	3
ブラジル	3
パキスタン	2
日本	2
メキシコ	2
タイ	2
その他	44

出所：Hoektra and Chapagain (2008), p.59より筆者作成。

　国ごとに異なっているが、たとえば中国の一人当たりのウォーター・フットプリント（702）は相対的に少ないのに対して、アメリカの一人当たりのウォーター・フットプリント（2,483）はその対極をなしている。

　水資源という点からみると、たとえばオランダとベルギーは対照的であり、オランダはブルー・ウォーターが豊富で、ベルギーは不足しているが、両国ともにきわめて高いウォーター・フットプリントを有しており、両国の国内と国外のウォーター・フットプリントの割合は、それぞれ220／1,003と354／1,449となっている。両国は、水資源を多く利用した食糧とこれらを確保するための経済力のために、バーチャル・ウォーターを海外から移転させることで高いウォーター・フットプリントを保持している。それとは対照的に、フランスの場合（1,176／699）は、農産物輸出国として国内のブルー・ウォーターも利用し、そのウォーター・フットプリントの需要を満たすために国外のバーチャル・ウォーターには依存していない[36]。マルタの場合（国内と国外のウォーター・フットプリントの割合は257／1,660）、国外の割合がきわめて高く、依存率

[36] J. E. Warner and C. Johnson, 'Virtual Water'-Real People:Useful Concept or Pre-

は85％になっている。また表6には載っていないシンガポールの場合、水需要の94％は国外からのバーチャル・ウォーターに依存しており、その点で、国外依存型のウォーター・フットプリントとなっている。

水資源という点からみると、世界の水不足の地域においては、水不足とバーチャル・ウォーターの移転とのあいだにはポジティブな関係がみられる。

「水不足は、その国の水利用可能性とは区別される一国の全体的なウォーター・フットプリントとして定義されうる。バーチャル・ウォーターの輸入依存は、一国の全体的なウォーター・フットプリントに対する外部的なウォーター・フットプリントの割合として定義されうる。きわめて高い水不足の国々——クウェート、カタール、サウジアラビア、バーレーン、ヨルダン、イスラエル、オマーン、レバノン、マルタなど——は、バーチャル・ウォーターへの高い輸入依存率を示している。これらの国々のウォーター・フットプリントは大いに外部化されてきた。ヨルダンは毎年、自国の毎年の再生可能な水資源の5倍のバーチャル・ウォーターの量を輸入している。ヨルダンは国内の水資源を節約しているとはいえ、アメリカといった他国に極度に依存している。水不足をきたし、バーチャル・ウォーターの輸入依存性の高い他の国々は、ギリシア、イタリア、ポルトガル、スペイン、アルジェリア、リビア、イエメン、そしてメキシコである。イギリス、ベルギー、オランダドイツ、スイス、デンマークといった水不足というイメージのないヨーロッパ諸国についても、バーチャル・ウォーターの輸入依存性は高い。」[37]

一国のウォーター・フットプリントを決定する要因はいくつか存在するが、第1に国民所得との関連では消費量、第2に消費パターン、第3に気候、そして最後に農業の慣行あるいは水利用である[38]。国民所得との関連では、先進諸国の豊かな国々は一般に財やサービスを多く消費し、それが直接的にウォー

---

scriptive Tool?, in : *Water International*、Vol. 32, Nr. 1, 2007, p.63–77.
37) Hoektra and Chapagain (2008), p.133.
38) Hoektra and Chapagain (2008), p.61.

ター・フットプリントの数字に表れている。このことはアメリカやスイスなどの数字をみると明らかである。しかし、水需要を決定するのは消費量だけでなく、消費パッケージも重要である。穀物よりも食肉の方がそこに含まれるバーチャル・ウォーターの量が多いからである。この点に関して、Hoektra と Chapagain は以下のように説明している。

「肉とくに牛肉の消費は、大きなウォーター・フットプリントの原因となっている。この要因は、アメリカ、カナダ、フランス、スペイン、ポルトガル、イタリア、ギリシアといった国々の大きなウォーター・フットプリントを説明している。アメリカにおける平均的な肉の消費量は年間120キロであり、世界の平均の3倍となっている。国民のウォーター・フットプリントが大きくなるのは、主要産物がたとえば小麦や大豆よりもコメの場合である。肉とコメに次いで、工業製品の高い消費が豊かな国の全体的なウォーター・フットプリントの原因となっている。」[39]

気候要因も一国のウォーター・フットプリントに与える。蒸発の割合の高い地域では、単位当たりの穀物生産における水の需要は高く、セネガル、マリ、スーダン、チャド、ナイジェリア、シリアといった国々のウォーター・フットプリントを大きくしている。そして最後の要因は農業における水利用の効率性であるが、非効率的な水利用は、タイ、カンボジア、トルクメニスタン、スーダン、マリ、ナイジェリアといった国々の生産における水利用を増大させている。たとえばタイでは、コメの生産において1997-2001年に平均してヘクタール当たり2.5トン生産されるが、同時期の世界の平均はヘクタール当たり3.9トンである[40]。

概して、先進諸国では、農業における水利用は効率的に行われているのに対して、開発途上国では、熱帯地方などで温暖化の影響が大きいことに加えて、農業生産における水の非効率的な利用が大きなウォーター・フットプリントをもたらしている。表2に示されているように、インドとブラジルの事例は、コ

---

39) Hoektra and Chapagain (2008), p.62.
40) Hoektra and Chapagain (2008), p.62.

メや小麦の生産における単位当たりのバーチャル・ウォーターの量は、世界平均をはるかに上回っている。このような劣悪な農業慣行と大きなウォーター・フットプリントの根本的な要因は、適切な水価格の欠如、補助金の存在、非効率的な水利用技術、そして農民間での水節約意識の欠如である[41]。したがって、開発途上国においては、こうした農業慣行の改善が必要であり、先進諸国の資金および技術援助が不可欠であろう。

現代では、食糧生産とバーチャル・ウォーターによる配分そのものがグローバル化し、地球社会的な性格を有するようになったことから、この問題自体の地球公共的な性格を先進諸国も認識しなければならないだろう。開発途上国のウォーター・フットプリントを減少させるための方法に関しては、単位当たりの水消費量の少ない生産技術を採用することによって、経済成長と非効率的な水利用のあいだの関係を見直すことであり、たとえば農業における効率的な水利用は雨水の集水技術の開発や補完的な灌漑などによって改善されうる余地がある。また単位当たりの水利用率が高い地域から低い地域へ生産を移転させることも、グローバルな水利用を高めることにつながるだろう[42]。たとえばヨルダンは、アメリカから小麦とコメを輸入することによってウォーター・フットプリントを外部化することに成功したが、それはアメリカがヨルダンよりも高い水の生産性を有し、その食糧価格が安価なためである。

ほとんどの水不足の国々では、エジプトのように、水の自給率を上げるために国内の水資源を過剰に開発するか、あるいはヨルダンのように水の国外依存性を高めるという犠牲を払ってバーチャル・ウォーターを多く含んだ食料品を輸入するという選択肢しかない。問題は、選択肢がきわめて限定されているイエメンのような国は、きわめて水不足の状況にあり、地下水も過剰に汲み上げられている一方で、バーチャル・ウォーターの輸入も限られている。その理由は、イエメンは一人当たりの国民所得も低く（2011年のGDPは1,070ドル）、国内の水資源の過剰開発を避けるために水集約的な商品を輸入するための外貨を

---

41) Hoektra and Chapagain (2008), p.62.
42) Hoektra and Chapagain (2008), p.63.

もっていないからである。それに対して、中国とインドといった世界の大国は、国内の水自給率が高い反面、両国の一人当たりのウォーター・フットプリントは相対的に低い（表6参照）。中国のウォーター・フットプリントは平均して一人当たり年間700㎥であり、インドのそれは980㎥であるのに対して、世界の平均は1,240㎥である。したがって、これらの国々の消費パターンがアメリカやヨーロッパ型へ変化すれば、将来的に深刻な水不足に直面し、高い水の自給率を維持することはできないだろう。重要な問題は、中国とインドが将来的にいかに水資源を自給していくのかである

　バーチャル・ウォーターやウォーター・フットプリントという考え方に基づくだけで世界の水問題が解消されるわけではない。究極的には、水資源を地球公共財としてグローバルなレベルでの衡平な配分を視野に入れなくては最終的な解決へはつながらない。現在、グローバルな水の配分は、世界貿易という市場システムを通じて行われているといってよいが、市場システムを通じての配分には限界がある。というのは、とくに水不足をきたしている途上国にとっては、世界システムとしての世界経済において食料を確保することは困難であるからである。
　水資源が地球社会においてグローバル・イシューとして取り上げられたのは、1992年にアイルランドのダブリンで開催された水と環境に関する国際会議（ダブリン会議）であろう[43]。この会議の勧告は、「淡水は、生命、開発、環境を支えるために必要な限りある資源である」という認識に立って、経済的な財として水を管理することは、水資源の効率的で衡平な利用、その保存と保護を促進するうえで重要な方法であるとしている。この勧告に関する国際協定を求めるために大臣フォーラムは、定期的な世界水フォーラム（モロッコ1997年、ハーグ2000年、日本2003年、メキシコ2006年）において開催されたが、国際的なルールを作り上げることはなかった。

43）ダブリン会議については、第8章「水をめぐるグローバル・ガバナンス」を参照されたい。

しかし、地球社会の「人間－自然」生態系におけるオーバーシュートが明らかな今日、水と大気は地球公共財として優先順位が高いものであるというグローバル・コンセンサスを形成することが重要であろう。そのためには、水資源に関するグローバル・ガバナンスの枠組を一層強化するとともに、世界の水資源の持続可能な利用のための一定のレジーム体制の整備も必要であろう。

第8章
水をめぐるグローバル・ガバナンス

　1972年にストックホルムで開催された国連人間環境会議は、地球環境問題へ対応するグローバル環境ガバナンスの最初の枠組といえるものであり、そこでは同時に世界的な水問題に関しても検討されており、その意味ではグローバルな水ガバナンスの最初の枠組ということができる。その後、水ガバナンスについては国際会議、水フォーラムなどが開催され、また水レジームというべき国際的な水条約も形成されてきた。本章では、世界の水資源に関するこれまでのグローバルな取り組みを検討し、今後の水資源に関するグローバル・ガバナンスあるいはグローバル・レジームについて考えてみたい。

I　国連会議と水のグローバル・ガバナンス

(1)　1972年のストックホルム会議

　国連人間環境会議は、1972年6月にスウェーデンのストックホルムで開催され、「人間環境宣言」と、「かけがえのない地球」を守るために国際的に協力して行うべき各種の「行動計画」が採択された。この会議には世界の114カ国の代表が参加し、国連の専門機関などを合わせると、1300人以上の代表者が集まった。「人間環境宣言」では、人間環境の保護と改善が世界中の人々の福祉と経済発展に影響を及ぼす主要な課題であるとする一方、地球上の多くの地域において計り知れないほどの人工的な害が蔓延しているとする。その人工的な害とは、「水、大気、陸地、及び生物の危険なレベルに達した汚染、生物圏の生態学的均衡に対する大きかつ望ましくないかく乱、かけがえのない資源の

破壊と枯渇、並びに人工の環境とりわけ生活環境及び労働環境における人間の肉体的、社会的健康に害を与える重大な欠陥」[1]である。

ここでは水質汚染と「かけがえのない資源」について言及されており、「人間環境宣言」の「原則」のなかでは、水をはじめとする天然資源の保護に関して以下のように規定している。「大気、水、大地、動植物及びとりわけ自然の生態系の代表的なものを含む地球の天然資源は、現在及び将来の世代のために、注意深い計画と管理によって適切に保護されなければならない。」[2]このように、水に関しては、かけがえのない天然資源として定義され、現在及び将来世代のために保護される必要がある点が明確に規定されている。

さらに「行動計画」のなかでは、第Ⅱ分野の「天然資源管理の環境的側面」のなかで水資源の管理について触れている。まず「国際河川委員会」について、「関係する政府に対し、2カ国以上にまたがる資源について関係国間の協力を図るための適当な機構の創設を考慮することを勧告する」として、以下の4つの項目を示している[3]。

[1] 国連憲章及び国際法の原則に従って、自国の水資源を開発する各関係国の永久主権に十分な考慮が払われなければならない。
[2] 適当ならば、関係国は、次に示す原則を考慮しなければならない。
  ・各国は、他国の環境に重大な影響をもたらすような資源に関する大規模な活動を行う場合には、当該国に対し、事前にその活動を通告することに同意すること。
  ・環境の観点からするあらゆる水資源利用及び開発活動の基本目標は各国に最良の水利用をもたらし、かつ汚染を防止するようなものでなければ

---

1) 「人間環境宣言」（地球環境法研究会編『地球環境条約集』第4版、中央法規、2003年）。1972年のストックホルム会議以降の国際的な水会議に関しては、以下を参照。United Nations World Water Development Report 3, *Water in a Changing World*, UNESCO Publishing, 2009, pp.302-305.
2) 同上、6頁。
3) 『国連人間環境会議の記録』環境庁長官官房国際課、149-150頁。

ならない。
- 2カ国以上にまたがる水圏の実質利益は関係国に公平に享受されること。

［3］関係国により適当と考えられる場合は、以下の取り決めは、地域ベースで行うことが必要であろう。
- いくつかの同意された国際機構を通じての水文学的データの収集、分析および交換。
- 計画の水利用の環境への影響の評価。
- 水質管理を技術的、経済的および社会的に考慮した上での水資源問題のよってきたるところと徴候についての共同研究。
- 水質管理計画を含む環境資産としての水資源の合理的利用。
- 水に関する権利および請求権の司法上、行政上の保護のための規定。
- 水資源の管理と保全に関する紛争の予防と解決。
- 共有資源についての財政的、技術的協力。

［4］前記計画を促進するため、地域会議が開催されねばならない。

このように行動計画においては、2カ国以上にまたがる国際河川の水資源管理に関しての勧告がなされている。そして各国から要請があった場合、国連機関が政府活動を援助することを保証することとしている。関連がある国際機関とは、FAO、WHO、WMO、ESA/RTD（国連経済社会局資源運輸課）、UNESCO/IHD（国際水文学10年計画）、地域経済委員会及びUNESOB（国連ベイルート経済社会事務所）である。

なお、河川や湖の水資源管理に関しては、当時の国連人間環境会議の事務局長であったM・ストロングの要請に基づいて書かれた報告書『かけがいのない地球』（Only One Earth）には、以下のように書かれている。

「河と湖の処理に統合的アプローチが必要であることについては、2つの理由があげられる。まず第1に、もし単一の権威が確立されていない場合に

は、汚濁に対する経費負担額を決定する際に大きな困難が伴う。たとえば連邦制の場合や河がいくつかの国にまたがっている場合に、それぞれの国で独自に河の浄化、温度の規準を設定することが行われる。もっとも複雑な例としては、ひとつの大河をはさんで2つの河が存在し、それぞれが異なった規準を設定するケースである。アメリカに例をとると、オハイオ河についてウエスト・ヴァージニア州では水温の最高限を華氏86度と定めているが、この河の中流を占めるオハイオ州では華氏93度まで許容している。もし単一の権威が全体を管理している場合には、もっと統一のとれた、実情に合った規準を設定しうるはずであり、全体のバランスを考慮し、各部分の要求をとりいれた基準が設定されるはずである。

　第2の点はつぎのように要約できよう。水資源管理ないしは天然資源管理におけるもっとも大きな問題は、権威がばらばらに存在することによって、『統一的解決法』が権威ごとにゆがめられてしまう点である。技術者はつねにダムを建てることに邁進し、地方自治体は下水処理所の建設にのみ眼をうばわれ、工業は税金軽減のみ要求するといった状況である。しかし、部分的努力の合計がつねに全体の総和を満たすことにはならないことも認識すべきである。

　単一の権威が確立され、その権威に環境の綿密な研究、統合的アプローチ、さらに具体的活動を指揮する権限が備わったときにはじめて、現状に適合した最善の方法が実践できるようになる。ルール地方の共同体経営がこの好例である。ここでは、技術者がおちいり易い『技術偏重主義』や厳格な効率追求はもはや必要ではない。むしろ、配水施設やダムの建設、湖の水の冷却、汚水処理、貯水池の確保、水の生命を回復するための酸素の供給等を総合的に推進してゆけばよい。これらの手段をもっとも効率的に組み合わせることによって最大の効果をあげうる。しかも河の増水期等の変化にあわせて、その都度方策を変更してゆくこともできる。」[4]

---

4) B・ウォード／ルネ・デュボス『かけがえのない地球』人間環境ワーキンググループ／環境科学研究所共訳、日本総合出版機構、1972年、127-129頁。

ここでは、国際河川等の水資源管理においては、連邦あるいは国家を越えた管理のための権威が必要であること、そしてそのための統合的アプローチが必要であることが強調されている。この報告書の提案は、明らかに1972年の人間環境宣言に反映されており、この統合的アプローチの提案は、1992年のリオでの国連環境開発会議で採択されたアジェンダ21の第18章のなかの「統合的水資源開発および管理」という提案につながるものであるということができよう。

(2) 1977年のマルデルプラタ会議

1972年の国連人間環境会議の翌年の1973年5月18日に、経済社会理事会は決議1761c (LIV) を採択した。そのなかで、国連水会議が1977年に開催されること、そしてそこではすでに予定されている水資源開発のさまざまな結果を取り上げた国際会合の結果を考慮すべきであることが決議された[5]。こうして1977年3月にアルゼンチンのマルデルプラタで国連水会議が開催され、マルデルプラタ行動計画が採択された。

マルデルプラタ行動計画は、勧告と決議から構成される。勧告は、A. 水資源の評価、B. 水利用と効率性、C. 環境、健康と汚染管理、D. 政策、計画、管理、E. 自然災害、F. 公的情報、教育、訓練、研究、G. 地域協力、H. 国際協力である。他方において、決議は、1. 水資源の評価、2. コミュニティの水供給、3. 農業の水利用、4. 産業技術の研究・開発、5. 砂漠化対処における水の役割、6. 水部門における開発途上国間の技術協力、7. 河川委員会、8. 水部門における国際協力のための制度的体制、9. 水部門における国際協力のための財政的体制、10. 占領地域における水政策となっている[6]。

これらのなかで、勧告Aの水資源の評価に関して、ほとんどの国で、とくに地下水と水質に関連する水資源についてのデータの不適切な利用という問題があると指摘し、データの処理と蓄積がきわめて軽視されているとし、水資源

---

5) *Report of the United Nations Water Conference, Mar del Plata*, 14-25 March 1977, United Nations, New York, 1977, p.87.

6) *Report of the United Nations Water Conference, Mar del Plata*, pp.5-81.

の管理を改善するためにはそれらの量と質に関する創造的な知識が必要であるとしている。この目的のために、各国は、水資源のデータに包括的に責任をもつ国家機関の創設や、将来的なニーズに関する長期的な展望を考慮する水文学的・気象学的な部署の拡大を推進すべきであるとしている[7]。

さらに勧告のGとHは水のガバナンスにかかわる地域的・国際的協力の問題にかかわるものである。まず地域協力に関してみると、各国で共有されている水資源の場合には、将来的な管理が基礎にすべき適切なデータを作成するために協力的な行動がとられるべきであるとされている。このためには、水資源を共有している国ぐには、「共同委員会」(joint committee) を設置すべきであるとする。そして、これらの国のあいだで、データの収集・標準化・交換、共有する水資源の管理、水質汚染の予防と管理、水災害の予防、干ばつの軽減、洪水管理、河川の改善活動、そして洪水警戒システムといった領域での協力が必要であるとしている。

他方、勧告Hの国際協力に関しては、共有される水資源の場合、経済的・環境的・物理的な相互依存の拡大という事態を認識して、各国が協力することが必要であるとする。このような協力は、国連憲章と国際法に照らし合わせて、そしてすべての国家の平等、主権、領土に基づいて、とりわけ国連人間環境宣言の原則21に基づいて実施されるべきであるとされている。ちなみに、国連人間環境宣言の原則21は以下のとおりである。

「各国は、国連憲章及び国際法の原則に従い、自国の資源をその環境政策に基づいて開発する主権的権利を有し、また、自国の管轄内又は管理下の活動が他国の環境又は自国の管轄内又は管理下の活動が他国の環境又は自国の管轄の範囲外の地域の環境に損害を与えないように確保する責任を負う。」[8]

そして勧告Hは、この目的を実現するために、第1に、国際法の漸進的な

---

7) *Report of the United Nations Water Conference, Mar del Plata*, p.7.
8) 前掲『地球環境条約集』第4版、7頁。

発展と国際水路非航行的利用法に関する成文化に貢献している国際法委員会の活動においては、委員会の作業プログラムに高い優先順位が与えられ、水の国際法の発展を取り扱う他の国際機関の活動との調整が図られるべきであるとする。さらに勧告Hは、2国間あるいは多国間の協定が存在しない場合、加盟国は共有された水資源の利用、開発、管理において国際法上の一般的に受け入れられている原理の適用を継続するとする[9]。

(3) 1992年のダブリン会議

リオの国連環境開発会議に先立つ1992年1月26-30日に、アイルランドのダブリンで水と環境に関する国際会議が開催された。この会議のおもな目的は、国連環境開発会議の準備会議というところにあり、この会議では「水と持続的開発に関するダブリン声明：ダブリン原則」が採択された。この会議には500名の参加者があり、そのなかには100カ国の専門家と80の国際組織・政府間組織・非政府組織の代表者が含まれている[10]。この会議に参加した専門家は、淡水資源の評価・開発・管理のための基本的に新しいアプローチを要求したが、それは政府という大きなレベルから小さなコミュニティにいたるまで政治的な関与によって実現されるものである。

このダブリン会議では、以下のような4つの指導的原則が採択された[11]。

その第1原則は、「淡水は、生命、開発、環境を支えるために必要な限りのある脆弱な資源である」というものである。水は生命を支えるものであるか

---

9) *Report of the United Nations Water Conference, Mar del Plata*, p.53. この時期には、国際法委員会（ILC）において、国際水路非航行的利用法についての草案の一般的な検討段階にあり、勧告Hはこの検討作業を促進する目的があったと思われる。この点については、Cf. Sttila Tanzi and Maurizio Arcari, *The United Nations Convention on the Law of International Watercourses*, Kluwer Law International, 2001, pp.38-9 を参照されたい。

10) R. Saunier and R. Meganck, *Dictionary and Introduction to Global Environmental Governance*, Second Edition, Earthscan, 2009, p.413.

11) The Dublin Statement on Water and Sustainable Development, 1992, http://www.wmo.int/pages/prog/hwrp/documents/English/icwedece.html

ら、水資源の効果的な管理は全体的なアプローチを要求し、社会的・経済的発展と自然のエコシステムの保護を結びつけるものである。

　第2原則は、「水の開発と管理は、参加的アプローチ、関係する利用者、すべてのレベルでの計画作成者と政策決定者に基づくべきである」というものである。参加的アプローチには、政策決定者や一般公衆のあいだの水の重要性についての意識の高まりが含まれる。このことは、もっとも低いレベルでも決定がなされ、水プロジェクトの計画や実施において利用者の十分な公的な協議や関与が伴うべきであるということを意味する。

　第3原則は、「女性が水の供給、管理、保全において中心的な役割を演じる」ということである。水の供給者と利用者、そして生活環境の保護者としての女性の中枢的な役割は水資源の開発と管理のための国際制度のなかに反映されてこなかった。この原則の受入と実施によって、女性固有の要求に対処するための積極的な政策が必要となり、政策決定と実施を含めてすべてのレベルで水資源に対して女性を参加させることが必要となる。

　そして第4原則は、「水はその利用においては経済的価値を有し、経済的な財として認識されるべきである」というものである。この原則においては、適切な価格で清浄な水と衛生設備にアクセスできるという人類の基本的権利を最初に認識することが重要である。過去に水の経済的価値の認識に失敗したことが、浪費的で環境に負荷を与える資源の利用に至った。経済的な財として水を管理することは、水資源の効率的で衡平な利用、その保存と保護を促進するうえで重要な方法であるとしている[12]。

　ダブリン会議は、こうした原則に基づいて、各国が水資源問題に取り組むための「行動アジェンダ」を勧告として提示した。それらの勧告は、「貧困と病

---

12) 水を「経済的な財」とするダブリン会議の第4の指導的原則は、2002年に出された社会権規約委員会の「一般的意見15」とは異なる。「一般的意見15」では、「水は主に経済的な財としてではなく、社会的および文化的な財として扱われなければならない」とされている（Economic and Social Council, *General Comment No.* 15, 2002, p.5.）。

気の軽減」、「自然災害の保護」、「水の保全と再利用」、「持続可能な都市の発展」、「農業生産と地方の水供給」、「水のエコシステムの保護」、「水紛争の解決」、「環境を効果的にする」、「知識基盤」、「キャパシティ・ビルディング」である。

これらの勧告のなかで、国際河川流域をめぐる「水紛争の解決」に関しては、以下のように記している。

「水資源の計画と管理のためのもっとも適切な地理的存在物は河川流域であり、それには地表水と地下水が含まれる。理念的には、国境を越える河川や湖の効果的で統合的な計画と開発には、1国内部の流域に対するものと同じ制度的な条件が必要である。既存の国際流域組織の本質的な機能は、流域諸国の利害を調和化し、水の量と質、関連する計画の開発、情報交換を監視し、協定を実施することである。今後数十年間においては、国際流域の管理が重要性を増すであろう。したがって、影響を受けるすべての政府によって支持され、国際協定に支援された統合的な管理計画の準備と実施が最優先されねばならない。」[13]

この勧告では、国際河川流域における水ガバナンスの枠組としての「統合的水資源管理」に関して言及されているが、この問題はリオの国連環境開発会議で採択されたアジェンダ21でさらに具体化された形で提起される。

(4) 1992年の国連環境開発会議

1992年にブラジルのリオで開催された国連環境開発会議では、リオ宣言とアジェンダ21が採択された。「リオ宣言」では、その前文で、ストックホルム宣言を発展させることを求めて、「各国、社会の重要部門及び国民のあいだに新

---

13) The Dublin Statement on Water and Sustainable Development, 1992.

たな水準の協力を作り出すことによって新しい衡平な地球的規模のパートナーシップを構築するという目標」を掲げている。この「リオ宣言」のなかでは、水資源については直接的に言及していないが、紛争解決一般に関しては、原則26で、各国は、すべての環境に関する紛争を平和的に、かつ国際連合憲章にしたがう適切な手段によって解決しなければならないとした。

水資源に関しては、アジェンダ21の第18章「淡水資源の質と供給の保護：水資源の開発、管理および利用への統合的アプローチの適用」のなかで詳しく触れている。まず序では、淡水資源について以下のように記している。

「淡水資源は地球の水圏の必須の構成部分であり、地上のすべての生態系の不可欠の部分である。淡水環境は水文循環によって特徴づけられる。洪水と干魃もこのサイクルに含まれるが、いくつかの地域では、それらの結果がより極端かつ劇的なものになっている。地球の気候変動と大気汚染も淡水資源とその利用可能性に影響を有し、海水位上昇を通じて低地の沿岸域と小島の生態系を脅かすことがあり得る。

水は、すべての側面において必要とされる。この章の全般的目的は、この惑星の全住民に良質の水の十分な供給を維持し、その一方で、生態系の水文、生物、化学的機能を保存し、人間活動を自然の容量限界内で適応させ、かつ水に関係する疾病のベクトルと闘うことである。限られた水資源を十全に利用し、これらの資源を汚染から守るため、在来の技術の改良を含めて、革新的技術が必要とされる。」[14]

このアジェンダ21においては、地球的規模での水資源の安定的な供給を維持するために、統合的水資源開発及び管理という方法が提示されている。世界の多くの地域での淡水資源の広範囲にわたる不足や水質汚染の深刻化などによって、統合的な資源計画・管理が必要になっている。また越境的な水資源に関し

---

14) 『アジェンダ21実施計画（'97）』環境庁・外務省監訳、エネルギージャーナル社、1997年、316頁。

ては、これらの国家間で現行の協定及び他の関連する協定にしたがって、すべての関係流域国家の利害を考慮に入れながら協力することが望ましいとしている。

さて、統合的水資源管理については、現行の水資源開発との関連ですべての国の淡水の必要を満足させることがその目標として設定されている。現在、水需要は急速に増大し、その70-80％が灌漑に利用され、20％未満は工業に利用され、家庭での消費はわずか6％にすぎない。しかし、多くの国は急速に水不足の状態に至るか、あるいは経済発展の限界に直面している。したがって、持続可能な開発のために、各国の水需要を満たすことがグローバルな課題になりつつある。そしてアジェンダ21では、グローバルな水政策に関して、統合的な水資源管理と越境水資源のガバナンスに言及している。

アジェンダ21は、まず統合的水資源管理に関して、以下のように記している。

「統合的水資源管理は、水を生態系の不可欠の一部、天然資源、そして社会的・財政的財とする見方に基づいており、その量と質がその利用の性質を決定する。そのために、水資源は、人間活動における水の必要を満足し、調整するために、水界生態系の機能と資源の永続性を考慮に入れつつ、保護されなければならない。水資源の開発と利用に際しては、基本的必要の満足と生態系の保護を優先しなければならない。しかし、これらの必要を越えた部分については、水の利用者は相応の負担をすべきである。」[15]

そして統合的水資源管理は、陸地と水圏の統合を含めて、流域および下位流域のレベルで遂行すべきであるとして、以下の4つの主要目的を挙げてい

---

15) 同上、317-8頁。統合的水資源管理に関しては、浜崎宏則「統合的水資源管理（IWRM）の概念と手法についての一考察」（『政策科学』、16-2, 2009）を参照されたい。

る[16]。

(a) 水資源管理への、ダイナミックな相互作用的、反復的かつ多部門にわたるアプローチを推進すること。水資源管理は潜在的な淡水供給源の確認と保護を含み、そのアプローチは、技術、社会経済、環境、及び人の健康についての考慮を統合したものとすること。

(b) 国の経済開発政策の枠組内で、共同体の必要と優先事項に基づいた水資源の持続可能で合理的な利用、保護、保全及び管理の計画をつくること。

(c) 女性、青年層、先住民、地方共同体を含む公衆の、水管理政策立案及び意思決定への全面参加を基礎として、明確に規定された戦略の内部で経済的に効率的で、かつ社会的に適切なプロジェクトとプログラムを設計、実施、評価すること。

(d) 特に、開発途上国においては、水政策とその実施を持続可能な社会進歩と経済成長の触媒とするための適切な制度的、法的、財政的メカニズムを、必要に応じて同定、強化、又は開発すること。

つぎに、越境的水資源に関しては、河岸諸国が水資源戦略を策定し、水資源行動計画を準備し、これらの戦略と行動計画の調和を検討する必要があるとしている。

そしてすべての国家は、2国間又は多国間協力を通じて、目標とする水資源管理の改善するための以下の活動を実施することができるとして、具体的な行動として16項目を挙げている。

(a) コストを見積もり、目標を定めた国の行動計画及び投資プログラムの策定。

(b) 水資源の一覧表を含む、潜在的な淡水供給源の保護と保全を、土地利用計画、森林資源利用、山の斜面及び河川堤防の保護、その他の関連する開発・保全活動に統合すること。

(c) 対話式データベース、予想モデル、経済計画モデル及び環境影響評価の方法など水管理・計画の方法の開発。

(d) 物理的・社会経済的制約の下での水資源配分の最適化。

---

16) 同上、319-20頁。

第8章　水をめぐるグローバル・ガバナンス　221

(e)需要管理、価格メカニズム、及び規制措置を通じての配分決定の実施。
(f)洪水・干魃管理。リスク管理と環境及び社会的影響評価を含む。
(g)国民の意識啓発、教育プログラム及び水料金の徴収その他の経済手段を通じての合理的水利用の方式の推進。
(h)特に、乾燥・半乾燥地域における水管理の動員。
(i)淡水資源に関する国際的な科学研究協力の推進。
(j)海水の真水化、人工地下水補給、限界的な質の水の利用、廃水再利用及び水サイクルなど、新しい代替水供給源の開発。
(k)水（地表及び地下水資源を含む）の量の管理と質の管理の統合。
(l)節水器具の開発を含む、すべての利用者の水利用効率の改善と最小化方式を通じての水保全の推進。
(m)局地的な水資源管理を効率化するため水利用者グループへの支援。
(n)国民の参加に必要な技術の開発と、意思決定におけるその採用。特に、水資源計画・管理における自省の役割の向上。
(o)適宜、関与するすべてのレベルにおける協力の発展と強化。適切な場合は、メカニズムの発展と強化を含む。
(p)水利用者のための、実用的指針を含む情報の普及と教育の推進。これには国連による世界水の日の検討を含む。

　このように、アジェンダ21では、今日の国際河川のガバナンスにおける統合的水資源管理について問題提起すると同時に、越境的水資源の管理についても流域諸国が水資源戦略と行動計画を策定する必要がある点を指摘している。その場合の水資源ガバナンスにおける協力に関しても、2国間あるいは多国間の協力関係に基づくべきであるとしている。

(5)　2000年のミレニアム開発目標

　2000年9月に開催された国連ミレニアム・サミットで、ミレニアム開発目標が採択された。ミレニアム開発目標は、「極度の貧困と飢餓の撲滅」や「普遍的初等教育の達成」など8つの目標を掲げているが、その第7目標は「環境の

持続可能性の確保」である。それは、「持続可能な開発の原則を、各国の政策やプログラムに反映させ、環境資源の喪失を阻止し、回復を図る」という内容であり、その具体的なターゲットの１つとなっているのが、「2015年までに、安全な飲料水と基礎的な衛生環境を持続可能な形で利用できない人々の割合を半減させる」というものである。

『国連ミレニアム開発目標報告』（2008年）によれば、過去100年のあいだに、水利用は人口の２倍のスピードで増加し、世界人口の40％を超える約28億人が水不足問題を抱える河川流域で生活しているといわれている。そして河川流量の75％以上が取水されるという物理的水不足状態で暮らす人々は12億人を超える。

「特に水不足が深刻なのは、北アフリカと西アジアのほか、中国とインドなどの大国の一部地域である。物理的水不足の徴候としては、環境悪化や水の獲得競争があげられる。また、人間の需要を満たすだけの水が現地で自然に調達できるにもかかわらず、人的資本や制度的資本、さらには資金の問題によって水が利用できないという経済的水不足状態にある区域に暮らす人々も16億人いる。このような状況は南アジアやサハラ以南アフリカで広く見られる。こうした経済的水不足の徴候としては、特に農村住民に関し、水インフラの欠如または未整備、短期、長期の干ばつによる影響の大きさ、安定的な給水の利用困難があげられる。」[17]

世界の水利用に関しては、人口増加とともに食料のニーズが高まったことから、農業目的の水利用の割合が多い。2009年の『国連ミレニアム開発目標報告』は、この点について以下のように記している。

---

17) 国際連合『国際連合ミレニアム開発目標報告書2008』、国連広報センター、2008年、40頁。なお、ミレニアム開発目標と水の問題に関しては、*A framework for the Action on Water and Sanitation*, WEHAB Working Group, 2002を参照されたい。

第 8 章　水をめぐるグローバル・ガバナンス　*223*

　「全世界の取水量のうち約70％は農業に用いられる。地域によっては、これが80％を超えることもある。河川流量の75％以上が農業や工業、都市利用目的に取水されてしまえば、人間の需要と環境の流量ニーズをともに満たす水は残らない。この割合が60％を超えただけでも、深刻な環境破壊や地下水の減少、一部の集団を優遇する水配分を特徴とする物理的水不足が生じ、世界の水危機が近いことを意味する。」[18]

　ミレニアム開発目標を実施に移すことができれば、2015年までに世界の人々のうち90％以上が改良された水資源を利用できるという予想がなされている[19]。しかし、世界全体では、安全な飲料水源を必要とする人々の割合が、2015年の飲料水の目標達成を上回るペースで増えているようである。全世界で、8億8,400万人が依然として飲料、料理、入浴、その他の家庭用飲料水を非改良水源に頼っており、農村部居住者はそのうち84％を占めるという[20]。

(6)　2001年のボンにおける国際淡水会議

　2001年12月にドイツのボンで、国際淡水会議が開催された。会議には世界の118カ国の代表者、47の国際機関の代表者、そして73の市民社会団体などが参加した。それは、政府代表者、民間組織、市民社会、地方の運動組織など多様なアクターが参加したということで、グローバルなパートナーシップの時代にふさわしい会議であった。会議は、コミュニティレベル、一国レベル、国際レベルで論争になっている水問題に関する係争問題を回避することもなく、またそれについて決議することもないものであったが、しかし、問題の論争的な性

---

18)　国際連合『国際連合ミレニアム開発目標報告書2009』、国連広報センター、2009年、44頁。
19)　M. Palaniappan, Millennium Development Goals : Charting Progress and the Way Forward, in : P. Gleick, *The World' Water* 2008-2009, 2009, p.12.
20)　国際連合『国際連合ミレニアム開発目標報告書2009』、45頁。

質や会合に参加しているステークホルダーの幅広い代表者に鑑みて、注目すべき合意に達したといわれている[21]。

　水は持続可能な開発と、より衡平で平和的な世界を保証するための重要なファクターである。水は経済的・社会的な財であり、人類の基本的なニーズを満たすために配分されねばならず、多くの人々が飲料水と衛生環境へのアクセスを人権とみなしている。会議では、このようなグローバルな淡水問題に対する実際的な解決に関する勧告が作成された。会議はまた、安全な飲料水へアクセスできない人の割合を半減させるというミレニアム・サミットで採択された決定の意味を検討し、水資源の持続不可能な搾取をストップさせるための管理を強調した。

　ボン会議では、以下の3つの標題を優先順位の高いものとして勧告した。第1は、ガバナンス、第2は財政資源の動員、そして第3はキャパシティ・ビルディングと知識の共有である。これらの勧告は2002年のヨハネスブルグ・サミットのための準備過程として扱われ、またそれへのメッセージとしてみなされた。

　第1のガバナンスの領域に関する行動については、①すべての人々のための水への衡平なアクセスの保証、②貧困な人々へ水のインフラとサービスを提供することの保証、③ジェンダーの平等の推進、④競合する需要のあいだでの水の適切な配分、⑤利益の共有、⑥大規模プロジェクトによる利益の参加的な共有の促進、⑦水管理の改良、⑧水質とエコシステムの保護、⑨変異と気候変動に対処するためのリスク管理、⑩効率的なサービスの提供の促進、⑪最小限必要な水管理、⑫腐敗との効果的な闘い、が指摘されている。

　第2の財政資源の動員に関する領域の行動については、①あらゆるタイプの基金における増額の確保、②公的基金能力の強化、③活動と投資を支援するための経済的効率性の改善、④水を民間投資にとって魅力的なものにすること、⑤水開発支援の拡大、が挙げられている。そして第3のキャパシティ・ビル

---

21) International Conference on Freshwater, Bonn, 2001, Bonn Recommendations for Action, p.1.

ディングと知識の共有という領域の活動については、①水の知識に焦点を当てた教育と訓練、②問題解決に焦点を当てた研究と情報管理、③水制度の一層の効率化、④知識と革新的テクノロジーの共有、が指摘されている。

　これまで水関連の国際組織は統一性がとれていなかったが、それを相互のパートナーシップ関係に組み換えることが大きな課題となっている。これを実現するためには、国際的な法、政策、手続の変更を伴う。また国際的な水ガバナンスを形成するうえでの各アクターの役割が求められる。行動のための勧告では、政府、地方自治体、労働者と労働組合、非政府組織、民間部門、国際社会の果たすべき役割についても触れ、これらのアクターによるパートナーシップの形成によってこうした課題を克服するというおおまかな道筋が示されているものの、具体的な行動計画についての言及はない[22]。

(7) 2002年のヨハネスブルグ・サミット

　ボン会議の翌年に南アフリカ共和国のヨハネスブルグで「持続可能な開発に関する世界サミット（WSSD）」が開催され、「持続可能な開発に関するヨハネスブルグ宣言」と「持続可能な開発に関する世界首脳会議実施計画」が採択された。この会議には、世界の104カ国の首脳、190カ国を超える国の代表団を含む2万人以上が参加した。

　まずヨハネスブルグ宣言では、地球環境の悪化が深刻化し、生物多様性の喪失は続き、漁業資源は悪化を続け、砂漠化は肥沃な土地を奪い、地球温暖化の悪影響は明らかになり、自然災害はより頻繁かつ破壊的になり、開発途上国は

---

[22]　行動のための勧告のなかの各アクターの役割に関して、たとえば国際社会の役割として、①国連と国際社会は関与を強化し、途上国の持続的な水管理を可能にするように努力すること、②国際社会における強力なパートナーシップが改革と能力開発のための触媒でありうること、とくにそれが貧困を削減し水資源管理のより持続的な形態を作り出すための知識、財政その他の資源の動員に役立ちうること、③国連は包括的な仕方で水問題に関する活動の調整と緊密化を強化すること、という3点が指摘されている（International Conference on Freshwater, Bonn, 2001, Bonn Recommendations for Action, p.15）。

より脆弱になっているとして、また大気、水および海洋の汚染は何百万人もの人間らしい生活を奪い続けているとして、持続可能な開発への取り組みを以下のように明記している。

「われわれは、ヨハネスブルグ・サミットが人間の尊厳の不可分性に焦点を当てることを歓迎し、目標、日程及びパートナーシップについての決定を通じて、清浄な水、衛生、適切な住まい、エネルギー、保健医療、食料安全保障及び生物多様性の保全といった基本的な要件へのアクセスを迅速に拡大させることを決意する。」[23]

また、実施計画では、貧困撲滅が今日の世界が直面している最大の地球規模の課題であるとして、「2015年までに、世界の収入が1日1ドル以下の人々の割合、飢餓で苦しむ人々の割合を半減させ、同じ期日までに、安全な飲料水へのアクセスがない人々の割合を半減させること」[24]を具体的な目標の1つに掲げ、それには以下の行動を含むものとした。

①水と衛生に関するインフラ及びサービスが貧困層のニーズを満たし、ジェンダーに十分配慮したものであることを確保しつつ、あらゆるレベルで国際的、国内的な資金を動員し、技術移転を行い、優良事例を促進し、インフラ及びサービス開発のためのキャパシティ・ビルディングを支援すること。

②水資源の管理とプロジェクトの実施に関連する政策や意思決定を支援するため、あらゆるレベルで、女性を含めて公共情報及び参加へのアクセスを促進すること。

③全利害関係者の支援を得て、国家レベルで、また、適切な場合は地域レベルでの水管理とキャパシティ・ビルディングについて政府による優先行動を促進するとともに、アジェンダ21の第18章を実行するために、新規に追加的な資

---

23) 前掲『地球環境条約集』第4版、11頁。
24) ヨハネスブルグ・サミットの実施計画については、環境省地球環境局編集『ヨハネスブルグ・サミットからの発信』エネルギージャーナル社、2003年を参照。

金源及び革新的な技術を促進し、提供すること。
④入手可能な衛生施設及び産業排水及び生活用排水処理のための技術を導入し、地下水汚染の影響を軽減し、国家レベルで監視システムと効果的な法的枠組を確立することにより、健康への脅威を軽減し、生態系を保全するために、水質汚濁の防止を強化すること。
⑤持続可能な水利用を促進し水不足に対処するための予防及び保護対策を実施すること。

　10年前のリオ会議で採択されたアジェンダ21の第18章「淡水資源の質と供給：水資源の開発、管理及び利用への統合的アプローチ」では、淡水資源の不足と供給保護が課題とされていたが、ヨハネスブルグ宣言では、2000年のミレニアム開発目標に示されているように、安全な飲料水の確保をそれへのアクセス、そして安全な飲料水を利用できない人々の半減がその課題とされた。そしてアジェンダ21の第18章で提起された統合的水資源管理に関しても、開発途上国を支援しつつ、2005年までに統合的水資源管理及び水効率プランを策定するとした[25]。

II　世界水フォーラムと水のグローバル・ガバナンス

　1996年に、水問題に関する世界のさまざまな利害関係者の討論の場として世界水会議（World Water Council）が設立された。その会議の目的は、あらゆるレベルで水問題に関する意識を高め、それへの政治的関与を行い、その問題に関する行動を促すことにあった。そもそも世界水会議が形成される背景には、世界の淡水資源の管理が世界の国々、多くの地方自治体と非政府組織や民間組織、そして国際機関に分散されているために、管理機関が存在しないという問題が存在した。

　1994年に、世界水資源協会（IWRA）[26]は、1994年にカイロで開催されたIWRA

---

25)　同上、22頁。

第 8 回世界水会議 (World Water Congress) で特別セッションを開催し、そこで世界水会議の設立のための決議を採択した。そして翌1995年に世界水会議の設立のための委員会が作られ、同年 3 月にカナダのモントリオールで最初の会合が開催され、さらに同年10月にイタリアのバーリで 2 回目の会合が開催され、この 2 つの会合で世界水会議の任務と目的が定められた。こうして1996年 6 月に、法的に組織化され、その本部はフランスのマルセイユに置かれた[27]。世界水会議は、翌1997年から 3 年おきに世界水フォーラムを開催するになった。

世界水フォーラムの目的は、第 1 に、水問題に関して政策決定者および一般の人々に意識を喚起し行動を促すこと、第 2 に、水供給と衛生へのアクセスの改善に貢献し、ミレニアム開発目標の達成の進展に関する報告を行うこと、第 3 に、水問題への取り組みに関して共有したビジョンを展開するための機会を提供し、新しいパートナーシップを展開し、多様な組織や諸個人のあいだの協力と行動のための道筋をつけること、そして第 4 に、水問題とその解決のための注意をメディアに促すこと、である。

(1) 第 1 回世界水フォーラム

1997年にモロッコのマラケシュで第 1 回世界水フォーラムが開催された。この最初のフォーラムには世界の63カ国から500人が参加し、マラケシュ宣言が採択された。宣言では、21世紀のための水政策を形成するうえで、質的ならびに量的問題、政治的・経済的・社会的・法的・財政的・環境的・教育的な問題といったあらゆる複合的問題についての理解に関する緊急の必要性を認識することが重要であるとし、地球の水資源の持続可能性を確保するための「ブルー革命」を開始するために、政府、国際機関、NGO、そして世界の人々に対して新しいパートナーシップによって協力することを求めた。

---

26) 世界水資源協会 (IWRA) は、地球の水資源の持続可能な管理を目的に1972年に設立された非政府・非営利の非政治的・教育的な組織である。
27) これについてはWWCのホームページ参照。http://www.worldwatercouncil.org/index.php?id=92

宣言はまた、水フォーラムが浄水と衛生へのアクセスという人間の基本的ニーズを認識し、共有された水管理のための効果的なメカニズムを確立し、生態系を維持し、水の効果的な利用を促進し、水利用におけるジェンダーの平等という問題に対処し、市民社会の成員と政府とのあいだのパートナーシップを促進するための行動を勧告するとした。

(2) 第2回世界水フォーラム

2000年3月にオランダのハーグで第2回世界水フォーラムが開催され、21世紀の水安全に関する閣僚宣言が採択された。閣僚宣言は、水が人々の生活と健康および生態系にとって重要であり、国の開発にとって基本的な必要条件であるが、世界では女性、男性、子供が基本的な欲求を満たすために適切で安全な水へのアクセスをすることができない状況にあるとし、以下のように述べている。

「水資源とそれが提供され維持される生態系は、汚染、持続不可能な利用、土地利用の変化、気候変動、そして他の多くの力によって脅威にさらされている。これらの脅威と貧困の結びつきが明らかであるのは、その影響を最初にかつもっとも深刻に受けるのが貧しい人々であるからだ。このことから1つの単純な結論に至る。すなわち、これまでのようなビジネスは1つの選択肢ではない。もちろん地球上には多様なニーズと状況が存在するが、われわれには21世紀に水の安全を提供するという共通の目標がある。このことの意味は、淡水と沿岸およびそれに関連する生態系が保護され維持されること、持続的な開発と政治的な安定性が促進されること、あらゆる人々が健康で生産的な生活を送るうえで余裕をもって安全な水に十分アクセスすること、そして被害を受けやすい人々が水に関連する災害のリスクから保護されること、を保証することである。」[28]

---

28) Ministerial Declaration of The Hague on Water Security in the 21st Century, 22-03, 2000.

閣僚宣言は、21世紀の水の安全を提供するために、以下のような7つの課題を掲げた。

① 基本的なニーズの充足。安全で十分な水と衛生へのアクセスが基本的な人間のニーズであり、健康と福祉にとって不可欠であること、水管理への参加過程を通じて人々とくに女性をエンパワーすること。

② 食料供給の保証。水の効率的な動員と利用によって、そして食料生産のための水の衡平な利用によって、とくに貧困者と被害を受けやすい人々の食料の安全を高めること。

③ 生態系の保護。持続可能な水資源管理によって健全な生態系を保証すること。

④ 水資源の共有。平和的な協力を促進し、すべてのレベルでのさまざまな水利用のあいだのシナジーを発展させること。

⑤ リスク管理。洪水、干ばつ、汚染、他の水関連の災害からの安全を保障すること。

⑥ 水を価値あるものにすること。水の利用に当たっては経済的・社会的・環境的・文化的な価値を反映し、その提供のコストを反映するように価格をつけた水サービスをする方法で管理すること。このアプローチは衡平への要求と貧困者および無防備の人々の基本的ニーズを考慮しなければならない。

⑦ 賢明な水管理。水資源管理に一般公衆の関与とすべてのステークホルダーの利益が含まれるように善いガバナンスを保障すること。

また、この会議では世界水会議の主導によって作成された世界水ビジョンが提案され採択された。世界水ビジョンは、1. 水利用の権限を女性、男性、地域社会に持たせこと、2. 水一滴当たりの穀物収量と生産量を増加させること、3. 水管理によって淡水と陸上の保全を実施する、という3つの目標を掲げ、以下のような5つの行動を提起した[29]。第1に、すべての利害関係者が統

---

29) World Water Vision, Making Water Everybody's Business, Earthscan Publications,

合管理に関与すること、第2に、すべての給水にフルコスト価格設定を導入すること、第3に、研究と革新にむけて公的資金を拡大すること、第4に、国際河川流域を共同管理すること、第5に、水への投資を大幅に増加させること、である。

しかしながら、この世界水ビジョンに対しては、そのなかにある行動の第2のフルコスト価格[30]の導入に示されているように、水資源管理を民間企業に委ねるような視点が提示されたことから、市民団体やNGOから批判が向けられた。市民社会の団体は、「水は生命——市民社会の世界水行動ビジョン——」[31]という文書を作成して、世界水ビジョンへ反対と署名の運動を展開してきた。それによると、世界水ビジョンの問題点は、以下の点にある。

第1に、それが「商品化や民営化、大規模な開発によって、水資源管理のすべてを民間部門に引き渡すような水管理モデルと提示している」こと、第2に、「地元の小作農民による小規模な地域共有の伝統的な農業慣習を犠牲にして、大規模な工業化された農業における水利用を優先していること」、第3に、「水利用を『節約』するという目的で遺伝子組み換え種子の利用拡大を促進し、その結果として地球とわれわれ人類の多様性や保持すべき文化を損なうこと」、第4に、「世界水会議が各国の代表者が集まった民主的組織ではなく、実際は国際金融機関や大規模な多国籍企業、それらと利害関係をもつ非政府組織などが一体となった排他的な構成員から影響を受けた組織であること」、そして最後に、「世界水会議とそのビジョンは、何ら協議や討論を行わず、あるいは世界中の市民を代表する草の根団体による賛同を得ることもなく、世界の水の未来に関する『コンセンサス』を得たと主張していること」、にある。

2000. 尚、世界水ビジョン・川と水委員会編『世界水ビジョン』山海堂、2001年参照。

30) フルコスト価格は、利用者が水の採取・集積・処理・配分と廃水の回収・処理・処分にかかわる費用を全額支払う制度である。このフルコスト価格の考え方は、水事業を民営化するための費用を消費者に負担させるという意図をもつものとして、NGOなどの市民社会から批判されている。

31) Water is Life : A Civil Society World Water Vision for Action, 2000.

このように、世界水ビジョンをめぐっては、さまざまなステークホルダー間に依然として大きな見解の違いが存在している。このことは、いいかえれば、地球共有財としての水の配分をグローバルな視点からどのように考えているのかという将来設計についての見方の違いに由来しているといえる。グローバル化によって万物が商品化する現代世界にあって、人間の生命を維持する水が商品化され続けるとすれば、開発途上国の貧困を半減させるというミレニアム開発目標の達成も困難となろう。

(3) 第3回世界水フォーラム

2003年3月、京都で第3回世界水フォーラムが開催され、世界166カ国から24,000人以上が参加して議論が展開された。フォーラム声明文では、このフォーラムの主要な課題は、充分な水の供給と保健および衛生設備の改善に対する人間の要求が増大しているなかで、そのようなニーズと食料生産、交通、エネルギーおよび環境のニーズとのバランスを図るという課題に取り組むためには、ガバナンスの効率化、能力開発および充分な資金調達が大半の国にとって必要であるとし、このような目標を達成するためには、コミュニティレベルでの一般市民の参加が重要であるとした。

閣僚宣言では、全般的な政策として、水が環境十全性をもった持続可能な開発、貧困および飢餓の撲滅の原動力であり、人間の健康や福祉にとって不可欠なものであるとして、水問題を優先課題とすることは世界的に喫緊の必要条件であるとした。また、水資源開発と管理に関する努力を成功させるためには、良いガバナンス、キャパシティ・ビルディング、および資金調達が重要な課題であるとした。

さらに声明文では、ガバナンスの重要性とその成果に関して以下のように明記している。

「ガバナンスは、水社会においては充分に確立されてきており、40以上の国が新たな水関連法を制定しており、あるいはその過程にある。ボン会議およ

第 8 章　水をめぐるグローバル・ガバナンス　233

びヨハネスブルグでの首脳会議は、水のガバナンスの課題について政治的認識を高めるのに役立ち、（官、民および市民社会のステークホルダーが関与する）数多くのパートナーシップが構築され、また強化された。大陸に関してみれば、アフリカ水閣僚会議（AMCOW）およびアフリカ水タスクフォース（AWTF）が、健全な政策の策定を指導し、水のさまざまな取り組みの調整を図り、アフリカ水ビジョンおよび行動の枠組みに基づき NEPAD（アフリカ開発のための新しいパートナーシップ）水アジェンダを策定するために創設された。アフリカ水基金は、アフリカにおける能力開発と投資支援のためのプールファンドの窓口としての役割を果たすであろう。米州機構でも、大陸全域にわたる同様の強調・調整が米州機構－米州水資源ネットワーク（OAS-IWRN）によってなされる。」[32]

このようにフォーラム声明は、これまで多くの国において水関連法やガバナンスに関する対話が進められ、水資源の開発と管理に関する新たな政策や法の策定が進められてきた点を指摘している。しかし他方で、このような水ガバナンスの取り組みにもかかわらず、国際河川などにおいては将来的なリスクが存在する点も同時に以下のように指摘している。

「また最近では、数多くの越境河川（ガンジス、インコマティ、セネガル、プング・ブジ・サヴェ、サーバ、チュ・タラス）および湖沼（ビクトリア、マラウィ／ニアサ／ニヤサ）に関して合意が達せられ、広域の地域協定が流域協定をさらに押し進めている（SADC（南部アフリカ開発共同体）水協定、EU 水枠組指令）。これらをはじめとするその他長年にわたる取り組みは、いかにして水が紛争ではなく平和の源としての役割を果たしうるのかを例示するものである。国際社会は、たとえばナイル川流域イニシアティブやヌビア砂岩帯水層地域戦略など、世界で最も重要な流域のいくつかにおいて、財政援助を行

32）　第 3 回水フォーラムの「フォーラム声明文」。http：／／www.waterforum.jp/worldwaterforum3/jp/finalreport/commitment01.html

い、専門知識や技術を提供して、協力の推進に努めている。しかしながら、水に関連する長年の紛争は数多く未解決のままとなっており、限りある淡水資源の需要は増大する一方で、将来紛争が勃発する危険性は高まるばかりである。」[33]

そしてフォーラム声明文では、水の健全な管理においては、グローバル、リージョナル、ナショナル、流域といったさまざまなレベルでの取り組みの必要性、各国政府、市民社会、国際機関、産業界、女性および少数民族などさまざまなステークホルダーによるパートナーシップの必要性を強調した。

(4) 第4回世界水フォーラム

2006年3月に、メキシコシティにおいて第4回世界水フォーラムが開催され、世界の約140カ国から約2万人が参加した。このフォーラムの全体的テーマは、「グローバルな課題のためのローカルな行動」であった。このフォーラムで採択された閣僚宣言のなかでは、「貧困と飢餓の撲滅、水に関連する災害の縮小、衛生、農業と農村の発展、水力発電、食料安全保障、ジェンダーの平等、および環境の持続性と保護の達成など、持続可能な発展のあらゆる面において、水、特に淡水が決定的に重要であること」を再確認し、「水と公衆衛生の問題を、国家活動において、特に持続可能な発展と貧困撲滅に関する国家戦略において、優先項目に入れる必要性」が強調された。

また閣僚宣言は、アジェンダ21、ミレニアム宣言、およびヨハネスブルグ実施計画（JPOI）で合意された統合的水資源管理（IWRM）ならびに安全な飲料水と基本的衛生の確保に関する国際的な合意目標を達成するという約束を再確認し、「安全な飲料水の入手や購入が困難な人々の割合を2015年までに半減させるという目標」を表明した。

---

33) 同上。

(5) 第5回世界水フォーラム

　第5回世界水フォーラムは、2009年3月にトルコのイスタンブールで開催され、世界の182カ国から3万人以上が参加した。このフォーラムの全体的テーマは、「水問題解決のための架け橋（Bridging Divides for Water）」であった。ここでの分離とは、イスタンブールに代表されるようにヨーロッパとアジア、中東とアフリカ、北と南といった地理的な分裂だけでなく、近代的な水の文化および利用と伝統的な水の文化および利用とのあいだの障害、世界の豊かな人々と貧しい人々とのあいだの、そして先進地域と開発途上地域とのあいだの障害を明示しており、そのテーマは、水管理に組み込まれその影響を受けているさまざまな存在物のあいだの対話、コミュニケーション、機能的調和化を強調している[34]。

　この全体的テーマのもとに、6つのテーマが設定された。それらは、①グローバルな変化とリスク管理、②人間開発とミレニアム開発目標の促進、③人間と環境のニーズを満たすための水資源とその供給システムの管理と保護、④ガバナンスと管理、⑤資金、⑥教育・知識・キャパシティ・ビルディングである。これら6つのテーマのもとに24のトピックが設定され、さらに100のセッションに分かれるというピラミッド型の構造をなしていた。各セッションでは、21世紀の人類が直面しているもっとも重要な課題のいくつかについての可能な解決策が議論され、現在および将来の水問題に関する有益な情報や資料が提示された。

　このフォーラムで採択されたイスタンブール首脳宣言は、水資源を持続可能な方法で開発・管理し、すべての人々に安全な水および衛生へのアクセスを保証するための共通のビジョンと枠組を生み出すよう全ての政府、国際機関その他の関係者に求めた。

---

34) 5th World Water Forum, Home Page, http://www.worldwaterforum5.org/index.php?id=1878&L=%20onf...blurLink%28this...

Ⅲ 水ガバナンスとしての国際会議―成果と課題―

(1) グローバルな水会議の成果と問題点

これまでみてきたように、国連のグローバルな水政策は、1972年のストックホルム会議、1977年のマルデルプラタ会議、1992年のリオ会議、2000年のミレニアム・サミット、2002年のヨハネスブルグ会議のなかで進められ、それらのなかには行動計画や決議が採択された会議もあり、一定の成果を挙げてきた。他方では、1996年に世界水会議（WWC）が設置され、翌年から世界水フォーラムがスタートした。世界水フォーラムには、各国政府、国際機関、市民社会組織、企業など多様なステークホルダーが関与し、グローバルなレベルでの水資源問題について討議するための枠組となっている。

このように1970年代以降、水資源をめぐっては多くのグローバルな水会議が開催されてきたが、改めて問われなければならない問題は、これらの会議が開催されなかった場合と比較して実際的にどのような積極的な役割を果たしてきたのかという点であろう[35]。水の国際会議というガバナンスの目的は一定のグローバルな合意形成であり、最終的には水資源の保護・供給・管理あるいは衛生の面で各国政府を拘束するようなレジームあるいは多国間条約の形成であろう。この点からみて、これまでのグローバルな水会議がその可能性をもっているかどうかが問われているといえる。

グローバルな水会議の評価に関しては、P・グリックとJ・レインの研究[36]が示唆的な指摘をしているので、それについて検討したい。まずかれらは、グローバルな水会議の成果として、以下の8点を指摘している。

---

35) A. K. Biswas and C. Tortajada, *Impact of Megaconference on the Water Sector*, Springer, 2009, p.vi.

36) P. H. Gleick and J. Lane, Large International Water Meetings: Time for a Reappraisal, in: *International Water*, Vol. 30, Nr. 3, pp.410-414.

① 貧困に関する広範な議論における水の重要性に焦点を当てたこと。
② 水問題に関して政治やメディアの関心を喚起したこと。
③ 重要な2つ以上の水政策に関する合意の形成。
④ 各部門の指導者が水に関する知識を共有し新しい解決策を議論できること。
⑤ 各部門の専門家が相互に会合をもち、情報交換し、個人的な接触を持つことができること。
⑥ 若い専門家が話す経験の機会を得たこと。
⑦ 重要な提案の開始のための機会を提供すること。
⑧ ホスト国の努力が強調されること。

他方、グリックとレインは、グローバルな水会議の問題点として、以下の12点を指摘している。

① 不明確な目的しか持たないこと。
② 実行されない宣言や行動計画を作成すること。
③ 原則の無意味な繰り返し。
④ 世界の人々（とくに貧困な人々）の生活の現実との具体的つながりの欠如。
⑤ 規模の大きさとまとまりの欠如による知識の専門的な交換の欠如。
⑥ 政策決定者の効果的な参加の促進よりも抑制。
⑦ 地方自治体の参加の欠如、原理的な政策決定者である中央政府の関与の欠如。
⑧ 自己の案件を推進する定期的参加者の小グループによる支配。
⑨ 工業諸国の機関や組織された特定の利益集団からの支持への偏重。
⑩ 財政や開発政策といった他の部門における指導者への接触の欠如。
⑪ 会議のコストと結果の説明責任の欠如。
⑫ 資金と時間が高価であること。

これまでのグローバルな水会議は、重要な水問題の議論をさまざまなアクター、部門、専門家によって総合的に展開されてきたというメリットをもって

いる。グリックとレインの指摘にあるように、グローバルな水会議が政治やメディアの関心を喚起した点、各部門の専門家が会合に参加することで多様な視点から水問題について議論できたという点、そして重要な提案のための機会を提供していることなどが評価されてよいだろう。

しかし他面において、グローバルな水会議においては、参加アクターが多様であって、しかもそれぞれの参加者が水問題に関して自己の利害と政策をグローバルな場面で進めようという意図がみてとれる面があり、合意形成が困難となっている。グリックとレインの指摘にあるように、明確な目的が欠落し、実行されない宣言や行動計画が作られていること、地方政府や中央政府の政策決定者の関与が欠如している点、特定の利益集団による支配、そして水問題で苦しんでいる途上国の人々の視点の欠如などは、水のグローバル・ガバナンスの枠組それ自体のあり方についての問題点を提起しているように思える。グローバルな水会議が一定の役割を果たしうるのは、明確な目標、出席者、目的をもって会議が組織される場合であり、しかも国際会議の成果は、一定の帰結や目的のもとに計画された小規模の専門的・政策的なワークショップによってもたらされる[37]。

(2) 水のグローバル・ガバナンスからグローバル・レジームへ

水のグローバル・ガバナンスから水のグローバル・レジームへの移行に関しては、ただちに水資源に関する国際条約という段階に進むことは困難であるとしても、そこに至るプロセスにおいては時間のかかるタフな交渉が想定されよう。国際社会においてはすでに、国際河川に関するトランスナショナルな水レジームやグローバルな水レジーム（国際水条約）が形成されている[38]。しかしながら、水資源の管理、安全な水と衛生設備へのアクセスといった水全般に関する国際条約はいまだに成立していない状況である。

---

37) P. H. Gleick and J. Lane, Large International Water Meetings : Time for a Reappraisal, p.413.
38) Cf. Shlomi Dinar, *International Water Treaties*, Routlege, 2008.

まず国連の水に関連する会議で採択されてきた行動計画は、グローバルな水政策を推進するうえでの拘束力をもたないが各国がその実現に向けて努力するソフトロー的な性格を有する。すでに触れたように、1977年にアルゼンチンのマルデルプラタで開催された国連水会議では、マルデルプラタ行動計画が採択された。マルデルプラタ行動計画は、勧告と決議から構成され、勧告は、A. 水資源の評価、B. 水利用と効率性、C. 環境、健康と汚染管理、D. 政策、計画、管理、E. 自然災害、F. 公的情報、教育、訓練、研究、G. 地域協力、H. 国際協力であり、他方、決議は、1．水資源の評価、2．コミュニティの水供給、3．農業の水利用、4．砂漠化対処における水の役割、6．水部門における開発途上国間の技術協力、7．河川委員会、8．水部門における国際協力のための制度的体制、9．水部門における国際協力のための財政的体制、10．占領地域における水政策となっていた。

　また1992年のリオでの国連環境開発会議では、アジェンダ21が採択されたが、このなかで水資源に関しては、第18章「淡水資源の質と供給の保護：水資源の開発、管理および利用への統合的アプローチの適用」が水政策の基本をなすものであった。さらには2002年のヨハネスブルグ・サミットで採択されたヨハネスブルグ宣言では、2000年のミレニアム開発目標に示されているように、安全な飲料水の確保とそれへのアクセス、そして安全な飲料水を利用できない人々の半減がその課題とされた。このように国連の水会議で採択された行動計画や宣言は、各国を拘束するものではないとはいえ、各国の水政策に対して一定の枠組や方向性を与えるものである。

　さて、水政策においてトランスナショナルな法を形成しているのはEUである。EUでは、1973年以来、飲料水に関する指令など水質問題や水質基準に関連する政策や法を作り上げてきた[39]。そして2000年には、EU水枠組指令を発して、加盟各国に対して国内法への転換を促している。EUの指令は各国に発

---

39) J. W. Dellapenna and J. Gupta, The Evolution of Global Water Law, in: J. W. Dellapenna and J. Gupta (eds.), *The Evolution of the Law and Politics of Water*, Springer, 2008, p.10.［以下 Dellapenna and Gupta (2008)］

せられると、国内法化することが義務づけられており、違反した場合には欧州裁判所による裁定に持ち込まれ、罰金を科せられる場合もある。その意味では、EUの水に関する指令は、拘束力のあるトランスナショナルな水レジームであるということができる。またヨーロッパにおける多国間の水レジームとしては、ドイツ、フランス、ルクセンブルク、オランダ、スイスのあいだで締結された1963年のライン川汚染防止国際委員会協定（1965年発効）があり、さらにはドイツ、フランス、ルクセンブルク、オランダ、スイス、ヨーロッパ経済共同体のあいだで締結された1976年のライン川化学汚染防止条約（1979年発効）、そしてドイツ、フランス、ルクセンブルク、オランダ、スイス、欧州共同体のあいだで締結された1999年のライン保護条約（未発効）がある。

　他方、グローバルな水レジームとしては、1966年の国際河川水利用ヘルシンキ規則がある。ヘルシンキ規則は、1873年に設立された国際法協会（ILA）の法律専門家が作成した国際規則であり、国際法協会で採択されたものである[40]。ヘルシンキ規則は拘束力のないソフトロー的な性格しかもたないとはいえ、国際河川流域水の利用について規定した規則である。たとえば、その第4条では、「各流域国は、その領域内において、国際河川流域水の有益な利用につき合理的かつ衡平な配分を享受する権利を有する」と規定している。ここでいう合理的で衡平な配分を決定する要素として、以下の11点が明記されている[41]。

① 特に各流域国の領域における流域のひろがりを含む流域の地理。
② 特に各流域国の水の寄与分を含む流域の水文。
③ 流域に影響を与える気候。
④ 特に現在の水利用を含む流域水のこれまでの利用。
⑤ 各流域国の経済的及び社会的ニーズ。
⑥ 各流域国における流域水依存人口。
⑦ 各流域国の経済的及び社会的ニーズを充足する代替手段の費用比較。

40）　Dellapenna and Gupta (2008), p.12.
41）　ヘルシンキ規則からの引用は、前掲『地球環境条約集（第4版）』による。

⑧　他の資源の利用可能性。
⑨　流域水利用における不要な浪費の回避。
⑩　諸利用間の紛争を調整する手段としての他の流域国に対する補償の実現可能性。
⑪　他の流域国に重大な損害を与えることなく流域国のニーズを充足させ得る程度。

　さて、リージョナルな国際水レジームの事例としては、1992年に採択された欧州経済委員会のヘルシンキ条約（越境水路及び国際湖沼の保護及び利用に関する条約）がある。この条約は1996年に発効した。この条約は、前文に規定されているように、「越境水路及び国際湖沼の状態の変化が欧州経済委員会の加盟国の環境、経済及び福祉に与える短期的又は長期的悪影響の存在と脅威を憂慮し」、欧州経済委員会の各国政府が越境水域の保護と利用に関する規定を定めたものである。その第2条では、「締約国は、越境影響を防止、規制及び削減するためにすべての適切な措置をとる」として、具体的に、以下の4点を挙げている。

①　越境影響を引き起こし、又は引き起こすおそれのある水汚染を防止、規制及び削減すること。
②　生態学的に健全で合理的な水管理、水資源の保全及び環境保護の目的をもって越境水域が利用されることを確保すること。
③　越境影響を引き起こし、又は引き起こすおそれのある活動の場合には、越境水域を特にその越境性を考慮して合理的かつ衡平に利用することを確保すること。
④　生態系の保全及び必要な場合にはその回復を確保すること。

　これらの規定には、予防原則、汚染者負担の原則、持続可能性の原則が含まれており、さらにはヘルシンキ規則に規定された「合理的で衡平な配分」と同様の趣旨の「合理的で衡平な利用」という原則が規定されている。

　そして、グローバルな水レジームとしては、1997年5月21日に国連総会で採択された「国際水路非航行的利用法条約」がある。この条約は、国際水路とそ

の航行目的以外の利用、及びこの利用に関連する保護・保存・管理措置に適用されるものである。この第5条では、衡平かつ合理的な利用と参加について、以下のように規定している。

「水路国は、その領域内において、国際水路を衡平かつ合理的な方法で利用する。特に、水路国は、関連する水路国の利害関係を考慮し、水路の適切な保護と両立させて、国際水路の最適かつ持続可能な利用を達成し、国際水路からの便益を得るために国際水路を利用し、開発する。」[42]

現在の国際水法は、国際的な水慣習法を含んでいる。国際慣習法は、紛争当事国が合意に達するまで相互に主張するという過程によって展開されてきた。一般に、国際水法には3つの原則が存在する。第1は、水に対する領域主権あるいは絶対的領土主権の原則で、アメリカのハーモン法務長官の名をとって「ハーモン原則」とよばれているものである。これは国家が自国領域内の水資源に関しては絶対主権を有し、下流国や隣接国に配慮することなく、水を自由に利用できるという原則である。第2が領土保全あるいは絶対的な領土保全の原則で、これによると、下流国は水利用に関してはその権利が認められ、自然な流れに対する上流国の干渉には下流国の合意が必要とされる[43]。そして第3が衡平な利用という原則である。これは1966年のヘルシンキ規則や1992年のヘルシンキ条約にも採用されている原則で、国際水路が「共有資源」であり、衡平かつ合理的な方法で利用されねばならないという観点にたっている。1997年の「国際水路非航行的利用法条約」もこのような原則を採用しているといえる。この条約の発効には35カ国の批准が必要であり、2014年8月17日にようやく発効した。

これまで検討してきたように、グローバルな水の問題に関しては、水問題の多様性（国際河川、湖沼、飲料水、衛生設備など）、それにかかわる国家の多様

---

42) 前掲『地球環境条約集（第4版）』、420頁。
43) Steven C. MacCaffrey, *The Law of International Watercourses*, 2nd. Edition, Oxford University Press, 2007, p.126f. P・バーニー／A・ボイル『国際環境法』池島大策他訳、慶応義塾大学出版会、2007年、337頁。

性、アクターの多様性、国際機関というガバナンスの主体の多様性、規範の多様性などの要因によって、グローバルな合意に到達すること自体が困難をきわめている。したがって、グローバルな水ガバナンスにおいて各国政府を拘束するようなレジーム形成には、それ以上に困難が伴っているといえる。しかし、水に関する国際規範がグローバル・ガバナンスにおける合意形成の枠組のなかで議論・検討されるにつれて、規範的な前提が徐々に形成されるように思われる。

　現在、地球温暖化、オゾン層破壊、生物多様性の喪失といった地球環境問題に対するグローバルな取り組みが進みつつあるものの、エネルギーと水資源といった人間生活に不可欠な資源についてのグローバルな取り組みは進んでいない状況である。エネルギーに関しては、各国で化石燃料の代替エネルギーとして再生可能エネルギーの利用への取り組みが開始されており、その取り組みはおそらくグローバル・ガバナンスにまで拡大する可能性が高い。他方、水資源に関しては、国別の取り組みから地域的ガバナンスへ移り、そしてグローバル・ガバナンスあるいはグローバルなレジームの形成に至る可能性があるだろう。しかし、グローバル化によって、水という地球公共財の民間企業による管理すなわち民営化が進み、水資源の価格化を通じて市場原理が支配するようになるならば、とりわけ世界の貧困層にとっては水資源へのアクセスはますます困難になるだろう。

　UNDPの2006年の『人間開発報告書』は、これまでの国際会議での水問題への取り組みに関して、以下のように書いている。

　「もしハイレベルの国際会議、希望を与える声明、大胆な目標などが、安全な水と基本的な衛生設備を届けることができたならば、グローバルな危機ははるか昔に解決していたことだろう。1990年代の半ば以降、水問題を取り上げる国際会議やハイレベルの国際パートナーシップが急激に増えてきた。現在、水と衛生設備の問題に取り組む国際機関の数は23に上る。

これほど多くの会議、活動にもかかわらず、水と衛生設備の問題には、わずかな進展しか見られない。過去10年を振り返るとき、水と衛生設備の問題は、議論過多と行動の欠如に苦しんできたという結論に到達せざるを得ない。この先の10年間に求められるのは、国家が中心となった戦略を基本とする、グローバルな行動計画を含む、世界規模の協調行動である。」[44]

水資源は大気と同様に人間の生命の維持するための重要な資源である。その意味では、UNDPの報告書にもあるように、たとえば水に対する人権という視点がグローバルな価値原理として承認される必要があろう[45]。こうした価値原理を世界行動計画のなかに盛り込み、さらには国際水レジームの基本原理の1つに組み入れることが重要であろう。その意味で、水のグローバル・ガバナンスあるいはレジームを有効にするためには、水資源の保護に関する価値や理念における基本的な合意の形成にむけての努力が必要であろう。

44) 国連開発計画『人間開発報告書2006』国際協力出版会、2007年、10頁。
45) 前掲『人間開発報告書2006』は、すべての政府が憲法の原則を超えて、水に対する権利を制定法の中に記すべきであるとしている。尚、水に対する人権に関しては、P. Gleick, The Human Right to Water, in : Water Policy, Vol.1. No.5, pp.487-503、および本書の第10章を参照されたい。

第 9 章
EU の水政策と水枠組指令（WFD）

　EU は1957年のローマ条約によって経済共同体（EEC）として出発したために、当初は条約のなかには環境に関する規定は存在しなかった。しかし、1972年にストックホルムで開催された国連人間環境会議以後、EU において環境問題の重要性が認識され始め、環境政策が EU の主要な政策の 1 つになっていった。1973年から始まった環境行動計画は、今日まで EU の環境政策を方向づける重要なプログラムとして機能してきた。とはいえ EU の環境政策は、正式な法的根拠のないまま欧州共同体設立条約の旧第100条と旧第235条を根拠に進められてきた。しかし、1987年の単一欧州議定書（SEA）の成立により、EU 条約のなかに環境に関する規定が挿入されることになった。こうして単一欧州議定書は条約に新しい第 7 編「環境」を設けることで、それまでの EU の環境政策の法的根拠の欠如という問題に対応したのである。

　EU の環境政策のなかでも水に関する政策は重要な位置を占める領域の 1 つである。EU の環境政策はその共通で統一的な性格を維持するために指令という形で各加盟国に対して国内法への転換を促す。水に関するさまざまな政策については、1990年代まで個々の指令という形で加盟国に対して実施されていたが、2000年に水枠組指令（WFD）が出されることによって、これまでの統一性を欠いた水政策が統合されることになった。本章では、水資源に関するリージョナル・ガバナンスの事例として、1970年代から2000年の水枠組指令に至るまでの EU の水政策について検討したい。

I　EUの水に関する立法政策

　水立法はEUの環境政策における重要な領域の1つであり、水に関連する25以上の指令と決定によって構成されている。ここでは、EUの水政策あるいは水立法に関するこれまでの研究に従って[1]、①1975-1980年代、②1990-2000年、③2000年以降という3つの時期に区分して検討したい。

(1)　水立法政策の第1期

　EUの水立法の第1期は、1975年から1980年代までの時期である。この時期の水政策の特徴は、環境質基準 (environmental quality standards) である。環境質基準は汚染の度合いを対象にしたもので、一般に、環境質に関連する規則として土壌、水、大気といった一定の生活環境に関する基準である。したがって、環境質基準はそれぞれの生活環境に関する望ましい質的水準を設定するものである。水質基準に関しては、地表水、魚のための水、貝類のための水、水浴水、飲料水などを対象にして、水質基準が指令で設定されてきた。他方、特定の水利用に関しては、有害物質指令や地下水指令のように、排出限界値 (emission limit values) が設定されてきた。

---

1) Cf., G. Kallis and P. Nijkamp, Evolution of EU Water Policy : A Kritical Assessment and a Hopeful Perspective, in : *Zeitschrift für Umweltpolitik & Umweltrecht*, 3. 2000, SS. 301-335, G. Kallis and D. Butler, The EU Water Framework Directive : Measures and Implications, in : *Water Policy*, 3, 2001, pp.125-142, D. Aubin and F. Varone, The Evolution of European Water Policy, in : Ingrid Kissling-Näf and Stefan Kurs (eds.) *The Evolution of National Water Regime in Europe*, Kluwer Academic Publishers, 2004, [以下 Aubin and Uarone (2004)] pp.49-86. M. Kaika, Water for Europe : The Creation of the European Water Framework Directive, in : J. Trottier and P. Slack (eds.) *Managing Water Resources*, Oxford University Press, 2004, [以下 Kaika (2004)] pp.89-116. P. C. D. Castro, European Community Water Policy, in : J. Dellapenna and J. Gupta (eds.), The Evolution of the Law and Politics of ater, Springer, 2008, pp.227-244.

このように当初の指令においては、一般的な環境質基準によって水質に関する指針を示すことで、環境保護と公衆の健康維持という目的の達成を図っていたが、さらに汚染物質あるいは有害物質（非生物分解性の合成洗剤、鉛、カドミウムなど）の排出制限という基準によって補完されていった。これらの指令は、おもに1973年のEUの第1次環境行動計画に基づくものであり、環境行動計画は環境質基準と排出制限基準の双方を要求しているが、実際には統一のとれないものになっていた[2]。

水に関する最初の指令といえるものは、1973年の「洗剤に関する加盟国の法律の共通化に関する指令」であろう[3]（表1参照）。この指令の目的は、企業に対して生物分解性のない洗剤の生産と販売を中止させることで、地表水に硝酸塩を蓄積させないようにすることであった。

1975年の「地表水に関する指令」[4]（正式名称は「加盟国における飲料水の取水のために地表水に必要な質に関する1975年6月16日の理事会指令」）は、湖、河川、貯水場の水のように飲料水として利用される地表水を保護するということにその目的があった。その第1条の第1項と第2項では、以下のように規定されている。「この指令は、飲料水の抽出において利用され、あるいは利用を目的とした地表水の適切な処理の後に充足しなければならない質的要件に関するものである。地下水、塩水、水を含んだ地層に補給する目的の水はこの指令の対象とはならない。」（第1項）「この指令の適用の目的に関しては、人間の消費を目的とし、一般的な利用のための配分ネットワークによって供給されるすべての地表水は、飲料水とみなされる。」[5]（第2項）

---

2) K. Lanz and S. Scheuer, *EEB Handbook on EU Water Policy under the Water Framework Directive*, European Environmental Bureau, 2001, p.4.［以下 Lauz and Scheuer (2001)］

3) D. Aubin and F. Varone (2004), p.58. Council Directive of 22 November 1973 on the Approximation of the laws of the Member States relating to detergents (73/404/EEC).

4) Council Directive of 16 June 1975 concerning the quality required of surface water intended for the abstraction of drinking water in the Member States (75/440/EEC).

5) 75/440/EEC.

同じく1975年の「水浴水に関する指令」（正式名称は「水浴水の質に関する1975年12月8日の理事会指令」[6]）は、治療目的で使用される水とスイミングプールで使用される水を例外として、水浴水の質に関するものであり、「水浴水」は淡水および海水を意味している。この水浴の領域に関しては各加盟国が認めることになっており、また各加盟国は付属書に従って水浴水に適用される基準を設定する（第3条）。

1978年の「淡水魚に関する指令」（正式名称は「魚の生命を維持するために保護と改善を必要とする淡水の質に関する1978年7月18日の理事会指令」[7]）の目的は、特定の魚の種を維持するための淡水の質の保護と改善に関するものであり（第1条）、第1条第4項では、魚の種として、サケ科の魚に属する「サケ、ニジマス、カハヒメマス、シナノユキマス」[8]といった種類が挙げられている。

また1979年の「貝類に関する指令」（正式名称は「貝類の水に必要な質に関する1979年10月30日の理事会指令」[9]）は、食用貝水産物の質の維持のために沿岸の塩水源の質を維持し改善することを目的にしたものである。ここでの貝類は、第1条で規定されているように、食用となる二枚貝と巻貝を指す。

これら「淡水魚に関する指令」と「貝類に関する指令」の両指令の目的を達成するために、各加盟国は、これらの水源の質を監視し、指令によって設定された最小限の基準を遵守するための措置をとるために、関連する水資源を明示しなければならない。これら2つの指令は、2013年に水枠組指令に基づいて廃止された。

---

[6] Council Directive of 8 December 1975 concerning the quality of bathing water (76/160/EEC). 2006年にはこの「水浴水に関する指令」は改定され、新たな指令（Directive 2006/7 EC of the European Parliament and the Council of 15 February 2006 concerning the management of bathing water quality and repealing Directive 76/160/EEC）が発せられた。

[7] Council Directive of 18 July 1978 on the quality of fresh waters needing protection or improvement in order to support fish life (78/659/EEC).

[8] 78/659/EEC.

[9] Council Directive of 30 October 1979 on the quality required of shellfish waters (79/923/EEC).

さて、1976年の「有害廃棄物に関する指令」（正式名称は「共同体の水環境への特定の危険物質の排出により引き起こされる汚染に関する1976年5月4日の理事会指令」[10]）は、EUの水立法の重要な構成要素であり、特定の危険物質の排出を管理するための規制の枠組を規定するものである。この指令は、内陸の地表水（特定領域の水、国内の沿岸の水、地下水）を対象としており（第1条）、排出基準を設定することによってEUのすべての地表水に適用され、1973年の環境行動計画に従うものとされる。その目的は、付属書Ⅰ（ブラックリスト）と付属書Ⅱ（グレイリスト）に挙げられている危険物質による汚染の除去である[11]。

また1980年の「地下水に関する指令」（正式名称は「特定の危険物質による汚染に対する地下水の保護に関する1979年12月17日の理事会指令」[12]）も、1976年の「有害廃棄指令」と同様に、有害物質による地下水汚染を予防することを目的にしたものである。この指令の基本的な理念は、地下水の汚染に対処し、各加盟国の立法の調和化をめざし、予防的な行動をとることである。この指令は付属書において、補完的な指令によって修正された有害物質の2つのリストを定めている。しかし、この「地下水指令」は長期的で広範な地下水汚染を予防するという課題を達成することができなかったようであり、その理由は政策手段の欠如と他の政策への統合の欠如であった[13]。

同年の1980年の「飲料水指令」（正式名称は「人間の消費を目的とした水の質に関する1980年7月15日の理事会指令」[14]）は、「人間の消費を目的とした水の質」

---

10) Council Directive of 4 May 1976 on the pollution caused by certain dangerous substances discharged into the aquatic environment of the Community (76/464/EEC).

11) 76/464/EEC. 付属書Ⅰにリストアップされている物質は、有機リン化合物、有機スズ化合物、水環境における発がん性物質、水銀およびその化合物、カドミウムおよびその化合物、残留鉱物油と石油由来の炭化水素、残留性合成物質である。

12) Council Directive of 17 December 1979 on the protection of groundwater against pollution caused by certain dangerous substances (80/68/EEC).

13) Lanz and Scheuer (2001), p.7.

14) Council Directive of 15 July 1980 relating to the quality of water intended for human consumption (80/778/EEC).

表1　水立法の第一期の指令

1973年	「洗剤に関する指令」（73／404／EEC）
1975年	「地表水に関する指令」（75／440／EEC）
1975年	「水浴水に関する指令」（76／160／EEC）
1976年	「有害廃棄物に関する指令」（76／464／EEC）
1978年	「淡水魚に関する指令」（78／659／EEC）
1979年	「貝類に関する指令」（79／923／EEC）
1980年	「地下水に関する指令」（80／68／EEC）
1980年	「飲料水指令」（80／778／EEC）

出所：筆者作成。

に関するもので、その場合の「人間の消費を目的とした水」とは、人間の消費を目的とした製品あるいは物質の製造、処理、保存あるいは販売にかかわる食料生産のために使用されるすべての水を意味する（第2条）。ただし、この指令においては、管轄権を有する政府当局が「天然ミネラル水」と「医療用水」として認定あるいは定義したものは除外される。各加盟国は、この指令で規定された水質条件が満たされている場合には、それを使用した食材の販売を禁止あるいは妨害してはならない。

全体的にみて、EUの水立法の第1期においては、政策手段は規制的な手段であり、経済的な手段の利用はみられなかった。指令の主な対象も有害物質を排出する企業であり、水供給会社である。

(2)　水立法の第2期

1980年代には、EU諸国における沿岸の水、地表水、地下水に関しては依然としてその悪化が懸念されていた。そのため、EU各国首脳は1988年6月に会合を開き、EUの環境の改善を促進するという決定を行なった[15]。

1991年から1998年にかけて採択された第2期の指令は、排出基準（排出限界値）の採用に焦点を合わせたものであった。その指令の目的は、都市の生活排

---

15) Aubin and Varone (2004), p.60.

表2　EU加盟国における富栄養化の問題

加盟国	富栄養化の程度
オーストリア	特定の地域での富栄養化。
ベルギー	河川、運河、湖、沿岸の水における広範な富栄養化。フランダース地方の地表水のほとんどが富栄養化に分類される。
デンマーク	河川と湖の広範囲の富栄養化。
フィンランド	わずかな特定地域での富栄養化。
フランス	特定の河川流域、湖、貯水池に限定された富栄養化。特にロアールとムーズ。
ドイツ	特に南ドイツ、バルト海、シュレスヴィヒ・ホルシュタインの湖における深刻な富栄養化。
ギリシア	きわめて限定された地域の富栄養化。しかし重大。
アイルランド	きわめて限定された地域の富栄養化。しかし重大。
イタリア	湖、河川、貯水池に影響を与えるほど重大な富栄養化。アドリア海への排水は深刻な問題。
ルクセンブルク	重大な富栄養化。
オランダ	ほとんどの地表水源における広範囲の富栄養化。
ポルトガル	富栄養化はほとんど問題にならない。
スペイン	富栄養化は特定地域に限定されているが、問題は拡大している。
スウェーデン	富栄養化は南部に限定されているが、一般に重大性は減少している。
イギリス	富栄養化は特定地域に限定されているが、多くの河川、運河、湖、貯水池では重大である。

出所：Institute for European Environmental Policy, *Implementation of the 1991 EU Urban Waste Water Treatment Directive and its Role in Reducing Phosphate Discharges*, 1999, p.14.

水・産業排水や、農業から生じる硝酸塩による汚染への対処であった。とりわけ硝酸塩やリン酸塩によって引き起こされる水の富栄養化が問題となり、この種の汚染源は容易に特定することができた。富栄養化の問題は、EU加盟国全般にみられる現象であり、この第2期の水立法はこの問題に取り組んでいる。欧州環境政策研究所の報告によれば[16]、EU加盟国各国の富栄養化の状況は表2のようになっている。

さて、1991年の「都市排水指令」（正式名称は「都市排水処理に関する1991年5

---

16) Institute for European Environmental Policy, *Implementation of the 1991 EU Urban Waste Water Treatment Directive and its Role in Reducing Phosphate Discharges*, 1999, p.14.

月21日の理事会指令」[17]）の主要な目的は、国内の汚水、産業排水、流去水による淡水の汚染、河口と沿岸の水の汚染を減少させることである（表3参照）。指令はこれらの水の集中、処理、排水のための基準を採用し、海への汚泥の投棄の禁止を含めて、汚水投棄処理に対する管理を行うものである。指令は都市部の人口密度に応じた排水処理の最低限の基準を規定している。たとえば、1万5,000人の人口をもつすべての都市は2000年までに第2の処理施設をもたねばならず、5,000人の人口をもつ都市ならば2005年までにこの汚水処理水準を達成しなければならない。

　富栄養化の他の源泉も対象とされたが、それは農業によって生じる広範囲の硝酸塩による汚染である。1991年の「硝酸塩指令」（正式名称は「農業による硝酸塩汚染に対する水の保護に関する1991年12月12日の理事会指令」[18]）は、農業による地下水および地表水の硝酸塩汚染を予防し、良好な農業の実施を促進することによって、ヨーロッパ全域の水質を保護することを目的にしている。各加盟国はこの指令に基づいて、水のなかの硝酸塩の濃度と富栄養状態を分析しなければならず、そのため各加盟国に地下水や地表水の検査のための高品質の監視ネットワークが設置された[19]。また加盟国は厩肥と化学肥料の拡大を制限する行動プログラムを作成しなければならず、農家が有機処理を行うことを推進する優良な実用化に関する法規を定めなければならない（第4条）。

　同じく1991年の「農薬に関する指令」（正式名称は「市場での農薬の販売に関する1991年7月15日の理事会指令」[20]）は、水質等に関して規定したものではなく、

---

17) Council Directive of 21 May 1991 concerning urban waste water treatment (91/271/EEC).
18) Council Directive of 12 December 1991 concerning the protection of waters against pollution caused by nitrates from agricultural sources (91/676/EEC).
19) 欧州委員会の2004-2007年のレポートによれば、EU27カ国の地下水モニタリング施設の15％で、1リッター当たり50mgという基準値を上回っていた。他方、25mg以下のところは66％であった。地表水に関しては、EU27カ国のモニタリング施設の21％で硝酸塩濃度が2mg/l以下で、50mg/l以上が3％にすぎなかった（European Commission, The EU Nitrates Directive, Water, January 2010）。
20) Council Directive of 15 July 1991 concerning the placing of plant protection prod-

加盟国の市場での農薬販売の調和化をめざすものである。それは農薬販売に関して市場での認可のための統一原則を策定し、認可された農薬に関するリストを作成させるもので、製品のラベルと包装に関しては統一するとしている。この指令の主要な目的は、人間の健康に有害な製品の市場からの排除をねらいとしたもので、受益者は人間、自然、そして水道水の農薬残留濃度基準を遵守しなければならない飲料水生産者である[21]。

1996年の「IPPC指令」(正式名称は「統合的汚染防止管理に関する1996年9月24日の理事会指令」[22])は、EU加盟国内の産業施設から排出される汚染を最小限に抑制しようとし、産業施設の許認可を行なう方法の調和化をめざすものである。このIPPC指令は、汚染の防止・削減・除去という観点から、また「汚染者負担の原則」に従って、大気、水、土壌の汚染の防止を目的にしている。付属書Iに掲げられている産業施設は、エネルギー産業、金属製造・加工、鉱物産業、化学産業、廃棄物管理、その他の活動となっており、これらの設備には操業のための許認可が必要とされている。

このようにEUの水政策の第2期においては、都市、農業、産業の各領域における水汚染の政策を推進するための指令が発せられた。「都市排水に関する指令」は比較的実施され、各加盟国は一定程度遅れたとしても、実施計画に従う努力を行った。また「硝酸塩指令」に関しては、各加盟国が統一した行動をとることができず、10年経過しても充分な成果を得られなかったといわれている。加盟国の農家にとっては、この時期に欧州の農業補助金が削減されていたこともあって、肥料の使用を削減して生産性を落とす可能性のあるこの指令を実施することは困難であった[23]。「IPPC指令」については、2005年の時点でも、多くの加盟国で指令の実施がはかどっていない状況で、操業許認可の実施

---

ucts on the market (91/414/EEC).
21) Aubin and Varone (2004), p.61.
22) Council Directive of 24 September 1996 concerning integrated pollution prevention and control (96/61/EC).
23) Cf. Aubin and Varone (2004), p.62.

表3　水立法の第2期の指令

1991年	都市排水指令
1991年	硝酸塩指令
1991年	農薬に関する指令
1996年	IPPC指令

出所：M. Kaika (2004) を参考に筆者作成

に関してはほとんどの国で3割未満しか完了していなかったようである[24]。

　各加盟国にとって、このような水指令の実施には多くの財政的負担がかかる。たとえば「都市排水指令」の実施には、新たな水処理施設の建設が各都市に求められ、「IPPC指令」の実施にも許認可のためのコストや各産業施設でのコストがかかる。さらに1990年代に入ってからは、欧州通貨同盟への参加に求められる経済的基準の設定に伴って、各加盟国は経済成長の低下と結びついた予算緊縮の時期に突入した。この時期には、イギリスのように水事業の民営化によって財政的困難を乗り切ろうとした国もあった。同時に、各加盟国は、欧州裁判所からの圧迫の増大にも直面し、水指令の不遵守に対する非難を恐れたのである[25]。

(3)　第3期の水政策（水枠組指令）

　EUでは1990年代後半から、それまで個別的に進められてきた水政策を統合的な観点から再定義しようという動きがみられるようになった。EUの水政策を根本的に改革するという決定は、急速に変化する政治的・経済的・社会的な状況のなかで生じ、そこにおいては水政策にかかわるアクターやそれらが置かれている社会関係が大きく変化し、新しい立法的な枠組を必要とさせたということができよう。EUでは、1993年に発効したマーストリヒト条約や1999年に発効したアムステルダム条約などによって、ヒト、モノ、資源、サービス等の

---

24)　この点については、「EUの環境政策と産業」（『JETROユーロトレンド』2006年9月号）参照。

25)　Aubin and Varone (2004), p.62.

移動がますます自由となり、それに伴って環境政策の分野においても各加盟国間での共通化あるいは調和化が進展した。水政策の分野における重要な変化に関しては、その背景にいくつかの要因が存在する[26]。

第1の要因は、水の管理にかかわる多様なアクターとそれぞれの役割の再編という点である。水の供給をめぐる社会的な力関係や紛争がますます複雑になり、それらに強い経済的利害が絡んできた。まず都市部の成長、それらのエコロジカル・フットプリントの増大、国境を越えた水利用の必要性は、水の共有と管理のための地域的・国際的な協定の必要性を生み出した[27]。さらに重要なことは、水市場の自由化と国際化が水資源の管理と配分において新たな強力なプレイヤーとしての私的部門を登場させることになった点である。この民営化の過程は、制度的な規制の必要性を生み出し、水市場の規制と管理に必要な複雑なアクターを生み出した。たとえばイギリスの場合、水管理の構造は1989年の民営化以降に複雑になり、水供給計画はもはや国家主導的なものではなく、市場の管理に委ねられるようになった。そこでは水管理は市場経済の原則に従う新しい制度的構造によって規制される[28]。

第2の変化の要因は、水部門での意思決定を行う権力中枢とその規模の多様化という問題である。地方レベル、国レベル、欧州レベル、国際レベルという規模での水管理に必要な制度やアクターの複雑なシステムは、こうしてローカルな領域からグローバルな領域へと、水の政策や管理を再編することになった[29]。このことは、水政策が個別の国家による供給や管理の問題ではなく、EUという大きな枠組とその権力中枢によるガバナンスを必要とさせたのである。

そして第3の要因は、環境に対する関心の増大である。環境保護は、産業化や都市化の最初の段階では大きな問題ではなかったが、現在ではすべてのガバナンスのレベルで水の供給と管理に関する論議を特徴づけるものになってい

---

26) Kaika (2004), p.92.
27) Kaika (2004), p.92.
28) Kaika (2004), p.93.
29) Kaika (2004), p.93.

る。たとえば、ヨーロッパ諸国における新しいダムの建設計画は、環境影響評価が伴わなければ承認されない。また多くの「ソーシャル・キャピタル」が蓄積され、環境保護と環境管理に「投資」されており、これらの「ソーシャル・キャピタル」には環境 NGO、準非政府組織、諸制度、規制当局、市民グループ、環境保護に関心をもつ人々のネットワークなどが含まれる[30]。

　これらの要因が背景となって、EU の水立法をメタレベルで再編しようとする動きが生まれてきたということができる。こうして第 3 期においては、統合的な水政策へ向けた立法的な取り組みが開始された（表 4 参照）。1995年に欧州議会の環境委員会、EU の環境大臣会合、そして欧州委員会はよりグローバルな水政策アプローチに着手することに合意した。翌1996年 2 月21日には、欧州委員会は欧州共同体の水政策に関する通達（communication）を出した[31]。この通達には、以下の内容が含まれていた[32]。

①既存の立法を包括的な立法に置き換える。
②EU の水政策において共通の定義を確立する。
③統合的水資源管理
④統合的な水質と水量の管理
⑤統合的な地表水と地下水の管理
⑥環境保護の目的をもった統合的措置

　またこの通達には、他の諸原則、すなわち高レベルの保護、予防原則、予防行動、発生場所での損害の緩和、汚染者負担の原則、科学的・技術的データの利用、費用効果分析、国際協力、補完性の原則が含まれていた。

　同年の10月22日にスペインのセビリアで開催された閣僚理事会では、以下のような原則をまとめた枠組指令の精緻化が求められた。

①EU 諸国における自然的・社会経済的な条件の多様性の問題

---

30) Kaika (2004), p.93.
31) Communication of the Commission to the European Parliament and the Council on "European Community Water Policy". COM (96) 59 final, 21. 02. 1996.
32) Kaika (2004), p.91.

表4 水立法の第3期の立法プロセス

1996年2月	欧州水政策に関する委員会報告
1997年2月	欧州委員会は水枠組指令のための提案を行う（COM（97）49）。
1997年11月	欧州委員会は意見聴取後に提案を修正（COM（97）614）。
1998年1月	欧州委員会は提案されたWFDに関する付属書Vの修正作業に環境NGOsを含める。
1998年2月	欧州委員会は意見聴取後に提案を修正（COM（98）76）。
1998年6月	閣僚理事会はWFDに関する暫定的な一般的立場を採択。
1998年夏	欧州議会の環境委員会は、WFD提案を修正、WFD文書をめぐる閣僚理事会と欧州議会とのあいだの実質的違いを明らかにした。
1998年秋／冬	欧州議会は共同決定の状態を達成するためにWFDの第1読会を延期する。
1999年1月	ドイツのEU大統領の主催で欧州議会、欧州委員会、閣僚理事会のあいだで非公式の調停が行われる。
1999年2月	欧州議会はWFDの第1読会を行い、欧州委員会の文書に対する環境委員会の120項目の修正を受け入れる投票を行う
1999年夏	欧州議会選挙で立法過程がおくれる。欧州委員会は、欧州議会の修正を受け入れるが、閣僚理事会は受け入れず、1998年6月の政治的合意に立ち戻る。
1999年秋／冬	欧州議会の環境委員会は、WFDが共同決定の地位を有していないことを理解しつつも、修正案を再提案した。
2000年2月	欧州議会はWFD草案を第2読会に回し、環境委員会による多くの修正を受け入れ、閣僚理事会によって採択された共通の立場に異議を申し立てる。
2000年5月	公式の調停協議の第1ラウンドはEUの諸制度内で行われる。
2000年6月	公式の調停協議の第2ラウンドによってWFDの妥協が生まれた。
2000年9月	調停協議において提出された文書は公式に欧州議会と閣僚理事会によって承認された。
2000年12月	WFD（指令2000／60／EC）は官報（22December2000, L327／1）で公刊され、加盟国は3年以内に国内法に転換することになった。

出所：Kaika (2004), p.91.

②有害物質排出範囲の段階的な削減

③管理と監視のコストの定期的評価

④汚染者負担の原則、協力、予防、そして発生地での汚染削減の尊重

⑤最低限の共通基準の定義を可能とする質的目的と排出基準の組み合わせ

そして1997年2月、欧州委員会は水枠組指令のための提案書を起草したのである[33]。

---

33) Commission Proposal for a Council Directive Establishing a Framework for Community Action in the field of Water Policy, Brussels, 15 April, 1997

この提案の主要な目的は、以下のとおりである[34]。

①水保護（地表水と地下水）の視野の拡大

②すべての水の「良好な状態」の達成

③統合的アプローチ（integrated approach）の採用（河川流域にもとづく水管理）

④結合アプローチ（combined approach）の採用（排出限界値と質的基準に沿った汚染拡大）

⑤価格の「公正」化

⑥市民のより厳格な参加

⑦能率的立法

1996年の通達とこの提案を比較してみると、基本的な原則がすでに通達のなかに含まれていたということができる。すでにみてきたように、水立法の第1期においては、水質基準に焦点を合わせた立法が特徴的であったのにひきかえ、水立法の第2期においては、排出限界値すなわち排出基準に焦点を合わせた立法が特徴的であった。しかし、水枠組指令においては、河川流域に関する統合的アプローチや、水質基準と排出限界値基準を合わせた結合アプローチが採用されており、この観点は1996年の通達にもみられる。

II　WFD成立の政治過程

(1) WFDの草案化の過程における多様なアクターの参加

WFDが採択されるまでの期間は、1996年から2000年にかけての長い過程であった。この過程における主要な参加アクターは、欧州委員会、欧州議会、閣僚理事会であった。しかし、欧州委員会はWFDに関する最初の通達を出した後、指令の立案に関してさまざまな分野に参加を呼びかけると同時に、多くの特定の集団や組織が参加することを促した。これらには、水供給機関、化学・

---

34) Kaika (2004), p.101-102.

肥料産業、農業部門、農民組合、欧州環境事務所（EEB）などのNGO、規制当局、民営部門をもつ各国の水産業などが含まれていた[35]。欧州委員会が広範囲な分野にオープンな呼びかけを行った理由は、特定の政治的利益に傾いているという非難をかわすためであったが、WFDの協議過程全般を通じて欧州委員会はいかなるアクターや組織からの意見や要求にもオープンであった。

このように欧州委員会が環境に関連する情報の普及に努めた背景には、EUが1990年に発した「環境情報へのアクセスの自由に関する指令」[36]の存在があったといえる。この指令の目的は、「公的機関が保有する情報へのアクセス及びその普及の自由を保証し、こうした情報が利用できる基本的な状況や条件を提示すること」（第1条）である。ここでいう公的機関には、地方、国、地域の各レベルの公共機関が入ることから、当然、地域的公共機関としての欧州委員会も該当する。

さて、さまざまなアクターのなかでも、環境NGOはWFDの草案化の過程で深くかかわっていた[37]。たとえばイギリス王立鳥類保護協会（RSPB）は、湿地への影響に焦点を合わせ、欧州環境事務所（EEB）と世界自然保護基金（WWF）は有害物質の排出中止と地下水保護という問題を推進してきた。環境NGOは、ロビー活動を巧みに行ってきたという利害の共通点をもっている。すなわち、1995年のエスビアウ宣言（北海への有害廃棄物の排出の中止）や1992年のOSPAR条約[38]（有害廃棄物のゼロエミッション）の組み入れ、期限の厳密な

---

35) Kaika (2004), p.95.
36) Council Diretive of 7 June 1990 on the freedom of access to information on the environment (90/313/EEC).
37) WFDに対する多様なアクターの対応に関しては、B. Page and M. Kaika, The Making of the EU Water Framework Directive : Shifting Choreography of Governance and the Effectiveness of Environmental Lobbying, Workng Paper, Oxford 2003 を参照。
38) OSPAR条約は、北西大西洋の海洋環境保護のための1992年の条約で、1972年のオスロ（Oslo）条約とパリ（Paris）条約が統合してOSPAR条約となった。1998年には、汚染のない人間活動を回復するために、生物多様性とエコシステムに関する新しい付属書が採択された。

実施、そして環境保護手段としてのフルコスト価格の重視などである[39]。

それに対して、民営化された水市場のもとに置かれている特殊法人や規制当局は、規制と環境保護を容易にするとともに補完し、また実施する手段としてWFDを歓迎して強く支持した。地方自治体は、指令に関しては複雑な感情を抱いているようである。多くの地方自治体が欧州委員会へ文書を送付するという形で意見聴取を求めているにもかかわらず、合意形成の過程ではロビー活動を展開しなかった。その理由は、地方自治体は欧州レベルで直接的な代表をもたないという点と、さらに地方自治体の利益が各国の省庁によって代表されているという点にあった[40]。

消費者団体はWFDの進展には深くかかわってこなかった。最初の意見聴取段階では指令に対して積極的であったが、その後進展過程から退いていった。その理由は、その当時消費者団体は他のキャンペーン（食品ラベリング）に資源を投入していたからであった。しかし、消費者団体は環境保護に必要な補助金に対する国家主導的な解決を求めた。

公共的な水サービス部門はおもに地方政府と中央政府によって代表されるが、イギリスのような民営化された産業は、国レベルでは環境省へのロビイング、EUレベルでは自らの連合組織であるEurEauを通じて利益を追求している。

産業界はフルコスト価格を支持しており、この点ではNGOと共通している[41]。しかし、産業界は良好な環境基準の達成のための財政的負担が「消費者」あるいは政府に降りかかり、産業界自体には影響がないという認識に立っている。

化学産業界の関心は、環境質基準と排出限界値基準の統一というWFD指令の結合アプローチに関するものであり、20年以内に優先有害物質（WFDの付属書X）を段階的に廃止するという指令の内容は化学産業界にとって大きな影響

---

39) Kaika (2004), p.97.
40) Kaika (2004), p.98.
41) Kaika (2004), p.99.

表5 水枠組指令の主要な論点に関する主要なアクター間の利益の分類

	関連するアクターによるロビイングの論点						
	NGO	規制機関	地方自治体	消費者組織	私的水企業	化学産業	農業部門
有害物資						■	■
フルコスト価格				■	■		■
短期的実施期限						■	■

出所：M. Kaika (2004), p.97. 注：濃い部分が消極的あるいは反対。

を受ける問題である。化学産業連合は優先有害物質を特定する過程に深くかかわり、こうした有害物質のゼロエミッションの緩和を求めていた。この点では、環境NGOの立場とは対照的である。

　農業部門は潜在的に水管理の影響を強く受けることもあって、強力なロビー活動を展開した。農業部門は水に関する良好な環境基準の維持という点から見ると、農薬や化学肥料の使用による水汚染問題を引き起こす当事者である一方、水資源に関して自らは「消費者」と考えている。こうして農業部門は、フルコスト価格に消極的であるうえに、有害物質と短期的実施期限に関しては、化学産業と一致している（表5参照）[42]。

　このように、WFDの内容に関しては、環境NGO、私的水企業、化学産業、農業部門などのロビイング活動の影響を受けた。これらのアクターについてみると、表5からも明らかなように、化学産業と農業部門はWFDへ反対の立場をとっていることが理解できる。これに対して、長期的には水質が向上することが想定される私的水産業はWFDを支持していた。また公的水産業は利用者に負担を強いるフルコスト価格には反対であり、水サービスは伝統的な公共サービスであると考えていた[43]。

---

42) Kaika (2004), p.100.
43) Aubin and Varone (2004), p.71.

(2) EU 制度内での政策過程

すでに触れたように、1997年2月26日、欧州委員会は水枠組指令のための提案を行った。これらの提案に対して、すべてのアクターから積極的なコメントが寄せられ、特に環境 NGO からは歓迎された。しかし、この提案が閣僚理事会と欧州議会に提案されると、これら2つの決定機関は多くの重要な点で同意しないことが明らかになった。欧州議会は環境保護とその実施のための厳密な要件を求めたのに対して、閣僚理事会は、国内産業、実施コスト、公共機関との調整に対処しようとして、より緩やかなアプローチを採った。

両決定機関における草案検討の過程で論争的であった主要な対立点は、以下の3点であった[44]。

① 指令目的の法的に拘束された性格
② 有害物質の排出中止の規定（直接的には地下水保護の導入に関連する）
③ 水価格（フルコスト価格と環境回復コストに関連する）

すなわち、欧州議会の立場は閣僚理事会とは対立的であり、それはフルコストの回復、有害物質、立法上の拘束目的（期限）という重要な問題に関連するものであった。しかし、この時点では（1998年）、マーストリヒト条約にしたがって立法権を有していたのは閣僚理事会であり、他方、欧州議会は閣僚理事会の提案を修正することができるだけであった。欧州議会が予想していたことは、かりに閣僚理事会が修正提案を先に進めるならば、WFD に関しては弱い環境立法を提起することになるだろうということであった。こうした事態が起きないように、欧州議会はきわめて重要な政治的な策略を用いて、アムステルダム条約が1999年5月1日に発効する前に WFD を検討する決定を行わなかったのである[45]。

アムステルダム条約（1999年6月17日調印）は、EU における意思決定手続を変更し、それまでの閣僚理事会と欧州議会との協力的な意志決定から、閣僚理

---

44) Kaika (2004), p.102.
45) Kaika (2004), p.103.

事会と欧州議会との共同決定へ変更した。このように欧州議会と閣僚理事会のあいだの権力バランスが変化したことによって、アムステルダム条約は、欧州議会に平等な交渉権を与え、欧州議会と閣僚理事会とのあいだの見解の相違の重要性をさらに拡大し、WFDの最終文書と同様の環境立法に影響を与えたのである[46]。

そして最初の提案の草稿を修正するのに費やしてから1年を経た1998年2月に、欧州委員会は閣僚理事会（欧州連合理事会）と欧州議会に修正文書を送付した。閣僚理事会と欧州議会はそれぞれ別々の読会を開催して提案を審議した。しかし、上記のような対立点の解消が困難となり、1998年夏から1999年5月にかけて、意思決定過程を促進するために閣僚理事会と欧州議会とのあいだで先例のない調停の話し合いが行われた。14の不一致点のうち3つだけが妥協に達した。これらは少なくとも論争的なものであった。すなわち、指令の範囲に湿地を入れること、公聴と海洋保護の規則の導入、そして有害物質リストに内分泌攪乱化学物質を含めることである。主要な不一致点は依然として残っていた。すなわち、有害物質排出の中止、環境保護戦略としてのフルコスト価格の促進、そして指令の法的拘束力をもつ性格である。

1999年2月、欧州議会は欧州委員会の提案に対する修正を精緻化することを開始した。欧州議会は200の修正を提案し、これらのうち133は欧州委員会に受け入れられた。もっとも重要なのは、以下のものである[47]。

①エスビアウ宣言の指令への編入（欧州委員会によって拒否）

②優先的な有害物質の即時的中止の認定（受容）

③すべての他の有害物質の継続的削減の続行（受容）

④ヨーロッパの遺産という水の性格、商品ではない（拒否）

---

46) この点については、S. Bär and A. Kraemer, European Environmental Policy after Amsterdam, in : *Journal of Environmental Law*, 10, 1998, pp.315-330を参照。尚、EUの環境政策過程の制度的な面に関しては、星野智「EUの環境政策過程」（『環境政治とガバナンス』中央大学出版部、2009年）を参照されたい

47) Kaika (2004), p.107.

⑤加盟国に実施の進展に関する報告を義務づけること（受容）

これに対して、閣僚理事会は1999年3月の第2読会で、欧州議会の見解を修正した。その論点は、以下のとおりである[48]。

①良好な水の状態を達成するために「加盟国は義務を有する」とされていたものを「加盟国は努力すべき」に修正。

②フルコスト価格の要求を削除。

③実施機関を延長（34年）。

④優先有害物質のゼロエミッション・アプローチを放棄。

⑤特例リストの増加（法的に拘束力のある対象の免除）。

この閣僚理事会の修正案に対して、欧州議会は環境NGOとともに強い反発を示した。この時点では、閣僚理事会と欧州議会とが合意に達してWFDの共通の受け入れ可能な文書を提案しなければ、WFD指令そのものが廃案になる可能性があった。このため、欧州議会の環境委員会は、2000年1月に、フルコスト価格の要求の放棄を受け入れること、そしてそれ以外には妥協の余地がないと表明することで、懐柔的な試みを展開し始めた。しかし欧州議会はその企てが拒否されたことから、2000年2月に第2読会に進み、以下の点について賛成投票がなされた[49]。

①すべての有害物質の排出が2020年までに停止されるというOSPAR条約の完全な編入。

②10年の実施期間。

③法的に拘束力のある要件の増加。

このような欧州議会と閣僚理事会のあいだの見解の相違を前提とすれば、妥協的な協議の第2ラウンドの開催は必至であった。この時点ではWFDの成立はさらに危機的な状況に陥っていた。この間、閣僚理事会、欧州議会、欧州委員会はきわめて緊張した話し合いとロビイング活動を行っていた。とりわけ環境NGO（特にEEBとWWF）は、環境問題に関しては多くの妥協を行なわずに

---

48) Kaika (2004), p.107.
49) Kaika (2004), p.108.

表6　第1・第2読会での閣僚理事会と欧州議会の立場

第1読会		第2読会	
閣僚理事会 (1998年6月)	**欧州議会** (1999年2月)	**閣僚理事会** (1999年3月)	**欧州議会** (2000年2月)
・実施期間の延長（16年） ・フルコスト回収の拒否 ・特例リストの追加	・実施期間の維持 ・水は欧州の遺産、商品ではない ・特例なし ・エスビアウ宣言の編入 ・優先的な有害物質の即時的中止の認定 ・すべての有害物質の継続的な削減	・実施期間の延長（34年） ・フルコスト価格の削除 ・特例リストの増加 ・有害物質のためのゼロエミッションアプローチの放棄	・実施期間の短縮（10年） ・水は欧州の遺産商品ではない ・法的に拘束された要件の増加 ・OSPARの完全編入

出所：M. Kaika (2004), p.103.

政治的合意に達するためのロビイングと会合の開催をしていた。そして2000年6月に、公式の調停会議の第2ラウンドにおいて、閣僚理事会と欧州議会のあいだの妥協が成立し合意文書を作成した。最終妥協文書の主要な論点は以下のとおりである[50]。

①加盟国は良好な水の状態を達成することを「目標」とすべきである。

②実施の期限は15年とする。

③地下水保護に関する論争的な条文は削除され、地下水保護に関する娘指令への要求が義務として文書に挿入された。

④優先有害物質はこのカテゴリーに入る物質のリストの公刊後20年以内に除去される。

⑤加盟国は環境コスト回収への不参加を選択することができる[51]。

---

50) Kaika (2004), p.109.
51) 環境コスト回収あるいはフルコスト価格に関しては、欧州理事会と欧州議会での対立が解消されずに、妥協的な提案が最終文書に盛り込まれた。これに関しては、WFD指令の第9条「水サービスの費用回収」のなかで、環境上および資源上の費用を含む、水サービスの費用回収の原則を考慮し、各加盟国が水サービスの費用回収に適当な貢献をするという規定を盛り込んだが、各加盟国がこの規定を適用しないと決定しても、指令に違反しない旨が規定されている。

⑥水は商品ではなくヨーロッパの遺産として定義される。

そして2000年9月、指令の共通文書が欧州議会の総会に提案され、最終的に承認された。最終的な採択は、欧州議会と閣僚理事会の共同決定によってなされた[52]。WFD指令は同年12月22日に施行された。

III 総合的な水立法としてのWFDとその目的
——条文との関連で

(1) WFD指令と他の指令との関連性

2000年12月に施行されたWFD指令は、EUの水政策分野における総合的な管理の枠組であるということができ、これまでの個別的な指令の多くは、このWFDに沿って修正あるいは廃止されることになった。

まず、この指令が発効してから7年後に廃止された指令は、以下のとおりである[53]。①指令75／440EEC（「加盟国における飲料水の取水のために地表水に必要な質に関する1975年6月16日の理事会指令」）、②指令77／795／EEC（「共同体における淡水地表水の質に関する情報交換のための共通手続を確立する1977年12月12日の理事会指令」）、③指令79／869／EEC（「加盟国における飲料水取水のための地表水についてのサンプリング及び分析の測定および頻度についての方法に関する1979年10月9日の理事会指令」）である。

次に、この指令が発効してから13年後に廃止された指令は、以下のとおりである。①指令78／659／EEC（「魚の生命を維持するために保護と改善を必要とする

---

52) H. Blöch, The European Union Water Framework Directive : Taking European Water Policy into the Next Millennium, in : *Water Science and Technology*, Vol. 40, Nr. 10, 1999, p.71.

53) Directive of the European Parliament and of the Council of 23 October 2000 (2000/60/EC). 尚、WFD指令の日本語訳に関しては、「EU水政策枠組指令2000／60／EC」（『環境研究』No.125, 2002年）を参照。廃止及び過渡的規定に関しては、第22条参照。

淡水の質に関する1978年6月18日の理事会指令」)、②指令79／923／EEC（「貝類の水に必要な質に関する1979年10月30日の理事会指令」)、③指令80／68／EEC（「特定の危険物質による汚染に対する地下水の保護に関する1979年12月17日の理事会指令」)、④指令76／464／EEC（「共同体の水環境への特定の危険物質の排出により引き起こされる汚染に関する1976年5月4日の理事会指令」)である（ただし、この指令の第6条はこのWFD指令の発効後廃止されるものとされている[54]）。

(2) WFDの目的と「良好な水の状態」

WFDにおける水の基本的に位置づけは、指令の前文にも書かれているように、「水は商品ではなくて、むしろ遺産として保護され守られ扱われなければならない」[55]とされている点にある。そして第1条ではWFDの目的に関して、以下のように規定している（指令の条文については表7参照）。

この指令の目的は、「内陸地表水、河口水、沿岸水そして地下水の保全のための枠組を確立すること」であり、それは、「(a)さらなる悪化を防止し、水の生態系、水のニーズ、そして水の生態系に直接依存する陸の生態系および湿地の状態を保護・向上させ」、「(b)利用可能な水資源の長期的保護に基づく、持続可能な水利用を促進し」、「(c)特に優先物質の放出・排出・紛失の漸進的な削減、優先有害物質の放出・排出・紛失の停止または段階的除去のための特定の措置による、水環境の高度な保護および向上をめざし」、「(d)地下水の漸進的な削減を確保し、またさらなる汚染を防止し」、「(e)洪水および渇水の影響の緩和に貢献する」ものである[56]。

さらに第1条では、「持続可能で、均衡のとれた、そして衡平な水利用のた

---

54) 尚、指令76／464／EECに関しては、第22条で過渡的規定が定められている。「(a)この指令の第16条の下で採択される優先物質リストは、1982年6月22日の理事会に対する委員会通達の優先物質リストに代わるものとする。(b)指令76／464／EECの第七条の目的から、加盟国は、この指令に規定される、汚染問題及びそれを引き起こす物質の同定、質基準の確立、措置の採択についての原則を適用できる。」
55) 2000/60/EC.
56) 2000/60/EC.

めに必要な良好な質の地表水および地下水の十分な供給」についても規定しており、ここでは「良好な質」という用語が使用されている。また前文では、「良好な水の状態」という用語も使われており、したがってWFD指令の目的は、言いかえれば、水の「良好な質」あるいは「良好な状態」を達成することであるということも可能であろう。「良好な地表水の状態」とは、「生態学的状態および化学的状態の両方が少なくとも『良好』である場合に、地表水域について達成される状態」をいい、「良好な地下水の状態」とは、「量的状態及び化学的状態の両方が少なくとも『良好』である場合に、地下水域について達成される状態」をいう。

　では、第1条で使われている「良好な質の地表水と地下水」という規定の場合に、地表水と地下水にはどのような水が含まれるのであろうか。

　これに関しては、第2条の「定義」のなかで、「地表水とは、化学的状態に関して領海水をも含む場合を除き、地下水以外の内水、河口水、そして沿岸水をいう」としている。この場合、「内水」とは、「陸上において静止または流動するすべての水と、領海水の幅を測定する基線よりも陸地側のすべての地下水をいう。」また「河口水」とは、「沿岸水に近接するために部分的に塩分を含むが、実質的に淡水の流動に影響される、河口付近の地表水域をいう。」そして「沿岸水」とは、「すべての地点が、領海水の幅を測定する基線上の最も近い地点から1カイリの距離にあるような線の陸地側の地表水をいい、適当な場合河口水の外縁まで拡大される」ものである。さらに、「河川」とは、水路の大部分において地表を流れるが、一部において近くを流れる内水地表水域をいう。」「湖沼」とは、「静止した内水地表水域をいう。」そして「地表水域」とは、「湖沼、貯水池、小川、河川または運河、小川の一部、また運河の一部、河口水、または一続きの沿岸水のような、地表水の個別かつ重要な要素をいう。」

　他方、「地下水」に関しては、「浸潤地帯における地表、及び表土または下層土と直接的に接する地表の下にあるすべての水をいう。」（第2条）また「地下水域」とは、「帯水層内の地下水の明確な量をいう。」ここでいう「帯水層」

表7 水枠組指令の条文の内容

条文と附属書	タイトル
第1条	目的
第2条	定義
第3条	河川流域区内の行政的取決めの調整
第4条	環境目標
第5条	河川流域区の特性、人の活動による環境影響の評価及び水利用の経済的分析
第6条	保護地域の登録
第7条	飲用の取水に利用される水
第8条	地表水の状態、地下水の状態および保護地域の監視
第9条	水供給の費用回収
第10条	固定および拡散汚染源についての統合的アプローチ
第11条	措置プログラム
第12条	加盟国レベルでは取り扱うことができない事項
第13条	河川流域管理計画
第14条	情報及び意見聴取
第15条	報告
第16条	水汚染に対する戦略
第17条	地下水汚染の防止及び規制の戦略
第18条	委員会報告
第19条	将来の共同体措置についての計画
第20条	指令への技術的適応
第21条	規制委員会
第22条	廃止および経過規定
第23条	罰則
第24条	実施
第25条	発効
第26条	名宛人
附属書Ⅰ	権限を有する機関のリストに求められる情報
附属書Ⅱ	1. 地表水及び、2. 地下水
附属書Ⅲ	経済的分析
附属書Ⅳ	保護地域
附属書Ⅴ	1. 地表水の状態、2. 地下水の状態
附属書Ⅵ	措置プログラムに含まれるべきリスト
附属書Ⅶ	河川流域管理計画
附属書Ⅷ	主たる汚染物質の表示リスト
附属書Ⅸ	排出限界値および環境質基準
附属書Ⅹ	水政策分野における優先物質のリスト
附属書ⅩⅠ	地図A、地図B

出所：European Commission, Directive of the European Parliament and of the Council of 23 October 2000 (2000/60/EC).

は、「地下水の多大な流動または地下水の多量の取水をもたらす、十分な多孔性および浸透性を有する準地表層または岩石層あるいは他の地質学的地層をいう。」

そして加盟国は、第4条に規定されているように、この指令の発効後遅くとも15年以内に「良好な状態」を達成しなければならない。このため、各加盟国は、「地表水」については、「すべての地表水域の状態の悪化を防止するために必要な措置を実施するものとする」とされ、「地下水」については、「地下水汚染を漸進的に削減するために、人の活動の影響から生ずるあらゆる汚染物質濃度の重大かつ継続的上昇傾向を逆転するために必要な措置を実施するものとする」とされている。

(3) 水の統合的管理と措置プログラム

EUの水政策の基本理念は、水の統合的管理を確立することである。統合的管理に含まれるものは、指令を実施するための措置、共同体全体の立法と各加盟国の立法、そして監視プログラムと水政策の目的である。統合的管理はまた、水管理を合理化するとともに調整することで、EUにおける水域全体について「良好な水の状態」を達成するという目標を実現するために必要な措置の全体像を示している[57]。

統合管理の第1の原理は、水を資源とみなすことである。WFDの第1条(b)には、「利用可能な水資源の長期的保護に基づく持続可能な水利用を促進する枠組」という規定があり、その意味では、水は「遺産」であるとともに「資源」でもある。第2に、統合管理は河川流域の規模で実施され、その目的は国境を越えた水管理の行政活動を調整することにある。第3に、水プログラムを修正する場合、協議手続において水部門のすべてのアクターを含んだ形で実施される。このように統合管理はさまざまなタイプの水域、その利用や管理手段、アクター、加盟国を超えて実現される。

---

57) D. Aubin and F. Varone (2004), p.68.

こうした統合的管理を実現するために、各加盟国はいくつかの義務が課せられている

まず加盟国は、「各河川流域または国際河川流域区の自国領土内に位置する部分について」、「その性質の分析」、「地表水および地下水の状態に対する人の活動の影響のレヴュー、そして経済的分析」（第5条）を実施する。加盟国はまた、「地表水および地下水の保全、または水に直接的に依存する棲息地及び種の保全のための特定の共同体立法の下で、特別の保護を要求するものとして指定される、各河川流域区に位置するすべての領域の登録の実施を確実にする。」（第6条）さらに加盟国は、「各河川流域区内で水の状態の一貫したかつ包括的検討を実施するため、水の状態のモニタリングプログラムの創設を実施する」。（第8条）そして加盟国は、「自国領域内に全部分が位置する各河川流域区について、河川流域管理計画が策定されることを確保」し、「共同体内に全部分が位置する国際河川流域区については」、「単一の国際河川流域管理計画を策定するための調整を確保する」（第13条）とされる[58]。

WFD指令の実施のための主要な手段は、措置プログラムである。WFDは、各加盟国が第4条の環境目的を達成するために、各河川流域区において措置プログラムを推進することを求めている。措置プログラムは、第11条によれば、「基本的措置」と「補足的措置」に分けられる。前者は、遵守されるべき「最小限の要件」であり、これには12の措置が含まれる。

①水保全についての共同体立法の実施のために求められる措置。第10条（このなかで付属書Ⅸに挙げられている指令は、水銀排出指令（82／176／EEC）、カドミウム排出指令（83／513／EEC）、水銀指令（84／156／EEC）、ヘキサクロロシク

---

58) 尚、付属書Ⅶでは、管理計画に関して、以下の点を列挙している。①河川流域の水の性質についての一般的記述（地図作成も含む）、②固定汚染源の評価、③モニタリングネットワークの地図、水利用の経済的分析の要約、④措置プログラムの要約、⑤特定の準流域、セクター、事項、または水のタイプを扱う、河川流域区についてのより詳細なプログラムおよび管理計画の登録とそれらの内容の要約、⑥情報公開および協議についてとられる措置の要約、その結果、そして事後になされる計画の変更、などである。

ロヘキサン排出指令（84／491／EEC）、危険物質排出指令（86／280／EEC））及び付属書ⅥのA部（水浴水指令（76／160／EEC）、鳥類指令（79／409／EEC）、指令（98／83／EC）により修正された飲料水指令（80／778／EEC）、大事故（セベソ）指令（96／82／EC）、環境影響アセスメント指令（85／337／EEC）、下水汚物指令（86／278／EEC）、都市排水処理指令（91／271／EEC）、植物保護製品指令（91／414／EEC）、硝酸塩指令（91／676／EEC）、棲息地指令（92／43／EEC）、統合的汚染防止指令（96／61／EC））に特定される立法措置。

②第9条（水サービスの費用回収）の目的から適当とみなされる措置。
③効率的及び持続可能な水利用を促進するための措置。
④飲料水の取水に利用される水質の保護に関する措置。
⑤淡水の地表水及び地下水の取水と、淡水地表水の貯水に関する規制。
⑥地下水域の人口的再生または増加についての事前許可要件を含む規制。
⑦関連汚染物質の排出規制を規定する一般的拘束力のあるルールに基づく登録。
⑧汚染を発生しやすい拡散汚染源については、汚染物質のインプットを防止または規制する措置。
⑨河川流域の地表水及び地下水の状態への悪影響については、良好な生態学的可能性の達成に一致することを確保する措置。
⑩地下水への汚染物質の直接放出の禁止の措置。
⑪優先物質リストに特定される物質による地表水の汚染を排除する措置。
⑫技術的施設から汚染物質の重大な紛失を防止するために求められるあらゆる措置。

他方、補足的措置については、「良好な水の状態」を維持するという目標を達成するために、基本的措置に加えて意図及び実施される措置である。付属書ⅥのB部の措置がこれに該当する。それらは以下の措置である。

①立法的措置
②行政的措置
③経済的または財政的措置

④交渉した環境協定
⑤排出規制
⑥良好な行為規範
⑦湿地の再形成及び回復
⑧取水規制
⑨需要管理措置
⑩効率的措置および再利用措置
⑪建設プロジェクト
⑫塩分除去プロジェクト
⑬再建プロジェクト
⑭帯水層の人工的再生
⑮教育プロジェクト
⑯研究・開発・実施プロジェクト
⑰その他の適当な措置

(4) EU加盟国の課題

　EU加盟国には明確なスケジュールにしたがってWFDを実施する権限が与えられている（表8参照）。加盟国はまた新しい制度的体制を早急に確立しなければならない。最初の実施のための期限は2003年12月で、まず指令を国内法に転換しなくてはならない。その後、措置と管理のプログラムは漸進的に実施されることになる。そして2015年までにすべての水を「良好な状態」にすることが加盟国に求められる（第4条）。

　また河川流域内の行政的な取り決めの調整については、第3条に規定されているように、まず加盟国は「自国領域内の河川流域を同定し、またこの指令の目的から、それらについて河川流域区を指定する」としている。さらに加盟国は、「自国の領域内の各河川流域区においてこの指令の規則を適用するために、適当な権限ある機関の同定を含む、適当な行政的取り決めを確保するものとする」（第3条の2）としている。国際河川領域については、以下のように規

定している。「加盟国は、１つ以上の加盟国の領域にわたる河川領域が国際河川領域に指定されることを確保するものとする。関係加盟国の要請に基づき、委員会はそのような国際河川流域区の指定を促進するために行動するものとする。各加盟国は、国際河川流域区の自国領土内の部分においてこの指令の規則を適用するために、適当な権限ある機関の同定を含む、適当な行政的取り決めを確保するものとする。」(第３条の３)

そして加盟国は、「国内の権限のある機関と、当事者となっている国際機構の権限のあるリスト」を2003年12月から遅くとも６カ月以内に委員会に提出することとされる[59]。

しかし、実際問題として、加盟国は河川流域管理を適切に実施しようとする場合に、領域的な行政を再調整しなければならないという困難に直面する[60]。

第１に、国際協力を開始することは容易なことではなく、すでに実施されている国際的な制度、すなわちライン川、ムーズ川、スケルデ川、ドナウ川の保護のための国際委員会がこのために利用されうる。WFDによれば、河川領域の協力的な管理構造は第三国にまで拡大されうる。指令が明確なガイドラインを設定しなくとも、水管理はさしあたり一国的な責任のもとに置かれている。国際協力は個々の国家の政治的意思から生じ、いかなる法的要件からも生じない。少なくとも、加盟国は国際的な区域のなかの自国の区域に対する基本的な権限を明示することになる。

第２に、国内的な調整を行う必要性が残っている。河川流域のある部分は一

---

59) WFDの第24条は以下のとおりである。「１　加盟国は、遅くとも2003年12月22日までに、この指令の遵守に必要な法律、規則、そして行政規定を施行するものとする。加盟国は、それについて直ちに委員会に通報するものとする。加盟国がそれらの措置を採択する場合、それらは、この指令への言及を含むか、正式な公表時にそのような言及が添えられているものとする。そのような言及を行う方法は、加盟国によって規定されるものとする。２　加盟国は、委員会に対し、この指令が対象とする分野において採択する国内法の主要規定の条文を報告するものとする。委員会は、それについて他の加盟国に通報するものとする。」

60) D. Aubin and F. Varone (2004), p.78.

国的なレベルで管理されなければならないが、こうした要請は水の権限が連邦に所属する連邦国家内部に一定の問題を提起している。たとえば、連邦国家であるベルギーでは、一国的なレベルで2大河川流域（ムーズ川、スケルデ川）を管理することはできない。水に対する連邦上の権限はなく、さまざまな地域的な水に関連する官庁も協力のために利用されない。1971年の法律で河川流域のレベルで水を管理しようとした国の試みは失敗した。より集権化した国家においてさえ、水に対する権限の再配分は政治的課題とみなされねばならない[61]。

　第3に、流域機関とその権限の指定には多くのシナリオが想定される。ある機関の創出を考えてみよう。一方では、流域内部の水に対する排他的権限をもつ基本的な機関が設立される。この種の取り決めのための選択はきわめて難しい。たとえば水政策に関連するものと関連しないものを明確にするという問題が生じる。水行政は、多くの部門（農業、土地利用計画、産業、および公共活動）にかかわりをもっており、これらのあいだの対立の調整は直接的に行政の各部門と対象領域とのあいだの責任の再配分を含んでいる。他方では、水機関は行政の各部門間の調整の領域として設計されうる。その水機関は、情報を収集し、合意を形成し、あるいはある部門やその他の部門で新しい措置を明確に示す。しかし、もう1つの方法として、流域機関は必ずしも新しい機関である必要はない。それは権限をもつ行政部門であるか、すなわち環境省であるか、あるいは既存の行政機関でもありうる[62]。

　また加盟国にとっての大きな課題は、加盟国による目標達成期限の尊重である。WFDの第4条では、すでに触れたように、「この指令の発効後遅くとも15年以内に良好な生態学的可能性および地表水の良好な化学的状態を達成すること」をめざすとしているが、期限の尊重は不履行に対する裁判所の判決が出たとしても難しい。加盟国が指令に沿った形で目標達成をめざすうえで、財政的な裏付けが必要であることはいうまでもない。しかし、加盟国間には財政的な不均衡が存在しているために、この指令の目標実現には財政的な移転も必要

61）　D. Aubin and F. Varone (2004), p.79.
62）　D. Aubin and F. Varone (2004), p.80.

表8　WFDの実施スケジュール

期限	実施内容	WFDの条文
2000年	水枠組指令の採択	指令2000／60／EC
2003年	指令の国内法への転換	第24条
	河川流域区での管轄権限の指定	第3条
2004年	河川流域区の特徴の明示	第5条
	保護領域の明示	第6条
2006年	モニタリングプログラムの実施	第8条
2009年	管理計画の公表	第13条
	措置プログラムの公表	第11条
2010年	水利用のフルコスト価格の実施	第9条
2012年	措置プログラムの実施	第12条
	局所的水源と広範な水源のための排出管理の結合アプローチ	第10条
2013年	以前の一連の水指令の廃止	第22条
2015年	すべての水の良好な状態	第4条
2019年	指令の再検討	第19条
2024年	優先的な有害物質の排出禁止	第16条

出所：Aubin and Varone (2004) p.79.

となるだろう[63]。

(5) 共通の実施戦略と期限の遵守

　加盟国を実施過程にかかわらせることがWFDの成功にとって大きな課題であった。このため欧州委員会は、2001年にWFDの整合的かつ調和的な実施をめざす「共通の実施戦略」(CIS)[64]を出した。これは加盟国の要請にしたがって欧州委員会がWFDを国内法に転換することを容易にするメカニズムを立ち上げたものである。実際のところ、加盟国は国内法への転換の不履行による欧州裁判所の有罪判決を懸念している。この「共通の戦略」は、実施のためのいくつかの課題、すなわち要請されている期限、指令の文書の複雑性、指令によって提起されている可能な問題解決の多様性、キャパシティ・ビルディングの問題、そして不完全な科学的・技術的な基礎といった課題を十分に認識している。

---

63)　D. Aubin and F. Varone (2004), p.81.
64)　European Commission, *Common Implementation Strategy for the Water Framework Directive*, Strategic Document, 2001.

「共通の戦略」には、4つの重要な活動が基礎づけられている。それらは、①情報の共有、②技術的な問題に関する指針の展開、③情報とデータの管理、④適用・検証・有効化である。最初の3つの活動は、水平的な性格をもち、水枠組指令の実施のための共通の理解を具体化するものである。これらの水平的な活動は、河川流域管理計画のなかで統合され機能するようにする必要がある。したがって、この活動の下で扱われる問題のあいだの必要な関連性が最初に確立されねばならない。4番目の活動はより垂直的なものであり、河川流域における検証を通じて水平的な活動の成果の実際的な達成のために計画された重要な活動を含むものである。

河川流域管理を効果的に進めるためには、各加盟国はさまざまな活動を並行して実施しなければならず、その活動はできるだけ早期に開始されるべきである。指令の転換過程が進行中であるのに他の義務に関して消極的なのは望ましくない。各加盟国が既存の情報を利用して指令の手続きを実際的に進めるならば、それが最初は完全ではなくとも、有益な情報を提供することになるかもしれないし、また長期的には法的期限を守ることにつながり、実施のための財政的なコストを有効に活用することにつながる可能性もある。

このように「共通の戦略」は、加盟国が指令に規定されているさまざまな期限を遵守するための活動方法について示唆している。

しかし、実際問題として、各加盟国が期限を遵守することは難しく、指令の国内法への転換の問題に関しても、すべての加盟国が期限を遵守したわけではない。欧州委員会が閣僚理事会と欧州議会に提出した2007年のレポート「欧州連合における持続可能な水管理——水枠組指令（2000/60/EC）の実施における最初の段階——」[65]によれば、2003年12月の期限までにWFDを国内法に転換したのは、当時の加盟国の15カ国のうち数カ国であり、欧州委員会は11カ国

---

65) Commission of the European Communities, Report from the Commission to the European Parliament and the Council, Towards sustainable Water Management in the European Union- First Stage in the Implementation of the Water Framework Directive 2000/60/EC, Brussels, 22. 3. 2007, COM (2007)128 final.

の違反を非難し、WFD の転換を通知してこなかった5カ国（ベルギー、ルクセンブルク、ドイツ、イタリア、ポルトガル）を欧州裁判所に提訴した。2004年以降に EU に加盟した12カ国については、国内法への転換の期限は加盟した日であり、これらについては期限が守られた。

指令の国内法への転換の後、次の重要なステップは、河川流域区の指定と権限のある機関の同定である。WFD の第3条に規定されている行政的な取り決めに関しては、期限は規定上2003年12月22日であるが、同じく規定に「第24条にいう日から遅くとも6カ月以内」とあるので、実質的には2004年6月22日となる[66]。上記の2007年のレポートによれば、河川流域区の指定と権限のある機関の同定に関しては、ほとんどの加盟国が期限内に欧州委員会に報告していた。行政的な取り決めのほとんどが適切な実施を保証することができるように思われるにしても、実際的な達成はその後に明らかになるにすぎない。しかし問題なのは、加盟国内のさまざまな機関のあいだの調整がうまく機能するかどうかについては明らかではないということである[67]。他方、国際河川流域区を有する加盟国のほとんどは、その管理に必要な協定や調整の取り決めを整えた。しかし、いくつかの流域区に関して、この過程は進行中であり、あるいは国際的な調整の取り決めの改善の可能性が存在する。

また WFD の第5条に規定された「地表水および地下水の状態に対する人の活動の影響の評価」と「水利用の経済的分析」に関しては、加盟国は指令発効後4年以内に完了することになっているが、ほとんどの加盟国はこれについての報告を期限内に実施した。一般的に、各加盟国は EU レベルで以前には存在しなかった情報データベースを作るという最初の取り組みに努力したようであるが、レポートの質と詳細な記述内容についてはかなり異なっていた[68]。

---

66) Cf. V. Kanakoudis and S. Tsitsifli, On-going evaluation of the WFD 2000/60/EC implementation Process in the European Union, seven years after its launch : are we behind schedule?, in : *Water Policy*, 12, 2010, p.75.
67) COM (2007) 128 final, p.6.
68) COM (2007) 128 final, p.7.

これまでみてきたように EU の水政策は、共同体の統合を深化させるにしたがって政策上が統合もはかられていった一方、EU の拡大にともなって水政策の調和化という困難にも直面した。1970年代から1990年代半ばまでの EU の水立法政策の２期までは、水政策においては水政策の分野ごとの指令による対策がとられていた。しかし、1993年に発効したマーストリヒト条約や1999年に発効したアムステルダム条約は、EU の統合を深化させ、さまざまな政策的な分野での統合化の流れに掉さす大きな転換点となった。このことは水政策の分野でも例外ではなく、2000年の水枠組指令はまさに EU レベルでの統一的な水立法であり、EU レベルで「良好な水質」を維持するという目的のために、各加盟国のあいだの協力と調整のメカニズムを制度化するという意図をもっていた。この実施にはまだ長期的な取り組みと各加盟国の努力が必要であるものの、その政策を実施し評価するメカニズムを内在化させた総合的な取り組みは、水政策がもはや一国的なレベルではなく、地域的なレベルで実施される必要があるという現状を反映している。このような EU の取り組みは、他の諸地域、とりわけ国際河川をかかえた地域での統合的水資源管理のあり方に大きな示唆を与えるといえよう。

第10章
水の国際レジーム —ヘルシンキ規則からベルリン規則へ—

　今日、グローバル化に伴う経済成長、人口増加、食糧資源への需要の拡大によって、世界的規模での水資源の確保が緊急な課題となっているだけでなく、水資源をめぐる紛争がさらに深刻化する可能性が高まっている。とりわけ国際河川流域は水資源の利用において複数の国家が競合する空間でもあり、国際紛争が発生する可能性が高い地域となっている。

　世界には263の国際河川流域が存在するといわれ、地理的にみるとヨーロッパ（69）がもっとも多く、以下、アフリカ（59）、アジア（57）、北米（40）、南米（38）と続いている[1]（表1参照）。これら国際河川流域は地球の陸地面積のほぼ半分を占めると同時に、世界人口の約40％の生活領域となっており、それだけにこれらの領域での水資源の配分をめぐる問題は重要なものとなっている。こうした状況において水資源をめぐるガバナンスとレジームの確立が急がれる課題ではあるが、今日においてグローバルなレベルでの有効な水資源ガバナンスと水資源レジームの体制が整っているとはいえない状況にある。

　水資源は人間生活と密接に結びついていたために、それに関連する紛争、管理、ルールの歴史は古く、古代メソポタミア文明、インダス文明、古代エジプト文明、古代中国文明の４大文明にまで溯ることができる。たとえば古代メソポタミアの世界最古とされているウルナンム法典には、他人の畑を灌漑した者はその対価として一定量の穀物を受け取るという記述が存在し[2]、またその後

---

1) United Nations Environmental Programme and others, *Atlas of International Freshwater Agreement*, 2002, p.2. [以下 UNEP (2002)]
2) Itzechak E. Conrnfeld, Mesopotamia:A History of Water and Law, in:Joseph W.

表1 世界の5地域の越境河川流域の数と流域面積の割合

	越境河川流域の数	国際流域における地域の割合（%）	5地域の越境淡水河川と帯水層（国の数）	5地域の越境淡水河川と帯水層（km²）
アフリカ	59	62	コンゴ・ザイール(13)	3,691,000
			ニジェール(11)	2,113,200
			ナイル(11)	3,031,700
			ザンベジ(9)	1,385,300
			チャド湖(8)	2,388,700
			ボルタ(8)	412,800
アジア	57	40	アラル海(8)	1,231,400
			ヨルダン(7)	42,800
			ガンジス・ブラーフマプトラ・メグナ(6)	1,634,900
			クラ・アラクス(6)	193,200
			メコン(6)	787,800
			チグリス・ユーフラテス/シャトルアラブ(6)	789,000
			タリム(5/6)	1,051,600
			インダス(5)	1,138,800
ヨーロッパ	69	55	ドナウ(18)	790,100
			ライン(9)	172,900
			ネマン(5)	90,300
			ストルマ(5)	15,000
			ヴィスツラ(5)	194,000
北米中米	40	37	－	－
南米	38	59	アマゾン(9)	5,883,400
			ラプラタ(5)	2,954,500
全体	263	48		

出所：WWF, *Water Conflict—Myth or Reality ?*, 2012, p.12.

のハンムラビ法典には、灌漑した者が隣人の土地に損害を与えた場合には失った穀物を補償することを求めるという記述がある[3]。さらに中国において最古の王朝とされている夏の皇帝であった禹は、中国における歴史上の最初の水管理者とされている[4]。人間の文明は河川を中心に発展したために、水資源の配分という問題は歴史のなかでつねに重要な社会的・政治的な問題の1つを占めてきたが、古代文明においては専制的な権力が水管理において大きな役割を果たしてきた。この点に関しては、カール・ウィットフォーゲルが『東洋的専制』[5]のなかで、「水力社会」の政治的支配を東洋的専制という政治体制と結びつけたことでよく知られている。

しかし、水法に関して歴史的にみると、紀元前500年から紀元1600年頃にかけて宗教がそれに大きな影響を与えたということができる。ヒンズー教、仏教、キリスト教、イスラム教の拡大によって、各宗教における水に関連する法は、国際的な法制度へ浸透していった。たとえば、ヒンズー教の法においては、水の私的所有権は認められず、水は持続的に通過し移動するフローとみなされるものもあった。こうした視点はイスラム法にもみられ、イスラム法のなかには水に対する限定された所有権は認められているとはいえ、水は神からの賜物であるということから商品化されないとするものもあった[6]。イスラムにおいて水に関する法が重要であったのは、その信仰が乾燥地帯で発生したから

　　Dellapnna and Joyeeta Gupta (eds.), *The Evolution of the Law and Politics of Water*, Springer, 2008, p.30.〔以下 Dellapenna and Gupta (2008)〕
3)　Thomas V. Cech, *Principles of Water Resources*, 3rd ed., Wiley, 2010, p.250.
4)　Joseph W. Dellapenna and Joyeeta Gupta, Toward Global Law of Water, in : *Global Governance*, 14, 2008, p.438. なお、禹の治洪伝説については、長江流域規画弁公室《長江水利史略》編集組『長江水利史』高橋裕監修・鏑木孝治訳、古今書院、1992年、24頁以下参照。
5)　カール・A・ウィットフォーゲル『オリエンタル・デスポティズム』湯浅赳男訳、新評論、1991年参照。
6)　Dellapenna and Gupta, Toward Global Law of Water, p.439. イスラム法と水の関連については、Thomas Naff, Islamic Law and the Politics of Water, in : Dellapenna and Gupta (2008), pp.37-52を参照。

であるといわれている。イスラム帝国の時代には、水に関する法はその支配領域にまで拡大したが、近代以降、キリスト教のヨーロッパ世界が非ヨーロッパ世界を植民地するにつれて、宗教法に対して世俗法が拡大していった。

18世紀後半以降になると、ヨーロッパの産業革命によって、ヨーロッパ内部で財や物質の巨大な動きが生じ、各国政府や産業は河川を主要な輸送手段として利用した。19世紀初頭までに、河川が国際的な交通手段となっていた。このため航行のための河川の利用の拡大には規制が必要になり、ナポレオン戦争後のウィーン会議で締結された1815年のウィーン最終議定書は、河川のすべての流域国に対して航行の自由の原則を確立した[7]。『国際淡水協定アトラス』によると[8]、西暦805年から1984年までに3,600以上の国際水協定が作られたとされ、その水協定の多くは航行問題に関する協定であり、水資源の消費、灌漑、漁業、発電など非航行的な利用に関する協定に限ってみると、1820年以降だけでも400の水協定が存在しているという。

国際河川の利用に関しては、1966年に「国際河川水の利用に関するヘルシンキ規則」が採択され、その後、国際法委員会（ILC）による準備活動の結果、1997年に「国際水路非航行的利用法条約」が採択され、さらに2004年、国際法協会（ILA）は「水資源に関するベルリン規則」を承認した。このように国際水路における水資源の利用に関しては、国際レジームの形成が進められてきた。本章では、ヘルシンキ規則から「国際水路非航行的利用法条約」を経てベルリン規則に至る一連のレジームについて検討することを通じて、水資源に関するグローバルなガバナンスとレジームの現状について考察したい。

---

7) Salman M. A. Salman, The Helsinki Rules, the UN Watercourses Convention and the Berlin Rules : Perspective on International Water Law, in : *Water Resources Development*, Vol. 23, No. 4, 2007, p.626.〔以下 Salman (2007a)〕1815年のウィーン会議の最終議定書（The Final Act of the Congress of Vienna）第109条「航行の自由」は以下のように規定している。「前条と関連する河川の航行は、航行可能な地点から河口に至る全水路において、完全に自由とされるものとされる。」因みに、第108条は、「種々の国家を通過する河川の航行」に関する規定となっている。

8) UNEP (2002), p.6.

I ヘルシンキ規則と「限定された領土主権」

　1959年11月21日、国連総会は決議1401（XIV）を採択し、そのなかで国際河川の利用に関する法的問題に関する予備的な研究を開始する旨を示した。その報告書は、「その問題が法典化に適合しているかどうかを決定する」ためのものであった[9]。1966年に ILA はヘルシンキで開催された第52回の会議で、「国際河川水の利用に関するヘルシンキ規則」[10]を採択した。このヘルシンキ規則は国際河川の分野での最初の法典化の活動ではなく、国際法研究所（IIL）はそれに先立つ1911年に、航行以外の目的のための国際水路の利用のための国際規則に関する先駆的なマドリッド決議を採択していた。このマドリッド決議の後に、国際法研究所は1961年に非海洋水域の利用（航行以外）に関するザルツブルク決議を出した。しかしながら、ヘルシンキ規則はもっとも野心的な取り組みであり、非航行的利用だけでなく、航行的利用、浮揚木材、紛争の回避と解決のための手続きに関しても規定している[11]。

　ヘルシンキ規則は、全体が6章37条から構成され、第6章が「紛争の防止及び解決のための手続」となっていることから、実体法と手続法の両面を含むものとなっている。第1条では、「以下の章に定める国際法の一般的規則は、流域国間の条約、協定又は拘束力のある慣習による別段の定めがある場合を除くほか、国際河川流域水の利用に適用される」[12]と規定されている。第2条では、国際河川流域の定義がなされ、「表流水及び地下水を含み、共通の到達点

---

9) Stephen McCaffrey, The Codification of Universal Norms : a Means to Promote Co-operation and Equity?, in : Laurence Boisson de Chazournes, Christina Leb and Mara Tignico (eds.), *International Law and Fresh Water*, Edward Elgar, 2013, p.126.〔以下 McCaffrey (2013)〕

10) *The Helsinki Rules on the Uses of the Waters of International Rivers* (以下 *The Helsinki Rules*), Adopted by the Intenational Law Association at the fifty-second conference, held at Helsinki in August 1966.

11) McCaffrey (2013), p.127.

に流入する水系の集水域の限界により決定される2カ国以上の国家にひろがる地理的範囲」であるとされている。こうしてヘルシンキ規則は、表流水と地下水の双方に適用されるが、越境的な地下水が国際的な法手段によって扱われるのはこれが最初であるといわれている。

　第2章の第4条は、国際河川流域の「合理的かつ衡平な利用」についての規定であり、「各流域国は、その領域内において、国際河川流域水の有益な利用につき合理的かつ衡平な配分を享受する権利を有する」としている。この意味で、ヘルシンキ規則は、流域国間での国際河川水の「合理的で衡平な」利用の原則を国際水路法の基本原則として確立したといえる[13]。

　そして第5条では、合理的かつ衡平な配分は、以下の具体的な事例において決定されるものとされた。

(a)特に各流域国の領域における流域のひろがりを含む流域の地理
(b)特に各流域国の水の寄与分を含む流域の水文
(c)流域に影響を与える気候
(d)特に現在の水利用を含む流域水のこれまでの利用
(e)各流域国の経済的及び社会的ニーズ
(f)各流域国における流域水依存人口
(g)各流域国の経済的及び社会的ニーズを充足する代替手段の費用比較
(h)他の資源の利用可能性
(i)流域水利用における不要な浪費の回避
(j)諸利用間の紛争を調整する手段としての他の流域国に対する補償の実現可能性
(k)他の流域国に重大な損害を与えることなく流域国のニーズを充足させ得る程度

---

12)　*The Helsinki Rules*, art. 1. ヘルシンキ規則の邦訳（抄訳）に関しては、地球環境法研究会編『地球環境条約集』第4版、中央法規、2003年を参照した。
13)　Salman (2007a), p.629.

この第5条第2項(k)に、「他の流域国に重大な損害を与えることなく流域国のニーズを充足させ得る程度」という規定があるので、ヘルシンキ規則においては、合理的かつ衡平な利用と損害回避義務の双方を尊重すべきとされると解される。その意味では、ヘルシンキ規則では、国際水路に関する「限定された領土主権」の概念が承認されているということができる。

ヘルシンキ規則は、第6条において、「ある利用又はある種類の利用が、他の利用又は他の種類の利用に本来的に優先することはない」[14]と規定し、国際河川流域水の利用の種類に関して優劣をつけていない。したがって、利用に関しては、航行的利用と非航行的利用の双方を含むものであり、国際的な流域のすべての利用を平等に扱っている。この意味では、ヘルシンキ規則は、国際河川の航行的利用と非航行的利用の双方を含む最初の国際法であるということができる[15]。そして 第7条と第8条は、国際河川流域の現在の合理的利用を規定している。

国際河川流域水の衡平な利用については、第3章の第10条で規定されており、そこでは、「国際河川流域水の衡平な利用の原則に従い、国家は、(a)他の流域国の領域において重大な損害をもたらす国際河川流域の新規の水汚染又は現在の水汚染の悪化を防止しなければならない。また、(b)他の流域国の領域において、重大な損害をもたらさないよう国際河川流域の現在の水汚染を防除するため、すべての合理的な措置をとらなければならない。」[16]ここでは、合理的で衡平利用を前提としつつ、同時に損害回避義務についても触れているが、基本的には衡平な利用を優位に置いているものと解される。

第4章の「航行」に関しては、第12条で、この第4章が2カ国以上の領土を分割あるいは交差する航行可能な河川または湖沼部分にかかわるものであるとし、河川又は湖沼が航行可能であるのは、それらが現在、商業的な航行のために利用されている場合であるとし、第13条では、各流域国は河川または湖沼の

---

14) *The Helsinki Rules*, art. 6.『地球環境条約集』第4版、441頁。
15) Salman (2007a), p.629.
16) *The Helsinki Rules*, art. 10.『地球環境条約集』第4版、441-2頁。

全域に関する自由航行の権利を有すると規定している[17]。

第5章の「浮揚木材」では、第21条で、2カ国以上を流れる水路（watercourse）における浮揚木材は、浮揚が流域国に適用される法または流域国を拘束する慣習による航行の規則によって支配されている場合を除いて、以下の条文に従うものとされ、第22条では、航行のために利用される国際水路（international watercourse）に関して流域国は、浮揚木材が水路での移動を許されるかどうか、またはいかなる条件のもとで許されるかに関しては、一般的同意によって決定するものとするとしている[18]。

そして第6章の「紛争の防止及び解決のための手続」では、「流域国及び国際河川流域水における他国の法的権利またはその他の利益に関する国際紛争の防止及び手続」（第26条）に関して、第27条では、以下の2点を規定している。第1に、「国家は、国連憲章に従い、国際の平和、安全及び正義を危うくしない方法で平和的手段により、自己の法的権利又はその他の利益に関する国際紛争を解決する義務がある。」[19] 第2に、「国家はこの章の第29条から第34条にかけて定める紛争の防止及び解決の手段に漸進的に訴えるよう勧告する。」[20]

ヘルシンキ規則は、国際河川水の航行的利用と非航行的利用に関する国際ルールであることから、国際水路の利用に関してはさまざまな利用形態が想定されるが、利用形態については両者を同等に扱っているということができる。しかし、国際水路の利用については、すでにみてきたように、18世紀後半から19世紀にかけては、交通手段としての航行的利用が一般的な利用の仕方であったのに対して、20世紀以降は、人口増加とともに農業用灌漑や電力需要の高まりによる水力発電など、非航行的利用が増えてきた。フランスとスペインの間で問題となったラヌー湖からの分流によるフランスの水力発電事業計画は、国際水路の非航行的利用に関するよく知られた国際紛争の事例である[21]。

---

17) *The Helsinki Rules*, art. 12-13.
18) *The Helsinki Rules*, art. 21-22.
19) *The Helsinki Rules*, art. 27. 『地球環境条約集』第4版、442頁。
20) *The Helsinki Rules*, art. 27. 『地球環境条約集』第4版、442頁。

このラヌー湖事件では、カロル川の上流国であるフランスは、絶対的な領土主権の立場をとらなかったが、そのかわりにスペインの利益を考慮していること、そしてスペインへの水流はフランスの発電所計画によって影響されないことを証明しようとした[22]。フランスは最初の段階で、1866年のスペインとのバイヨンヌ条約のなかに事前通報についての規定があったために、事前通報なしにカロル川の分流に関する決定は行なわないとし、問題が発生した場合はスペイン政府との合意で解決されるとしていた。またフランスの計画は、スペイン国境上流のカロル水系から分流するというものであったが、同時にスペインに流れる前に同量の水をカロル川に戻すというものであった。しかし、スペインの主張は、バイヨンヌ条約およびその追加議定書に基づいてフランスの計画推進にはスペインの同意が必要であるということであった。

　国際司法裁判所は、スペインの主張を退けて、以下のように述べている。「条約と追加議定書のなかには、…あるいは国際法の一般的に受け入れられている原則のなかには、ある国が実際に、国際的な義務に違反して隣国に対して重大な損害を与える可能性のある状況に自らを置くことから、自己を守るために行動することを禁止するような規則は存在しない。」[23] そして国際司法裁判所は、スペインの事前同意の必要性について、国際法の一般的な原則に依拠して、次のように述べている。「国家間の予備的な協定が締結された場合においてのみ、諸国が国際水路の水力を利用できるというルールは慣習法としては確立しておらず、一般的な原則としても確立されていない。」[24]

　こうしてスペインの主張は退けられたものの、S・マッカーフリーは、「下流国に重大な損害が加えられると考えられる状況のもとで上流国が河川の水流

---

21)　ラヌー湖事件と判決の内容に関しては、Stephen McCaffrey, *The Law of International Watercourses*, 2nd. ed., Oxford University Press, 2007, pp.221-227を参照。[以下 McCaffrey(2007)] このラヌー湖事件の判例については、西村智朗「事前通報・協議――ラヌー湖事件」(『国際法判例百選』[第2版] 有斐閣2011年所収) を参照。
22)　McCaffrey (2007), p.143.
23)　この国際司法裁判所の判決の引用は、McCaffrey (2007), p.130による。
24)　この国際司法裁判所の判決の引用も、McCaffrey (2007), p.130による。マッカー

を変えることを禁止するルールが存在する」という裁判所の見解を引用して、当事国双方の立場と国際司法裁判所の立場は、「限定された領土主権」の理論を支持しているとした[25]。

　ラヌー湖事件で問題となった事前通報義務については、ヘルシンキ規則の第29条で規定されている。まず第1項で、「法的権利又はその他の権利について流域国間で紛争が発生するのを防止するために、各流域国は、自己の領域内における流域水、流域水の利用、及び流域水に係わる諸活動に関して合理的に入手可能な関連情報を他の流域国に提供するよう勧告する」とし、つぎに第2項で、事前通報義務について以下のように規定している。「国家は、特に、その流域における位置にかかわりなく、その利益が重大な影響を受けるおそれのある他の流域国に対して、第26条のいう紛争を発生させるような方法で流域を変更するおそれのある建設又は施設計画を通報する。当該通報には、それでもって受領国が当該変更のもたらす蓋然的影響を評価するのに不可欠な事実が含まれる。」[26]

　このように、ヘルシンキ規則は、合理的で衡平な利用の原則を確立し、それを国際法の基本的な原則とし、同時に事前通報義務を条文化した。ヘルシンキ規則は、他のIILとILAの規則や決議のように、それ自体として公式の地位や拘束的な効果をもっているわけではない。しかしながら、その規則がILAで採択されてから「国際水路非航行的利用法条約」が採択されるまでの30年のあいだ、国際水路の利用と保護を規制するためのもっとも権威のある規則として

　　フリーによると、フランスはその回想のなかで、「水力発電の開発を推進しようとしている国の自国領土における主権」に言及したが、「隣国の利益を害さない義務」も認めた。他方、スペインは、以下のように主張した。「A国は自国を流れる河川を一方的に利用する権利を有しているが、それはこの利用が他国の領土に限定された損害、すなわち最小限の不都合しか引き起こさないかぎりにおいてであり、そのことは善き隣国関係に由来するもののなかから生まれるものである。」（McCaffrey (2007), p.143.）

25）　McCaffrey (2007), p.143.
26）　The Helsinki Rules, art. 29.『地球環境条約集』第4版、442頁。

広く援用されてきた[27]。その意味では、ヘルシンキ規則はその後の条約の実現において重要な役割を果たし、そこにおける多くの規則や原則は〈国際水路非航行的利用法条約〉に反映されているということができる。

II 国際水路の非航行的利用法に関する条約

1970年12月8日、国連総会は決議2669、すなわち「国際水路に関する国際法の規則の漸進的な発展と法典化」というタイトルの決議のなかで、前述の1959年の国連総会決議1401を想起しつつ、国際法委員会（ILC）が漸進的な発展と法典化のために国際水路の非航行的利用法に関する研究を開始する旨を勧告した[28]。この国連決議のなかでは、水資源の重要性に関して以下の点を考慮するように記されている。すなわち、「人口増加と人類のニーズと需要の増加と多様化のために水が人類の関心を高めていること、世界の利用可能な淡水資源が限られていること、そしてそれらの資源の維持と保護がすべての国の重大関心事であること」[29]である。

この勧告後20年にも及ぶ法典化の作業と、世界の著名な国際法学者による15の報告書が出された後、国際水路の非航行的利用法に関する草案（1994年のILC草案)[30]が採択された。国連総会は、1994年の草案に基づいて、条約を交渉するための作業委員会を招集する決定を行ない、1996年と1997年の2回会合を開

---

27) Salman (2007a), p.630.
28) McCaffrey (2013), p.126. なお、1970年の国連決議2669（XXV）に関しては、http://www.un.org/documents/resga.htm 参照。また国際水路非航行的利用法条約に関する国際法委員会（ILC）の活動に関しては、S. McCaffrey, An Assessment of the Work of the International Law Commission, in: *Natural Resources Journal*, Vol. 36. 1996, pp.297-318及び Reaz Rahman, The Law of the Non-Navigational Uses of International Watercourses: Dilemma for Lower Riparians, in: *Fordham International Law Journal*, Vol. 19:9, 1995, pp 9-24を参照。
29) 国連決議2669（XXV）。
30) Draft articles on the law of the non-navigational uses of international watercourses

き、その後1997年5月21日に「国際水路非航行的利用法条約」[31]を採択した。この採択における投票結果は、賛成103、棄権26、反対3、欠席31であった（表2参照）[32]。この条約に反対した3カ国は、ブルンジ、トルコ、中国であった。これら国々が反対票を入れた理由は上流国であることに帰することができるかもしれない[33]。条約の投票に棄権したボリビア、エチオピア、マリ、タンザニアはいずれも上流国であり、他方、エジプト、フランス、パキスタン、ペルーといった国々も棄権したが、その理由は、条約が損害回避を衡平で合理的な利用の原則よりも軽視しているという点で上流国に有利であることを懸念したためである[34]。しかし下流国がすべてエジプトやフランスなどと同様の立場をとっていたのかというと必ずしもそうではなく、イラク、オランダ、ポルトガル、南アフリカといった条約を批准した国々の多くは下流国であった（表3参照）。

国際水路非航行的利用法条約は106カ国の賛成で採択され、すでに発効している。条約が採択されてから10年後の2007年の時点では、表3に示されているように、15カ国が加盟国になっているにすぎなかったが、その後、加盟国が少しずつ増え、2014年5月19日にはベトナムが加入し、発効に必要な35カ国が加

---

and commentaries thereto and resolution on transboundary confined groundwater, 1994, in: *Yearbook of the International Law Commission*, 1994, vol.II. この草案には、草案条項への注釈が付けられている。

31) Convention on the Law of the Non-Navigational Uses of International Watercourses.［以下 UN Watercourses Convention］
32) Alistair Rie-Clarke et al., *UN Watercourses Convention User'Guide*, 2012, p.36.［以下 Rie-Clarke et al. (2012)］
33) この点に関して、マッカーフリーは、中国とトルコは現在の論争における上流国の立場に帰することができるとしているが、ブルンジについて紛らわしいのは、ナイル川流域の白ナイルにおける国として、それほどエジプトやスーダンに影響を与えていないためであるとしている（McCaffrey (2007), p.375）。
34) Salman M. A. Salman, United Nations Watercourses Convention Ten Years Later: Why Has its Entry into Force Proven Difficult?, in: *Water International*, Vol. 32, Nr 1., 2007, p.8.［以下 Salman (2007b)］

表2　国際水路非航行的利用法条約（1997年）の投票記録

発起国 (38)	賛成 (106)		棄権 (26)	欠席 (31)	反対 (3)
アンティグアー バーブーダ	アルバニア	マダガスカル	アンドラ	アフガニスタン	ブルンジ
バングラデシュ	アルジェリア	マラウイ	アルゼンチン	バハマ	中国
ブータン	アンゴラ	マレーシア	アゼルバイジャン	バルバドス	トルコ
	アンティグアー バーブーダ	モルジヴ	ボリビア	ベリーズ	
ブラジル	アルメニア	マルタ	ブルガリア	ベニン	
カンボジア	オーストラリア	マーシャル諸島	コロンビア	ブータン	
カメルーン	オーストリア	モーリシャス	キューバ	カボヴェルデ	
カナダ	バーレーン	メキシコ	エクアドル	コモロ	
チリ	バングラデシュ	ミクロネシア連邦	エジプト	北朝鮮	
デンマーク	ベラルーシ	モロッコ	エチオピア	ドミニカ共和国	
フィンランド	ベルギー	モザンビーク	フランス	エルサルバドル	
ドイツ	ボツワナ	ナミビア	ガーナ	エリトリア	
ギリシア	ブラジル	ネパール	グアテマラ	ギニア	
グレナダ	ブルネイ	オランダ	インド	レバノン	
ホンジュラス	ブルキナファソ	ニュージーランド	イスラエル	モーリタニア	
ハンガリー	カンボジア	ナイジェリア	マリ	ミャンマー	
イタリア	カメルーン	ノルウェー	モナコ	ニジェール	
日本	カナダ	オマーン	モンゴル	パラオ	
		パプアニューギニア	パキスタン	セントキッツ・ネイビス	
ヨルダン	チリ	フィリピン	パナマ	セントルシア	
ラオス	コスタリカ	ポーランド	パラグアイ	セントヴィンセント及びグレナディーン諸島	
ラトビア	コートジュボワール	ポルトガル	ペルー	セネガル	
リヒテンシュタイン	クロアチア	カタール	ルワンダ	ソロモン諸島	
マレーシア	キプロス	韓国	スペイン	スリランカ	
メキシコ	チェコ	ルーマニア	タンザニア	スワジランド	
ネパール	デンマーク	ロシア連邦	ウズベキスタン	タジキスタン	
オランダ	ジブチ	サモア		マケドニア	
ノルウェー	エストニア	サンマリノ		トルクメニスタン	
ポルトガル	フィジー	サウジアラビア		ウガンダ	
韓国	フィンランド			ザイール	
ルーマニア	ガボン	シエラレオネ		ジンバブエ	
スーダン	グルジア	シンガポール			
スウェーデン	ドイツ	スロバキア			
シリア	ギリシア	スロベニア			
チュニジア	ギニア	南アフリカ			
イギリス	ハイチ	スーダン			
アメリカ	ホンジュラス	スリナム			
ウルグアイ	ハンガリー	スウェーデン			
ヴェネズエラ	アイルランド	シリア			
ベトナム	インドネシア	タイ			

イラン	トリニダート・トバゴ
アイルランド	
イタリア	
ジャマイカ	チュニジア
日本	ウクライナ
ヨルダン	アラブ首長国連邦
カザフスタン	イギリス
ケニア	アメリカ
クウェート	ウルグアイ
ラオス	ヴェネズエラ
ラトビア	ベトナム
レソト	イエメン
リベリア	ザンビア
リビア	
リヒテンシュタイン	
リトアニア	
ルクセンブルク	

出所:Alistair Rie-Clarke et al., *UN Watercourses Convention User'Guide*, 2012, p.37.

表3　国際水路非航行的利用法条約の締約国（2007年）

国名	地域	締約国となった年月日
南アフリカ	アフリカ	1998年10月26日
ナミビア	アフリカ	2001年8月29日
フィンランド	ヨーロッパ	1998年1月23日
ノルウェー	ヨーロッパ	1998年9月30日
ハンガリー	ヨーロッパ	2000年1月26日
スウェーデン	ヨーロッパ	2000年6月15日
オランダ	ヨーロッパ	2001年1月9日
ポルトガル	ヨーロッパ	2005年6月22日
ドイツ	ヨーロッパ	2007年1月15日
シリア	中東	1998年4月2日
レバノン	中東	1999年5月25日
ヨルダン	中東	1999年6月22日
イラク	中東	2001年7月9日
カタール	中東	2002年2月28日
リビア	中東	2005年6月14日

出所:Salman M.A.Salman, The United Nations Watercourses Convention Ten Years Later:Why Has its Entry into Force Proven Difficult? in:*Water International*, vol.32, Nr 1, 2007, pp.1-15.

盟国となった（表4参照）。条約の第36条によると、35カ国目が承認・受諾・加入・批准してから90日を経過した後に発効することになっていたので、国際水路非航行的利用法条約は2014年8月17日に発効した。

さて、国際水路非航行的利用法条約の全体的な構成は、第Ⅰ部序（第1－4条）、第Ⅱ部一般原則（第5－10条）、第Ⅲ部計画措置（第11－19条）、第Ⅳ部保護・保存及び管理（第20－26条）、第Ⅴ部有害な状態及び緊急事態（第27－28条）、第Ⅵ部雑則（第29－33条）、第Ⅶ部最終条項（第34－37条）となっている。ここでは、「衡平で合理的な利用」の原則と損害防止規則に焦点を絞って、それに関連する条文について検討したい。

第1条の条約の適用範囲は、「この条約は、国際水路とその水の航行目的以外の利用、及びこのような利用に関連する保護・保存・管理措置に適用する」（第1項）と規定し、「他の利用が航行に影響を与え、又は航行によって影響を受ける場合を除いて」（第2項）、航行には適用されない[35]。第2条の「定義」は、「水路」と「国際水路」及び「水路国」を定義している。「水路」とは、「その物理的関連性のゆえ1つの統一体を構成し、また通常、共通の最終的な流出口に流入する表流水及び地下水の系をいう。」また「国際水路」（international watercourses）とは、「その一部が複数の国家に所在する水路をいう。」[36]ヘルシンキ規則では第1条で「国際河川流域」（international drainage basin）という用語を使用していたのに対して、ここでは「国際水路」が採用されたが、その点については、ILCが「国際河川流域」の用語に関して各国の意見を聴取した結果、最終的には「国際水路」が採用された[37]（表5参照）。そして「水路国」と

---

35) UN Watercourses Convention, art. 1. 尚、国際水路非航行的利用法条約の邦訳（抄訳）については、前掲地球環境法研究会編『地球環境条約集』第4版、広部和也・臼杵知史編集代表『解説・国際環境条約集』三省堂、2003年、松井芳郎他編『国際環境条約・資料集』東信堂、2014年、奥脇直也・小寺彰編集代表『国際条約集』有斐閣、2014年、田中則夫・薬師寺公夫・坂元茂樹編集代表『ベーシック条約集』東信堂、2014年を参照した。

36) UN Watercourses Convention, art. 2.『地球環境条約集』第4版、419頁。

37) Rie-Clarke et al. (2012), p.78.「国際河川流域」（international drainage basin）とい

表4　国際水路非航行的利用法条約の締約国（2014年6月）

国名	調印	承認(AA)・受諾(A)・加入(a)批准
ベニン		2012年7月5日 a
ブルキナファソ		2011年3月22日 a
チャド		2012年9月26日 a
コートジヴォワール	1998年9月25日	
デンマーク		2012年4月30日 a
フィンランド	1997年10月31日	1998年1月23日 A
フランス		2011年2月14日 a
ドイツ	1998年8月13日	2007年1月15日
ギリシア		2010年12月2日 a
ギニアビサウ		2010年5月19日 a
ハンガリー	1999年7月20日	2000年1月26日 AA
イラク		2001年1月9日 a
アイルランド		2013年12月20日 a
イタリア		2012年11月30日 a
ヨルダン	1998年4月17日	1999年1月22日
レバノン		1999年5月25日 a
リビア		2005年1月25日 a
ルクセンブルク	1997年10月14日	2012年1月8日
モンテネグロ		2013年9月24日
モロッコ		2011年4月13日 a
ナミビア	2000年5月19日	2001年8月29日
オランダ	2000年3月9日	2001年1月9日 A
ニジェール		2013年2月20日 a
ナイジェリア		2010年9月27日
ノルウェー	1998年9月30日	1998年9月30日
パラグアイ	1998年8月25日	
ポルトガル	1997年11月11日	2005年1月22日
カタール		2002年2月28日 a
南アフリカ	1997年8月13日	1998年10月26日
スペイン		2009年9月24日 a
スウェーデン		2000年1月15日 a
シリア	1997年8月11日	1998年4月2日
チュニジア	2000年3月19日	2009年4月22日
イギリス		2013年12月13日 a
ウズベキスタン		2007年9月4日 a
ヴェネズエラ	1997年9月22日	
ベトナム		2014年5月19日 a
イエメン	2000年3月17日	

出所：United Nations Databases, http://treaties.un.org/pages/UNTSOnline.aspx?id=2

表5　国際水法の原則の比較

	ヘルシンキ規則 （1966年）	ILC 草案条項 （1991-1994年）	国連条約 （1997年）
内容	航行的利用と非航行的利用	非航行的利用	非航行的利用
定義	国際河川流域	国際水路系	国際水路系
	・すべての支流を含めた表流水 ・表流水に関連する地下水 ・被圧地下水	・表流水 ・すべての支流 ・表流水とだけ関連する不圧地下水 ・被圧地下水ではないもの	・表流水 ・同じ流出口に至る地下水 ・被圧地下水ではないもの
利用原則	限定された領土主権：衡平な利用	・1991年：所有共同体だが、完全に実施されなかった。 ・1994年：衡平な利用	衡平な利用
既存の利用	既存の利用に対する条件的な優位	既存の利用に対する条件的な優位の拒否	既存の利用に対する条件的な優位の拒否
損害回避原則	独立した損害回避規則は存在しない	・1991年：確認可能な損害（実質的損害がない） ・1994年：適切な注意の行使と重大な損害	適切な注意（第20条、21条Ⅱ項）
利用原則と損害回避規則との関係	衡平な利用の優位	損害回避原則の優位	衡平な利用原則の優位
生態系保護	なし	あり	あり
通報義務	勧告、"情報の提供"	義務的通報、あるいは同意なくして実施なし	義務的通報、あるいは同意なくして実施なし
紛争解決	紛争予防と紛争解決のための勧告メカニズム	広範な義務的規則	事実調査

出所：Hilal Elver, *Peaceful Uses of International Rivers*, Transnational Publishers, 2002, pp.221-222.

は、「その領域内に国際水路の一部が所在するこの条約の当事国、又は1又は複数の加盟国の領域内に国際水路の一部が所在する地域的な経済統合のための機関である当事者をいう。」「水路国」の定義にある「地域的な統合機関」は、EUの参加を可能にするという作業グループの意向をILCの草案に追加した用

う用語に反対した国の主張は、その用語の使用によって、水の利用の規制だけでなく、領土の利用の規制を生じるおそれがあるというものであった。尚、ヘルシンキ規則、ILC草案、国際水路非航行的利用法条約の比較に関しては、表5参照。

語である[38]。

　第3条「水路協定」は6項から構成されているが、マッカーフリーによると、4つの機能をもつ[39]。第1に、この条約はすでに存在する協定の下における当事国の権利と義務に影響を与えないことを明らかにしている。しかしながら、それは条約の締約国になる国に対して、条約の基本原則と既存の協定の調整を促すことを求めている。これは、第1項と第2項の規定である[40]。第2に、条約の当事国が「水路協定」と呼ばれる「特定の国際水路又はその一部の特徴と利用」にその条約の一般原則を「適用し、調整する」ことを示唆している[41]。この規定は、条約の「枠組」的な性格を認めているが、これが枠組条約であるという意味は、それが特定の水路の条件やこれらの水路を共有する国の要求に適用するように作られている一般的な原則及び規則を示唆している点にあり、オゾン層保護や気候変動に関する枠組条約などとは異なって、この条約は議定書を通じて実施されることを想定していない[42]。

　第3条の3番目の機能は、特定の水路国が国際水路に関する協定に加入している間、その水路に関して他国の利用に「著しく悪影響を与える」場合には他国の同意を得るものと規定していることである。ただし、第6項に規定されているように、非当事国は、それらの権利と義務が当事国と非当事国の双方に

---

38) McCaffrey (2007), p.360.
39) McCaffrey (2007), p.360.
40) 第3条第1項と第2項の規定は以下のとおりである。第1項「反対の定めを有する協定がある場合を除いて、この条約のいかなる規定も、水路国がこの条約の当事国になった日に効力を有していた協定から生じる水路国の権利又は義務に何ら影響を与えるものではない。」第2項「1の規定にもかかわらず、1にいう協定の当事国は、必要があれば、かかる協定とこの条約の基本原則との調整を考慮することができる。」（地球環境法研究会編『地球環境条約集』第4版、419頁）
41) 第3条第3項は以下のとおりである。第3項「水路国は、特定の国際水路又はその一部の特徴と利用にこの条約の規定を適用し、調整する1又はそれ以上の協定（以下水路協定という）を締結することができる。」（地球環境法研究会編『地球環境条約集』第4版、419頁）
42) McCaffrey (2007), p.361.

よって共有される水路に関して、他国の間の水路協定に影響されない[43]。第3条の4番目の機能は、第5項の規定にあるように、水路国が水路協定の締結のために誠実に交渉するために協議に入るのは、水路国が特定の国際水路の特徴と利用のために条約規定の調整と適用が必要であるとみなす場合である。

第4条「水路協定の当事国」は、第1項で「いずれの国も、国際水路全体に適用する水路協定の交渉に参加し、その当事国になり、また、関連する協議に参加する権限を有する」と規定している点で、国際水路全体に適用される協定を取り上げ、第2項で「水路の一部にのみ、もしくは特定のプロジェクト、計画又は利用に適用される水路協定の実施により、著しく影響を受ける場合には、かかる協定に関する協議に参加する権限を有する」と規定している点で、「水路の一部にのみ、もしくは特定のプロジェクト、計画又は利用に適用される」協定を取り上げている[44]。

さて、第Ⅱ部「一般原則」には、「衡平かつ合理的な利用」の原則が含まれており、この条文は、水路法に関する基本的な法的原則を扱っている。第5条第1項は以下のように規定している。「水路国は、その領域内において、国際水路を衡平かつ合理的な方法で利用する。特に、水路国は、関連する水路国の利害関係を考慮し、水路の適切な保護を両立させて、国際水路の最適かつ持続可能な利用を達成し、国際水路からの便益を得るために国際水を利用し、開発

---

43) McCaffrey (2007), p.361.
44) UN Watercourses Convention, art. 4. マッカーフリーによれば、作業グループは、第3条第1項の規定についてはILCの草案を修正することはなかったが、第2項についてはかなり緩和されたとしている。作業グループの草案委員会の委員長は、以下のように説明しているという。すなわち、第2項の「適切な場合には where appropriate」という言葉が示唆している点は、他の水路国が締結した協定に関して、第三国によるその協議への参加がすべての場合において、条文についての実際的な交渉への参加や協定の当事国となることには至らないということである。そのさい委員長が指摘して点は、実際問題として、「提案された協定のなかの若干の規定だけが第三国による水路の利用に影響を与えるような場合に、この国がこうした規定に関してだけで当事国になる可能性はない」ということである（McCaffrey (2007), p.362）。

する。」そして第2項は、「水路国は、国際水路の衡平かつ合理的な方法での利用、開発及び保護に参加する。かかる参加には、この条約が定める水路の利用権と水路の保護・開発の協力の義務が含まれる」[45]と規定している。ここでの「衡平で合理的な利用」という原則は、よく知られているように、ハンガリーとスロバキアの間のドナウ川の分流をめぐるガブチコヴォ・ナジュマロシュ計画事件において国際司法裁判所によって支持されたものである[46]。この判決のなかで、「衡平で合理的な利用」に関して、パラ147では、第5条第2項を引用しており、パラ150では以下のように述べている。すなわち、「補償によって"可能な限り"不法な行為の結果のすべてが解消されねばならない。この場合、両当事国の不法な行為の結果が"可能な限り"解消されることになるのは、それらの国がドナウ川の共有水資源の利用において協力を再開する場合、そして多目的計画が、水路の利用、開発及び保護のために調整された1つの共通の単位という形で、衡平で合理的な方法で実施される場合である。」[47]しかし、裁判所の判決は、第7条の損害回避義務については言及していない[48]。

第6条「衡平かつ合理的な利用に関連する要素」[49]は、国際水路の利用が衡平で合理的である場合に考慮されねばならない要素のリストである。

(a) 地理的、水路的、水文的、気候的、生態的要素及び自然的性質を有するその他の要素
(b) 関連する水路国の社会的、経済的ニーズ
(c) 各水路国における水路依存人口
(d) ある水路国における水路の利用が他の水路国に与える影響
(e) 水路の現行利用及び潜在的利用

---

45) UN Watercourses Convention, art. 5.『地球環境条約集』第4版、420頁。
46) McCaffrey (2007), pp.210-221. Salman (2007b), p.6. 山田卓平「緊急事態と対抗措置――ガブチコヴォ・ナジュマロシュ計画事件」(小寺彰・森川幸一・西村弓編『国際法判例百選[第2版]』、有斐閣、2011年所収) 参照。
47) この判決の引用は、McCaffrey (2007), p.220による。
48) Salman (2007b), p.6.
49) UN Watercourses Convention, art. 5.『地球環境条約集』第4版、420頁。

(f)水路の水資源の保全、保護、開発及び効率的利用並びにかかる目的のためにとられた措置に要する費用
(g)特定の計画された又は現行の利用の、比較的価値のある代替策の入手可能性

　第2項は、「協力の精神で協議に入る」という重要な義務について規定し、そして第3項では、「何が合理的で衡平な利用であるかを決定する際、すべての関連要素が同時に考慮され、結論は全体に基づいて導かれる」としている。

　さて、第7条「重大な損害を与えない義務」[50]は、以下のように規定している。第1項は、「水路国は、自国領域内にある国際水路を利用する際、他の水路国に対して重大な損害を与えることを防止するために、すべての適切な措置をとる」と規定し、第2項は、「水路国は、自国の水路利用が他の水路国に対して重大な損害を与える場合、このような利用に関する協定がない場合には、第5条と第6条の規定を適切に尊重しつつ、影響を受けた国と協議の上で、その損害を除去し又は緩和するために、また適切な場合には補償の問題を検討するためにすべての適切な措置をとる」[51]と規定している。

　この7条の規定は、条約全体のなかでもっとも論争的な規定であったといわれている。つまり、第5条の「衡平で合理的な利用」の原則と第7条の「損害防止義務」は、しばしば対立的な規定としてみなされ、一般に、上流国は第5条の「衡平で合理的利用」を支持したのに対して、下流国は第7条の損害防止

---

50) 「損害 harm」の用語の定義に関しては、第7条では規定されていない。第21条では、「重大な損害」に関して、「人間の健康又は安全、水の有益な利用、もしくは水路の生物資源に対する損害」と規定している。マッカーフリーによれば、ILC は「利用の現実的な侵害が存在しなければならず、すなわち、たとえば影響を受けた国における公衆衛生、産業、財産権、農業あるいは環境に対する有害な影響である」と記しているが、さらに損害には、汚染、魚の回遊の障害、対岸での活動によるもう一方の岸の侵食、上流での森林伐採による塩化、水流の妨害、河川上流での水路建設によって引き起こされる川床の侵食、他の流域国の活動による河川の生態系への悪影響、ダムの決壊なども含まれる。そして損害は影響を受ける国が上流国と下流国いずれの場合も存在するので、損害防止義務は2方向的である（McCaffrey (2007), p.366）。

51) UN Watercourses Convention, art. 5.『地球環境条約集』第4版、420頁。「適切な

規則を支持していたからである。ナイル川に関してみると、下流国であるエジプトは歴史的にナイル川の水を優先的に利用し、水に関する条約でその既得権を確保し、上流国にそれが侵害されることを懸念してきたが、上流国であるエチオピアは利用が制約されていたために衡平で合理的な利用を主張している[52]。こうした上流国と下流国の利害対立がこの２つの原則と義務の間の対立となって表れている。またユーフラテス・チグリス川流域に関してみると、上流国であるトルコの立場は基本的には、「衡平で合理的な利用」と「重大な損害の回避」という原則に依拠するものであるが、「衡平で合理的な利用」の原則を優位に置く領土に対する国家主権の立場に近いものであった[53]。

　問題なのは、いずれの規則が優越するのかという点であるが、マッカーフリーはこの問題に回答することは困難であるとしている[54]。その理由に関しては、作業グループの妥協的な定式化のために、条約の多くの修飾語や文言が２つの関連性を曖昧にしている点を指摘している[55]。しかしながら、条約全体を

　　配慮義務」（the obligation of due diligence）に関して、ILCの前掲の注釈では、最近の事例として、スイス政府が適切な配慮義務を怠ったと認めた1986年のライン川汚染事故を挙げている（Draft articles on the law of the non-navigational uses of international watercourses and commentaries thereto and resolution on transboundary confined groundwater, 1994, p.104）。
52)　ナイル川をめぐる条約とガバナンスに関しては、第４章「ナイル川流域のハイドロポリティクス」を参照されたい。
53)　この点については、第３章「ユーフラテス・チグリス川をめぐるハイドロポリティクス」を参照されたい。
54)　McCaffrey (2007), p.366.
55)　この条約に関して上流国が必ずしも「衡平で合理的な利用」を優位に置いているとは考えていない点について、L・カフリッシュは、以下のように記している。「新しい基本原則は、多くの下流域国によって、十分に中立的なものであると考えられているが、損害防止を衡平で合理的な利用に従属させることを示唆するものではない。多くの上流国は、その反対のことを考えている。すなわち、その基本原則は、こうした従属性という考え方を支持するほど強いものである。」(L. Caflisch, "Regulation of the uses of international watercourses", in : S. Salman and L, Boisson de Chazournes (ed.), International Watercourses, Enhancing Cooperation and Managing

第10章　水の国際レジーム—ヘルシンキ規則からベルリン規則へ—　303

みると、両者が対立した場合には、損害防止規則が衡平で合理的な利用の規則よりも優越することはないとしている。その根拠は、第7条第2項の「第5条と第6条の規定を適切に尊重しつつ」[56]という文言にあるという。すなわち、損害を引き起こす国はそれを緩和するための措置をとることによって、衡平で合理的な利用という結果を達成することを目的にすべきであることを示唆しているからである[57]。またマッカーフリーは、損害防止規則が優越性をもたないという見解は第10条によっても支持されるとする。というのは、第10条「異種の利用間の関係」は、「国際水路の利用の間に抵触（conflict）がある場合、このような抵触は、第5条ないし第7条を参照して」[58]解決されると規定しているからである。

　この点に関しては、S・サルマンも以下のような同様の見解を主張している[59]。「条約の第5条と第6条は、衡平で合理的な利用を取り上げている。こうして、第7条第2項は、にもかかわらず重大な損害が他の水路国家に生じた場合には、衡平で合理的な利用の原則を正当に顧慮することを求めている。その条項はまた、損害を引き起こすことが一定の場合に許容されるのは、補償の可能性が考慮される場合である点を示唆している。したがって、条約の第5条、第6条、第7条を注意深く読むならば、損害防止の義務が衡平で合理的な利用の原則に従属してきたという結論に至る。それゆえ、ヘルシンキ規則と同様に、衡平で合理的な利用の原則は、国連水路条約の基本的・指導的な原則であるという結論に導かれうる。」[60]

　ところで、1997年5月に条約が採択されたときには、106カ国が採択に賛成したのに、その後各国が条約の調印や批准に遅れたのは、どのような理由によ

　　　Conflict, Washington DC : *World Bank Technical Paper*, No. 414, pp.3-16.）尚、カフリッシュからの引用は、Salman (2007b) による。
56）　UN Watercourses Convention, art. 7.『地球環境条約集』第4版、420頁。
57）　McCaffrey (2007), p.366.
58）　UN Watercourses Convention, art. 10.『地球環境条約集』第4版、420頁。
59）　Salman (2007b), p.6.
60）　Salman (2007b), p.6.

るものなのか。サルマンは、条約の規定にさまざまな解釈や誤認があり、これらの解釈や誤認が各国の調印、批准、受諾を遅らせた原因であるとしている[61]。またL・カフリッシュは、採択に賛成した国の3分の1にとっては国際水路が重要でない一方、大きな利害を有している国は締約国になっていない点を指摘している[62]。たとえば、国際水路に大きな利害を有していて締約国になっていないのは、エジプト、イスラエル、中国、ロシア、アルゼンチン、ラオス、カンボジア、スイス、オーストリア、スロバキア、ルーマニアなどである。

　サルマンによれば、発効を遅らせた大きな理由は、「衡平で合理的な利用」と損害回避との関係における上流国と下流国の見解の相違である。作業グループが到達した2つの原則に関する妥協が国連の承認過程を促進した点は事実であるが、下流国は依然として、第7条の規定をもって条約が下流国に有利なものであると考えていた。これに対して、すでに触れたように上流国の多くは、この損害回避義務についての規定が自国に不利であると考えていた。こうした条約をめぐる解釈の問題が発効を遅らせた点である。

　条約が下流国に有利であるという偏った見解に関連しているもう1つの点は、条約の通報義務が下流国に有利であり、上流国のプロジェクトや計画に対して下流国に拒否権を与えているという理解である[63]。一般的な理解においては、上流国だけが下流国への水流の質と量に影響を与えることによって下流国に損害を与えうるがゆえに、通報は下流国の排他的な権利であるとされてい

---

61) Salman (2007b), p.8.
62) Lucius Caflisch, The Law of international watercourses: achievements and challenges, in: Laurence Boisson de Chazournes, Christina Leb and Mara Tignico (eds.), *International Law and Fresh Water*, Edward Elgar, 2013, p.28. さらにCaflischは発効を遅らせる障害となっている事実に関して以下の点を指摘している。すなわち、1997年の条約が効果的となるのは、同じ国際水路の上流国と下流国の双方によって批准される必要があるが、これまでは例外的なものになっている（ライン川をめぐるフランス、ドイツ、オランダは批准しているが、スイスは批准していない）。
63) Salman (2007b), p.9.

る。しかし、サルマンによれば、これは誤った見解であり、国際水条約一般、あるいはこの条約に関する基本的な誤解の1つであるという。本条約の第Ⅲ部の第12条は、悪影響を与える計画措置に関する通報に関する規定であり、「水路国は、他の水路国に重大な影響を与える計画措置を実施し、又はそれを許可する前に、被影響国に対してかかる措置について時宜を得た通報を行う」[64]と規定している。条文では、確かに「水路国が他の水路国に重大な影響を与える計画措置」と規定し、上流国と下流国との区別はしていないが、「計画措置」という場合、上流国におけるダムや水力発電所等の建設が一般的な事例であるために、下流国は上流国による利用によって引き起こされる水質と水量の変化の物理的影響を受ける傾向にあることが、通報に関する上流国の誤解を生みやすいということも事実である[65]。

　サルマンによれば、条約に消極的な国が存在する第3の問題は、条約が既存の協定を扱ってきた方法であるという[66]。前述のように、条約は第3条第1項で、有効な協定から生じる水路国の権利と義務に影響を与えないとしているにもかかわらず、条約は締約国に対して、必要な場合には、こうした協定と条約の基本原則を調和化することの考慮を求めている（第3条第2項）。それはまた、水路国家に対して、特定の国際水路の特徴と利用に条約の規定を適用し調整する協定の交渉を始めることを認めている。さらに、条約は、すべてではないが何カ国かが協定の締約国である場合、こうした協定のいずれもが、こうした協定の締約国ではない水路国の条約の下での権利と義務に影響を与えない、

---

64) UN Watercourses Convention, art. 12.『地球環境条約集』第4版、421頁。
65) サルマンによれば、「一般に認められていない点は、下流国による利用と権利の主張によって引き起こされる将来的な水利用の潜在的な排除によって上流国が損害を被りうるということである。たとえば、もし豊かな下流国が協議も通報もなしに現在において開発を進めれば、貧しい上流国は、国際水路の将来的な水資源の開発から除外されることになる。このことは、広く理解されていないにもかかわらず、公平で合理的な利用の原則と損害回避原則の間の明確な関係を確立する国際法の重要な原則である」としている（Salman (2007b), p.9）.
66) Salman (2007b), p.10.

と述べている。しかし、既存の協定の当事国ではない流域国は、条約がこれらの協定を条約の規定に従属させることで両者の間の一貫性を求めてきたと考えている。要するに、既存の協定がある場合、それに関連する水路国は基本的には、本条約の基本原理に従うことになる可能性が高いということが、懸念された点である。

第4の点は、流域国のなかには、条約の紛争解決規定があまりに弱すぎると主張する国もあれば、それとは対照的に、条約の第33条第3-9項における事実調査方法が強制的であるとし、これが主権国家の権利を妨害していると主張する国も存在するということで、いずれにしても条約における紛争解決の規定に満足していないという点である。しかし、第Ⅵ部第33条「紛争解決」においては、第1項で、「この条約の解釈又は適用に関して2カ国又はそれ以上の当事国間に紛争が発生する場合、関係当事国は、適用する協定が存在する場合を除いて、以下の規定に従い、平和的手段で紛争を解決することをめざす」と規定し、そして第2項では、「関係当事国は、そのいずれかの要請による交渉によって合意に達しない場合、共同して、第三者の斡旋を求め、第三者による仲介又は調停を要請し、もしくは適切な場合、関係当事国による設置される共同水路機関を利用することができ、もしくは紛争を仲裁又は国際司法裁判所に付託することができる」[67]としている点を考慮すれば、そして条約が枠組条約であることを前提とすれば、この紛争解決の規定は合理的であるといえる[68]。

条約の理解に関する第5の誤解の領域は、条約の下における地域的な経済統合機構を含む「水路国」という用語の拡大された定義に関するものである。前述のように、第2条では、水路国に関して、「その領域内に国際水路の一部が所在する条約の当事国、又は複数の加盟国の領域内に国際水路の一部が所在する地域的な経済統合のための機関である当事者」をいうと規定している。しかし、国家のなかには、EUのような地域経済統合機関を「水路国」に含めることに疑問を呈した国もあったようである。

---

67) UN Watercourses Convention, art. 33. 『地球環境条約集』第4版、423頁。
68) Salman (2007b), p.11.

このように、条約に関する解釈上の問題が条約の発効を遅らせてきた要因であると考えられるが、いくつかの国が条約の締約国になることに消極的なもう1つの理由は、共有する水路に対する主権の喪失という不安である。実際に、条約の草案についての総会での議論において領土内の国際水路に対する国家主権への言及がなかったということで条約を批判した国が存在したようであるが、このような考え方は絶対的な領土主権という国際法の原則を長い間拒絶してきた現代の国際法の基本原則を理解できないことを示している。というのは、現在一般に求められている考え方は、「限定された領土主権」という考え方よりも、「協力と効果的な依存性の積極的な精神」[69]、あるいはすべての流域国が国際水路において利益の共同体を形成しているという「利益共同体」[70]の考え方に基づいて決定されるべきであるという点にあるからである。

　国際水路非航行的利用法条約は、1997年の採択以来、国際水路に関する地域協定に大きな影響を与えてきた。たとえば南部アフリカ開発共同体（SADC）の1995年の「南部アフリカ開発共同体（SADC）地域における共有水路系に関する議定書」(Protocol on shared watercourse systems in the southern African development community (SADC) region)[71]においては、序文で「国際河川水利用のヘル

---

69)　Salman (2007b), p.12.
70)　マッカーフリーは、「絶対的な領土主権」、「絶対的な領土保全」、「限定された領土主権」、「利益共同体」という4つの国際水路法の理論的基礎のうち、「限定された領土主権」の考え方よりも「利益共同体」の考え方が利点を有するとしている。国際水路法の理論的基礎に関するマッカーフリーの捉え方に関しては、McCaffrey (2007), pp.165-168を参照。
71)　Protocol on shared watercourse systems in the southern African Development Community (SADC) region (http: www. africanwater. org/SADC). この1995年の議定書は2000年に修正および更新された。尚、SADC議定書の第2条の「一般原則」では、第2項で、「共有水路と関連する資源の衡平な利用における共同体の利益（community interests）の原則を尊重し守る」と規定しており、国際水路法における「利益共同体」あるいは「利害の共同体」いう原則を採用している。SADCの加盟国は、タンザニア、ザンビア、ボツワナ、モザンビーク、アンゴラ、ジンバブエ、レソト、スワジランド、マラウイ、ナンビア、モーリシャス、南アフリカ、コンゴ、マダガスカル、セーシェルの15カ国である。

シンキ規則およびILCの国際水路非航行的利用法に関する活動に留意して」と謳っており、国連条約の規定の多くを取り入れている[72]。このような国連の法典化に影響を受けた他の協定として、1995年のメコン協定、2002年のセネガル川水憲章、2002年のサバ川流域枠組協定、2003年のビクトリア湖議定書、2008年のニジェール川流域水憲章などが存在する[73]。また法典化は、流域国間に協定あるいは紛争の存在いかんにかかわらず、交渉を容易にしてそれに影響を与えるという側面を有している。法典化が行なわれると、そこでの規範は慣習的な規則が記されていない規範、あるいは法典化されていない規範よりも明確で決定的なものとして作用する[74]。

Ⅲ　ベルリン規則と水資源の総合的管理

1966年にILAによって承認された国際河川の利用に関するヘルシンキ規則は、国境を越えた水の利用と開発に適用される基本的な国際法として、国際河川流域水の衡平で合理的な利用の規則を具体化したものである。このヘルシンキ規則は、1992年の国連欧州経済委員会のヘルシンキ条約（越境水路及び国際湖沼の保護及び利用に関する条約）、1997年の国際水路非航行的利用法条約、そしてメコン川協定といった地域協定に影響を与えてきた[75]。国際水路非航行的利用法条約は、国際水路の衡平な利用、損害回避、紛争の平和的解決などの原則を採用し、南部アフリカ、南アジア、ヨーロッパにおける水に関連する地域協定に影響を与えてきた[76]。

1992年の国連欧州経済委員会のヘルシンキ条約（越境水路及び国際湖沼の保護

---

72) McCaffrey (2013), p.133.
73) McCaffrey (2013), p.134.
74) McCaffrey (2013), p.134.
75) Dellapnna and Gupta (2008), p.12. メコン川流域の持続可能な開発のための協力に関する協定の第5条では、「合理的かつ衡平な利用」に関して規定している（前掲『解説・国際環境条約集』三省堂、2003年、187頁参照）。
76) バングラデシュとインドの間の1996年のガンジス河水配分協定、国連欧州経済委

及び利用に関する条約）は、前文で、「越境水路及び国際湖沼の保護及び利用が重要かつ緊急の任務」であるとし、第１条で、越境影響として「人の健康と安全、植物、動物、土壌、大気、水、気候、景観、史蹟又はその他の物理的構造物、諸要素間の相互作用に対する影響が含まれる」とし、第２条では、越境水域の合理的かつ衡平な利用を確保し、生態系の保全及び回復の確保を規定している[77]。また1999年に国連欧州経済委員会の「1992年の越境水路及び国際湖沼の保護及び利用に関する条約についての水と衛生に関する議定書」[78]が採択され、このなかには予防原則、汚染者負担の原則、世代間の衡平、情報へのアクセス、公的参加、水への衡平なアクセス、弱い立場の人々の保護の原則などの規定が含まれている。この議定書はまたすべての人々の飲料水へのアクセス、衛生の提供を保証している。

このように、1966年のヘルシンキ規則採択後、慣習国際法の変化はきわめて顕著で、世界の水資源問題に適用できる慣習国際法は拡大・深化を遂げてきた。また1980年代以降明らかになったことは、ILAが採択した規則が拡大し、同じ問題の原則となる規定が複数の法的文書のなかに分散されている点である。1980年、ILAのベオグラード会期では、２つの規則を採択したが、１つは国際水路水の流れに関するものであり、もう１つは他の自然資源の環境的な要素に対する国際的な水資源の関係にかかわるものである。また1982年のモントリオール会期では、国際的な流域水の汚染に関する単独の条項が採択された。

　員会の1999年の水と健康に関する議定書、1995年の「南部アフリカ開発共同体（SADC）地域における共有水路系に関する議定書」（2000年に修正・更新）などである。

77) Convention on the Protection and Use of Transboundary Watercourses and International Lakes, done at Helsinki, on 17 March 1992. この条約の抄訳は、『地球環境条約集』第４版所収。

78) Protocol on Water and Health to the 1992 Convention on the Protection and Use of Transboundary Watercourses and International Lakes, done in London, on17 June 1999.

そして1986年のソウル会期では、「国際水資源への適用可能な補完的規則」が採択されたが、それはヘルシンキ規則の適用に関する一定の原則を明らかにする意図をねらいとしたものであった[79]。

　ILAは、このような認識に立って、ヘルシンキ規則の包括的な修正と改訂が必要であると考えた。2004年8月21日に、ILAはベルリンでの会合で、淡水資源に適用される慣習国際法の概要として「ベルリン水資源規則」(The Berlin Rules on Water Resources) を採択した。ベルリン規則は、かなり包括的で詳細で、14章73条から構成され、ヘルシンキ規則と国際水路非航行的利用法条約を超える水資源に関するさまざまな問題を取り上げ (表6参照)、国際的な水資源管理レジームに関する新しいパラダイムを提起しているといってよいだろう。そして前文では、ILAの水資源委員会がヘルシンキ規則採択後40年近くにわたる経験を取り入れている旨を記している。

　ベルリン規則の特長は、この規則が国内外を問わずすべての水域の管理に適用可能であるという点、そしてこのことは国際河川、国際流域、そして越境地下水を扱っていた以前のILAの作業からの大きな変更であるという点である[80]。またベルリン規則は、第Ⅱ章「全ての水域の管理に適用される国際法の基本原則」では、全ての水域に関連する問題、表流水・地下水・及び他の水域の共同管理、持続的な水域管理、環境への損害の予防とその最小化、他の資源管理と水資源管理の統合を扱っている。ここでの管理という用語に関して、ベルリン規則の第3条第14項で、「水域の管理」と「水域を管理すること」の意味内容は「水域の開発、利用、保護、配分、規制、統制」を含むものとされている。したがって、ヘルシンキ規則及び国際水路非航行的利用法条約とこのベルリン規則との違いは、前者が合理的で衡平な利用における各流域国の権利を強調しているのに対して、後者は合理的で衡平な方法で共有された水路を管理する義務を強調している点にある[81]。

---

79) Salman (2007a), p.630.
80) Salman (2007a), p.635.
81) Salman (2007a), p.636. ベルリン規則第5条は以下のように規定している。「水路

表6　ベルリン水資源規則の構成

前文
取扱上の覚書
第Ⅰ章　適用範囲
　第1条　適用範囲
　第2条　規則の履行
　第3条　定義
第Ⅱ章　全ての水域の管理に適用される国際法の基本原則
　第4条　個人の参加
　第5条　共同管理
　第6条　統合的管理
　第7条　持続可能性
　第8条　環境的損害の最小化
　第9条　規則の解釈
第Ⅲ章　国際的な共有水域
　第10条　流域国の参加
　第11条　協力
　第12条　衡平な利用
　第13条　衡平で合理的な利用の決定
　第14条　利用間の優先順位
　第15条　他の流域国における配分された水の利用
　第16条　越境的な損害の回避
第Ⅳ章　人の権利
　第17条　水へのアクセス権
　第18条　情報への公衆参加とアクセス
　第19条　教育
　第20条　特定の共同体の保護
　第21条　水プロジェクト又はプログラムによって移動した人又は共同体への補償義務
第Ⅴ章　水生環境の保護
　第22条　生態の保全
　第23条　予防的アプローチ
　第24条　生態的なフロー
　第25条　外来種
　第26条　有害物
　第27条　汚染
　第28条　水質基準の設定
第Ⅵ章　影響評価
　第29条　影響評価義務
　第30条　他国への影響評価の参加
　第31条　影響評価過程
第Ⅶ章　極限状況
　第32条　極限状況への対応
　第33条　汚染事故
　第34条　洪水
　第35条　旱魃
第Ⅷ章　地下水

第36条　滞水層への本規則の適用
　　第37条　滞水層管理一般
　　第38条　滞水層の予防的管理
　　第39条　情報取得義務
　　第40条　地下水へ適用される持続可能性
　　第41条　滞水層の保護
　　第42条　越境的帯水層
第Ⅸ章　航行
　　第43条　航行の自由
　　第44条　航行の自由に関する制限
　　第45条　航行規制
　　第46条　航行の維持
　　第47条　非流域国への航行権の保障
　　第48条　公用船舶の除外
　　第49条　航行に関する戦争又は同様の緊急事態の影響
第Ⅹ章　戦争又は武力紛争の間の水及び水利施設の保護
　　第50条　利用に適さない水の提供
　　第51条　水又は水利施設の標的
　　第52条　生態的標的
　　第53条　ダムと堤防
　　第54条　占領地区
　　第55条　水条約に関する戦争又は武力紛争の影響
第ⅩⅠ章　国際協力と管理
　　第56条　情報の交換
　　第57条　プログラム、計画、プロジェクト又は活動の通報
　　第58条　協議
　　第59条　協議への不参加
　　第60条　影響評価の要請
　　第61条　プログラム、計画、プロジェクト又は活動の緊急な履行
　　第62条　国内法と政治の調和化
　　第63条　工作物の保護
　　第64条　流域規模の共同管理体制又は他の共同管理体制の確立
　　第65条　遵守の調査
　　第66条　流域規模の管理体制のための最小限の必要要件
　　第67条　費用負担
第ⅩⅡ章　国家の責任
　　第68条　国家の責任
第ⅩⅢ章　法的救済方法
　　第69条　裁判所又は行政機関へのアクセス
　　第70条　人への損害への救済方法
　　第71条　他国における人の救済方法
第ⅩⅣ章　国際紛争の解決
　　第72条　国際水管理紛争の平和的解決
　　第73条　仲裁と訴訟

出所：http://internationalwaterlaw.org

ヘルシンキ規則及び国際水路非航行的利用法条約とこのベルリン規則とを比較した場合、もう１つの大きな問題点は、衡平で合理的な利用と他の流域国に対する損害回避義務との関連である。すでにみてきたように、ヘルシンキ規則は第５条において合理的で衡平な利用の原則を規定し、第10条では衡平な利用と損害回避義務の関連について規定していたが、基本的には衡平な利用を優位に置いていた。また国際水路非航行的利用法条約においても、第５条で衡平で合理的な利用について規定し、第７条で損害回避義務について独立して規定していたとはいえ、衡平で合理的な利用を優位に置いていた。

　それに対して、ベルリン規則では、第８条「環境的損害の最小化」[82]で、国家は環境的損害を防止し最小化するためにあらゆる適切な措置をとると規定し、第12条「衡平な利用」では、「流域国は、他の流域国へ重大な損害を生じさせない義務に正当な考慮を払い、衡平で合理的な方法で国際河川流域の水を管理するものとする」と規定している[83]。さらに第16条「越境的な損害の回

　　国は、その領域内において国際水路を衡平かつ合理的に利用する。特に、水路国は関連する水路国との利害関係を考慮し、水路の適切な保護と両立の上、国際水路の最適かつ持続可能な利用を達成し、国際水路から便益を得るためにそれを利用し開発する。」

82)　「損害」概念に関しては、ヘルシンキ規則では、第10条「衡平な利用原則」で重大な損害として「水汚染」を挙げており、国際水路非航行的利用法条約では、第21条「汚染の防止、削減及び規制」で、重大な損害として「人間の健康又は安全、水の有益な利用、もしくは水路の生物資源に対する損害」と規定しており、それ以上の具体的な規定が存在しなかったが、ベルリン規則では、環境的損害（第８条）と「越境的損害」（第16条）いう概念を使用している。第８条では、環境的損害についての具体的な記述はないが、注釈（Commentary）では、「この条文は他の種類の損害ではなく環境的損害を最小化する広い義務」としており、第16条「越境的損害の回避」では、注釈で「各国はその活動から生じる他国への重大な損害を回避し防止すべきであるという慣習国際法の基本原則を示している」としている。

83)　第13条「衡平で合理的な利用の決定」では、第12条の意味における衡平で合理的な利用は、それぞれの特定の事例においてすべての重要な要因を考慮して決定されるべきであるとし、以下の９つの要因を挙げている。a. 地理的・水界地理学的・水文学的・水文地質学的・気候的・生態的およびその他の自然的特徴　b. 関連する流

避」では、注釈で「各国はその活動から生じる他国への重大な損害を回避し防止すべきであるという慣習国際法の基本原則を示している」としている。

これらの点からみると、サルマンがいうように、ベルリン規則において、衡平で合理的な利用の原則が損害回避義務に従属させたか[84]、あるいは同等に扱っているように思われる。ただし両者の関連については、第12条の注釈(Commentary)では、以下のように記している。

「国際水路条約の草案におけるもっとも論争的な問題、すなわち衡平の利用の原則と損害回避義務との関係を解決するために、国連水路条約に関するもう1つの変更を採用した（第16条）。ここで採用された表現は、国際河川流域水の衡平で合理的な配分の権利がその水の利用において一定の義務を伴うということを強調している。このようなヘルシンキ規則からの表現上の変更は越境的な資源の利益を共有する権利を退けるものではない。それどころか、それは、他の流域国への損害回避を適切に考慮しながら衡平で合理的な方法で行為することによって果たされる義務には、共有する権利が伴うということを認めている。これらの義務の相関関係は、個々の事例ごとに個別的に、とりわけ第13条と第14条で表現されている手順を考量することによって、解決されなければならない。」[85]

この表現のなかには確かに曖昧な点が含まれているが、サルマンは結論的には、ベルリン規則は各原則を他の原則に相互に従属させることによって、2つの原則、すなわち衡平で合理的な利用の原則と損害回避義務の原則が同等であ

域国の社会的・経済的なニーズ　c. 各流域国の国際河川流域水へ依存している人口　d. ある流域国の河川流域水の利用あるいは用途の他の流域国への影響　e. 国際河川流域水の既存の利用と潜在的利用　f. 国際河川流域の水資源の保存・保護・開発および利用の節約とこれらの目的を達成するための措置の費用　g. 他の選択肢、類似の有用物、特定の計画された利用又は既存の利用、これらの利用可能性　h. 提案された利用又は既存の利用の持続可能性　i. 環境的損害の最小化。

84) Salman (2007a), p.636.
85) The Berlin Rules on Water Resources, art. 12, Commentary.

ることを提起しているとする[86]。言い換えれば、ヘルシンキ規則と国際水路非航行的利用法条約は衡平で合理的な利用の原則を損害回避義務よりも優位に置いていたのに対して、ベルリン規則では、これらの原則に優劣をつけず、さまざまな要因を比較衡量して個々の事例に応じて個別的に判断すべきであるとしたということができる。このことは、しかし、ヘルシンキ規則及び国際水路非航行的利用法条約の重要な変更であったということができる[87]。この意味では、2つの原則の関係が明確になったというよりも、両者の原則をめぐる問題に曖昧さを残したということもできよう。それだけにとどまらず、今後は、両者の原則をめぐってすでに発効されている国際水路非航行的利用法条約との整合性という問題も浮上してくる可能性がある。

　ベルリン規則を全体的に概観すると、そこでの環境規定はかなり包括的であり、これまでの国際水路法関係の統合、そして国際環境法、国際人権法、国際水法の総合化をめざすものとなっているとさえいえる。というのは、第Ⅳ「人の権利」では、水へのアクセス権、公衆参加と情報アクセス、水プロジェクト又は水プログラムによって移動した人や共同体への補償義務を取り上げ、第Ⅴ章「水生環境の保護」では、生態的保全、外来種の保護、有害物質、水質基準の確立などを扱い、第Ⅵ章「極限状況」では、汚染事故、洪水、旱魃を取り上げているからである。

　これまでヘルシンキ規則、国際水路非航行的利用法条約、ベルリン規則といった一連の水関連の規則あるいは条約について検討してきた。一方においては、確かに、国際水法に関するレジームは歴史的に発展し進化してきているといえるだろう。そして国際流域での紛争解決のための原則やルールもしだいに各国に拡大・浸透し、グローバルなレベルで規範として共同主観化されてきて

---

86)　Salman (2007a), p.637.
87)　サルマンによると、国際水路法の専門家のなかには、ヘルシンキ規則の原則を破棄することによって、衡平な利用の原則を損害回避原則に従属させたと捉えるものもある[Salman (2007a), p.637.]。

いるように思われる。しかし他方で、世界に263の国際流域が存在するなかで、協力的な流域ガバナンスの枠組はその半数以下しか存在せず、しかも国際社会は必ずしも共有水資源の利用と保護に関して一般的に適用可能な条約について合意することに成功していない。水資源の利用がグローバルなレベルで制約されていくなかで、紛争解決の手段をルール化し、いかにして水資源を衡平で合理的に利用するのかという問題は、ますます国際社会の重要な課題となっている。そうしたなかで、ベルリン規則のように、これまでの国際水法を総合化するような試みは、今後グローバルなレベルでの将来的な水資源不足や食料不足を考慮すると、大いに評価されるべきである。

また国際水路及び水資源に関する包括的な条約が存在しないだけでなく、水資源の利用が世界的に困難となっている状況にある現在、水の位置づけをめぐる問題、たとえば水は国際公共財として万人に保障されるべき人権として位置づけるのか[88]、それとも市場でのニーズあるいは商品としての位置づけにとどまるのかという問題に対する一定の国際的な合意が必要となっている。もちろん、水資源に関する問題は、人権か商品かという単純な図式では解決できない問題であるが、水資源を市場原理にだけ頼る現在の状況においては、水へアクセスできない人々が増えるだけである。それへの対策はグローバルなレベルで問題にしなくてはならないであろう。たとえば、ベルリン規則の第Ⅳ章「人の権利」の第17条は、「すべての個人は、個人の生命維持に必要な人間的なニーズを満たすために、十分で、安全で、良好で、物理的に利用可能で、入手可能な水の権利を有する」と規定し、各国は水へのアクセス権の履行を保証するものとするとしている。その意味でも、ベルリン規則は今後ILAの努力によって将来的にさらに精緻化した形で国際レジームとなることが期待される。

---

88) Peter H. Gleick, The human right to water, in : *Water Policy* 1, 1998, pp.487-503.

第11章
水に対する人権と「水の安全保障」

　地球上の水資源の中で人間が利用できるのはわずかであり、その水資源の利用可能性も人間の欲求を満たすには次第に不十分となりつつある。その原因は、水に対する需要増加と供給不足であり、人口増加、都市化、気候変動などが大きな要因となっている。しかし、水不足は、こうした要因だけによってもたらされているものであろうか。世界的にみてあらゆる資源は不平等に配分されており、この背景にはグローバルなレベルでの政治的な力関係や市場メカニズムの存在があるということはいうまでもない。このことは水資源についてもいえることであろう。

　2000年の国連ミレニアム・サミットで定められたミレニアム開発目標は、2015年までに安全な飲料水と衛生設備を利用できない人の割合を半減することをめざしている。しかし、現在、安全な水を利用できない人が11億人に上り、衛生設備を利用できない人が26億人に及んでいる。こうした現状に対して、2000年以降、水に対する人権の必要性についての世界的な認識がますます深まりつつある。また世界の利用可能な淡水資源を減少させている気候変動は、世界の利用可能な淡水資源を減少させ、水に対する人権の法制化を促し[1]、各国で法制化が実現している[2]。とりわけ人口増加によって淡水資源の減少を引き起こしている途上国では、水に対する人権が問題となり、たとえばソマリアで2012

---

1) Nandita Singh (ed.), *The Human Right to Water*, Springer, 2016, pp.83–103.
2) Nicola Lugaresi, The right to water and its misconceptions, between developed and developing countries, in: Michael Kidd, Loretta Feris, Tumai Murombo and Alejandro Iza (eds.), *Water and Law*, Edward Elgar, 2014, pp.335–336.

に採択された憲法では、水に対する人権が規定されている[3]。本章では、水に対する人権について国連の活動を中心に検討したい。

I　国際レジームと水に対する人権

　すでに第8章でみてきたように、1972年のストックホルム会議では、「人間環境宣言」と各種の行動計画が採択され、その中で水質汚染の問題が取り上げられ、水がかけがえのない天然資源として定義され、国際河川の水資源管理に関しての勧告が行われた。この勧告の中の「F 水資源」では、関係国により適当と考えられる場合は、「水に関する権利および請求権の司法上、行政上の保護のための規定」の取り決めは地域ベースで行うことが必要であるとしている[4]。ここでの「水に関する権利」は国際河川管理の文脈で触れられているので、2カ国以上にまたがる国際河川領域における各国の水に関する権利と解され、人権としての「水に対する権利」のことを指しているわけではない。しかし、人間環境宣言の中では、「何百万人もの人々が十分な食料、衣服、住居、教育、健康及び衛生を奪われた状態で、人間らしい生活を維持する最低水準をはるかに下回る生活を続けている」として、その改善の必要性を謳っている。この文言は、この宣言の4年後の1976年に発効した社会権規約の第11条の趣旨とつながるものであると解することもできよう。

　水に対する権利に関しては、1977年のマルデルプラタでの国連水会議で採択された決議の中で、「すべての人々は、開発段階、社会的・経済的な状況のいかんにかかわらず、基本的な必要性に見合う量と質をもつ飲料水へアクセスする権利を有する」[5]と規定している。

---

  [3]　James May and Erin Daly, *Global Environmental Constitutionalism*, Cambridge University, 2015, p.176.
  [4]　『国連人間環境会議の記録』環境庁長官官房国際課、1972年、150頁。
  [5]　*Report of the United Nations Water Conference, Mar* del Plata, 14-25 March, 1977, United Nations, New York, 1977, p.66.

このマルデルプラタでの決議は、飲料水に対するアクセス権の規定であるが、水に対する人権を認めている国際条約は多く存在する。S・マッカーフリーは[6]、1948年の世界人権宣言の文書は明確に水に対する人権を規定しているとする。というのは、世界人権宣言の第25条は、「全ての者は、自己及びその家族のための食糧、衣類、住居及び医療並びに必要な社会的サービスを内容とする健康及び福利のための相当な生活水準についての権利並びに、失業、疾病、障害、配偶者の死亡、老齢その他不可抗力による生活不能の場合に保障を受ける権利を有する[7]」と規定し、文言中の「内容とする including」という言葉は、条文の項目リストでは言い尽くせないことを示唆しており、食糧よりも水が「健康と福利」にとって重要であり、したがって、水は必要な意味に含まれると解釈されるべきであるということである[8]。さらに「食糧」という言葉の意味は広く捉えられるべきであり、明らかに水を含む生命維持手段と解されうるうえに、水は直接的にも間接的にも、われわれが食べる多くの食糧を生産するために必要なものである。

　水に対する人権についての具体的な規定がみられるのは、1979年の「女子差別撤廃条約」の第14条第2項（h）であろう。そこでは、この条約を批准した185カ国の締約国に対して、「適当な生活条件（特に、住居、衛生、電力及び水の供給、運輸並びに通信に関する条件）を享受する権利」を義務づけている。もっとも、「女子差別撤廃条約」の第14条は、農村女子に対する差別撤廃について

---

6) Stephen C. McCaffrey, The Human Right to Water, in : Edith Brown Weiss, Laurence De Chazournes, and Nathalie Bernaschoni-Osterwalder (eds.), *Fresh Water and International Economic Law*, Oxford, 2005 [以下 McCaffrey (2005)], p.95f. 尚、P. グリックも、世界人権宣言の第25条が基本的な水の必要性に対する権利を潜在的に支持することを意図しているとしている（Peter Gleick, The Human Right to Water, in : *Water Policy*, 1, 1998, p.491）。

7) 世界人権宣言第25条の引用は、奥脇直也・小寺彰編集代表『国際条約集』有斐閣、2014年、291頁。

8) McCaffrey (2005), p.95. ただし、世界人権宣言の中には水に対する人権という文言はみられないことから、マッカーフリーのように、これをもって水に対する人権の規定とするのは、拡大解釈ともいえる。

の規定で、その対象者は「農村女子」であって「全ての者」に水に対する人権を保障しているわけではない。また2008年に発効した「障害者の権利に関する条約」の第28条は、社会権規約第11条に準じて、「締約国は、障害者が、自己及びその家族の相当な生活水準（相当な食糧、衣類及び住居を含む）についての権利並びに生活条件の不断の改善についての権利を有する」としながら、第2項では、「締約国は、社会的な保障についての障害者の権利及び障害に基づく差別なしにこの権利を享受することについての障害者の権利を認めるものとし、この権利の実現を保障し、及び促進するための適当な措置をとる。この措置には、次のことを確保するための措置を含む」として、「障害者が清浄な水のサービスを利用する均等な機会を有し、及び障害者が障害に関連するニーズに係る適当なかつ費用の負担しやすいサービス、補装具その他の援助を利用する機会を有すること」を挙げている[9]。

　水に対する人権を規定している同様の条約は、1989年の「児童の権利条約」で、その第24条では、「締約国は到達可能な最高水準の健康を享受すること並びに病気の治療及び健康の回復のための便宜を与えられることについての児童の権利を認め」、締約国は第1項の権利の完全な実現を追求するものと規定し、この項目の1つとして、「環境汚染の危険を考慮に入れて、基礎的な枠組みの範囲内で行われることを含めて、特に容易に利用可能な技術の適用により並びに十分に栄養のある食物及び清潔な飲料水の供給を通じて、疾病及び栄養不良と戦うこと」を義務づけている。

　さらに国際人道法は、軍事的紛争中における特定の保護の中で、水の利用に関する規定を設けている。文民保護条約である1949年ジュネーヴ第4条約の第85条では、以下のように規定している。「被抑留者にたいしては、日夜、衛生上の原則に合致する衛生設備で常に清潔な状態に維持されるものをその使用に供しなければならない。被抑留者に対しては、日常の身体の清潔及び被服の洗たくのために水及び石けんを十分に供給しなければならない。被抑留者に対し

---

9)　尚、障害者の権利に関する条約の訳文に関しては、外務省のホームページを参照した（http://www.mofa.go.jp/mofaj/gaiko/jinken/index_shogaisha.html）。

ては、シャワー及び浴場を利用させなければならない。それらの者に対しては、洗たく及び清潔のため必要な時間を与えられなければならない。」[10]

　また1978年に発効した1949年ジュネーヴ条約第1追加議定書の第54条第2項では、以下のように規定している。「食糧、食糧生産のための農業地域、作物、家畜、飲料水の施設及び供給施設、かんがい設備等文民たる住民の生存に不可欠な物をこれらが生命を維持する手段としての価値を有するが故に文民たる住民又は敵対する紛争当事者に与えないという特定の目的のため、これらの物を攻撃し、破壊し、移動させ又は利用することができないようにすることは、文民を飢餓の状態に置き又は退去させるという動機によるかその他の動機によるか問わず、禁止する。」[11]

　このように1949年ジュネーヴ条約及び追加議定書の規定は、被抑留者及び文民に対して、水に対する権利を保障するものとなっており、批准している国々に対しては法的に拘束力のあるものとなっている。

　1992年1月にアイルランドのダブリンで水と環境に関する国際会議が開催され、「水と持続的開発に関するダブリン声明：ダブリン原則」が採択された。ダブリン原則は4つの重要な原則から成り、第1原則は「淡水は、生命、開発、環境を支えるために必要な限りのある脆弱な資源である」こと、第2原則は「水の開発と管理は、参加的アプローチ、関係する利用者、すべてのレベルでの計画作成者と政策決定者に基礎を置くべきである」こと、第3原則は「女性が水の供給、管理、保全において中心的な役割を演じる」こと、そして第4原則は「水はその利用においては経済的価値を有し、経済的な財として認識されるべきである」ことである[12]。これらの原則のうちで第4原則がもっとも影響力があり、論争的なものであったのは、水が「経済的な財」として認識され

---

10)　前掲『国際条約集』、762頁。
11)　同『国際条約集』、779頁。
12)　The Dublin Statement on Water and Sustainable Development, 1992. 尚、ダブリン会議での4原則については、第8章「水をめぐるグローバル・ガバナンス」を参照されたい。

るべきであると述べられていると同時に、「この原則の中で重要な点は、適正な価格で清浄な水と衛生設備にアクセスするという全人類の基本的権利を認識することである」と述べていることの整合性である[13]。いずれにせよ、このダブリン声明では、「清浄な水と衛生設備に対する全人類の基本的権利」が規定されている。

さらに1992年6月にブラジルのリオデジャネイロで開催された国連環境開発会議で採択されたアジェンダ21には、第18章「淡水資源の質と供給の保護：水資源の開発、管理及び利用への統合的アプローチ」の中で、マルデルプラタ行動計画の共通に合意された前提として、すべての人々が「基本的な必要性に見合う量と質をもつ飲料水へアクセスする権利を有する」という文言を引用している[14]。そして2年後の1994年にカイロで開催された国際人口開発会議の行動計画は、人類が適切な水と衛生を内容とする適切な生活水準に対する権利を有していると述べている[15]。

2000年9月には、189の加盟国代表の出席した国連ミレニアム・サミットが開催され、国連ミレニアム宣言が採択されたが、その中のターゲット7として、「2015年までに、安全な飲料水及び衛生施設を継続的に利用できない人々の割合を半減する」という目標が設定されたが、国連総会はそれに先立つ同年2月に「開発に対する権利」を採択し、その中で明確に、「食料と清潔な水に対する権利は基本的な人権であり、その促進は各国政府と国際社会の双方にとっての道徳的な規範である」[16]と記している。

---

13) この点について指摘しているのは、Sharmila L. Murthy, The Human Right (s) to Water, in : *Berkeley Journal of International Law*, Vol. 31, 2013, p.93である。

14) 『アジェンダ21実施計画（'97）』環境庁・外務省監訳、エネルギージャーナル社、1997年、333頁。

15) Pierre Thielbörger, *The Right to Water*, Springer, 2014 [以下 Thielbörger (2014)]、p.58. このカイロ会議の文書に関しては、『国際人口・開発会議「行動計画」―カイロ国際人口・開発会議（1994年9月5－13日）採択文書』外務省訳、世界の動き社、1996年を参照。

16) UNGA, *The Right to development*, A/RES/54, 15 February, 2000, par. 12. この決

このように1970年代後半以降、国際条約や国際会議の中で、水に対する人権についての規定がみられるようになった。他方、政府が安全な飲料水を提供する義務を有しているという考え方は、アフリカやヨーロッパなど一定の地域的な人権や他の法体系にみることができる。1995年に、人間と人民の権利に関するアフリカ委員会は、ザイール（現在のコンゴ民主共和国）が「安全な飲料水と電気といった基本的なサービスを提供する」ことができなかったとして、アフリカ憲章の第16条の下における健康に対する権利に違反したという判決を下した[17]。またEUでは、欧州議会が2003年9月に「飲料水へのアクセスが基本的人権である」と宣言し、2004年に閣僚理事会は「飲料水に対する権利の承認に関する決議」を採択した[18]。

さらに2004年に国際法協会（ILA）によって承認された「水資源に関するベルリン規則」は、第17章第4条で「水へアクセスする権利」に関して以下のように規定している[19]。

1　全ての個人はその重要な人間的ニーズを満たすために、十分で、安全かつ受け入れられ、物理的に接近可能で、しかも入手可能な水へアクセスする権利を有する。
2　国家は、水へアクセスする権利の実施を公平に確保するものとする。
3　国家は、以下のことによって水へアクセスする権利を漸進的に実現するものとする。

　　議は、しかし、全会一致で採択されたものではなかった（Inga Winkler, *The Human Right to Water*, Hart Publishing, 2012, p.77.［以下 Winkler (2012)］）。
17)　McCaffrey (2005), p．99.
18)　McCaffrey (2005), p.99.
19)　Chad Staddon, Thomas Appleby and Evadne Grant, A Right of Water, in: Farhana Sultana and Alex Loftus (eds.), *The Right to Water*, Earthcan, 2012 ［以下 Staddon (2012)］ p.68. 尚、ベルリン規則に関しては、10章「水の国際レジーム――ヘルシンキ規則からベルリン規則へ――」を参照されたい。

・権利の享受を直接的又は間接的に妨害することを控えること。
・第三者が権利の享受を妨害するのを控えること。
・水へのアクセスや利用の適切な法的権利を明確かつ強化するといったような個人の水へのアクセスを促進するような措置を取ること。
・個人が自己の管理できない理由によって自身の努力を通じて水へのアクセスができない場合に、水を提供し又は水を獲得する手段を提供すること。
4　国家は、参加と透明性の過程を通じて、水へアクセスする権利の実現を定期的に監視し再検討するものとする。

ところで、人権に関するもっとも重要な国際条約である市民的及び政治的権利に関する国際規約（ICCPR）と経済的、社会的及び文化的権利に関する国際規約（ICESCR）において、水に対する人権はどのように位置づけられるのだろうか。むろん、それらのいずれにおいても、水に対する人権について明確に言及している条文は存在しない。にもかかわらず、しばしば主張されてきた点は、水が生命にとって重要であるがゆえに、水への権利はICCPRの第6条で認められているように、生命にとっての権利のなかに潜在的に含まれているということである[20]。自由権規約の第6条は、「すべての人間は、生命に対する固有の権利を有する。この権利は、法律によって保護される。何人も、恣意的にその生命を奪われない。」

さらに、広く受け入れられてきた点は、水に対する権利がICESCRの第11条のなかで表明されている生活、食糧、住居の適切な基準に対する権利[21]、第

---

20)　Staddon (2012), p.65.
21)　社会権規約の第11条第1項は、以下のとおり。「この規約の締約国は、自己及びその家族のための相当な食糧、衣類及び住居を内容とする相当な生活水準についての並びに生活条件の不断の改善についてのすべての者の権利を認める。締約国は、この権利の実現を確保するために適当な措置をとり、このためには、自由な合意に基づく国際協力が極めて重要であることを認める。」（『国際条約集』有斐閣、293頁）

12条で表明されている健康への権利[22]にとって重要であり、またそのなかに潜在的に含まれているということである。この見解は、社会的・経済的・文化的権利委員会によって、水に対する権利に関する一般的意見 No. 15（2002年）のなかで支持されている[23]。一般的意見 No. 15は、本質的に法的に実施可能な普遍的権利を確立するものではないけれども、それはこうした権利の承認のための論拠に実質的な影響力を与えている。

　社会権規約を批准している国は、2013年12月現在で、60カ国以上で、締約国は160カ国に及ぶ[24]。しかし、30カ国以上が未だ締約国とはなっておらず、これらの国々には、キリバス、マーシャル諸島、ミクロネシア、ナウル、サモア、トンガ、ツバル、バヌアツなどの小島嶼国連合が属している。これらの国々の多くでは水資源が限られ、淡水問題に悩んでいる。さらに地球温暖化のために、カリブ海諸国では水資源が減少し、乾季には十分な水需要を満たすことができない状況に立ち至っている[25]。将来的には、人口増加、食糧生産、都市化、そして地球温暖化の影響によって、淡水資源の減少の深刻度は高まる一方であり、水資源へのアクセスは人類共通の課題となっている。水に対する人権の問題がグローバルな社会権の問題としてますます国際的な対応を必要としていることが、社会権規約委員会の活動に示されている。

---

22) 社会権規約の第12条第1項は、「この規約の締約国は、すべての者が到達可能な最高水準の身体及び精神の健康を享受する権利を有することを認める。」（『国際条約集』有斐閣、293頁）と規定している。
23) Staddon (2012), p.65. UN Doc E/C. 12/2002/11, Economic and Social Council, *General Comment No.* 15, The Right to Water (arts. 11 and 12 of the International Covenant on Economic, Social and Cultural Rights), 2002.
24) 社会権規約の締約国数に関しては、外務省のホームページを参照（http://www.mofa.go.jp/mofaj/gaiko/kiyaku/2b_001_1.html）。
25) Winkler (2012), p.65.

II 社会権規約委員会と一般的意見 No. 15

　21世紀に入って、水に対する人権に関して重要な転換点の1つとなったことは、2002年に国連の社会権規約委員会が「水に対する権利」に関する一般的意見 No. 15を採択したことである。国連の社会経済理事会は、1985年に決議1985／17によって、1976年から社会権規約の報告書審査のため設置されていた作業部会を改編して社会権規約委員会を設置した。社会権規約委員会は、1988年に社会権規約のさまざまな条項や規定に関する一般的意見の準備を開始し[26]、そして2002年の「水に対する権利」に関する一般的意見 No. 15の採択に至った。社会権規約委員会はまた、水が問題となっている各国の報告に関する多くの総括所見 (concluding observation) を含めて、広範な慣行を利用することができた。こうして1993年以後一般的意見 No. 15の採択までに、114の総括所見のうち33の中で、水の権利が取り上げられ締約国で議論された[27]。一般的意見 No. 15は全体的に、2015年までに基本的な水供給へのアクセスをもたない人口を半減するという2000年9月のミレニアム開発目標に強く影響されているといってよいだろう[28]。

　一般的意見 No. 15は、まず序において、水は「有限の天然資源であり、生命と健康にとって基本的な公共財である」と規定し、「水に対する人権は、人間の尊厳のある生活を送るうえで不可欠である」[29]としている。続けて第2パ

---

26) Salman M. A. Salman and Siobahán McInerney-Lankford, *The Human Right to Water*, The World Bank, 2004, p.45.

27) Eibe Readel, Human Right to Water and General Comment No.15 of the CESCR, in : Eibe Readel and Peter Rothen (eds.), *The Human Right to Water, BWV*/BERLINER WISSENSCHAFT-VERLAG, 2006, p.25.

28) Thielbörger (2014), p.65.

29) *General Comment No.*15, par. 1. 尚、社会権規約委員会の「一般的意見 No.15」に関しては、申惠丰『国際人権法』信山社、2013年を参照。

ラグラフでは、以下のように規定している。「水に対する人権は、すべての者に、個人的又は家庭内での利用のための十分かつ安全で、受け入れ可能で、物理的にアクセス可能かつ入手可能な水に対する権利を与えるものである。」[30]

ここでは、水が「公共財」（a public good）として規定されていることが特徴となっている。公共財に関しては、さまざまな理論的な捉え方が可能である。公共選択論の立場からみると、「公共財」は「私的財」に対立するもので、非排除性と非競合性を特徴としている。しかし、この観点からすると、現実に利用されている水は、事実問題として、純粋な公共財ではなく、他者の水利用を排除することが可能であるだけでなく、水が稀少なところでは競合性がきわめて高いので、「私的財」ということもできる[31]。他方で、事実問題としてではなく規範的な観点からみると、水を非排除性と非競合性を備えた純粋公共財とみなし、誰もが利用可能で持続可能なものとして位置づけるということも可能である。一般的意見No.15の立場は、後者に近いように思われる。

この水に対する権利の規範的内容について、一般的意見No.15は、第11パラグラフで以下のように述べている。「水に対する権利の諸要素は、第11条第1項及び第12条に従い、人間の尊厳、生命及び健康にとって適切なものでなければならない。水の適切性は体積の量や科学技術との関連で狭く解釈されるべきではない。水は社会的、文化的な財として扱われるべきであって、経済的な財として扱われるべきではない。水に対する権利の実現方法はまた、この権利が現在及び将来の世代に実現されることを確実にすることによって持続可能でなければならない。」[32]

ここでの水に対する権利に必要な水の適切さは、「利用可能性」、「質」、「アクセス可能性」の3つの要素を含むものとされる。まず「利用可能性」については、「各人にとっての水の供給は、個人的及び家庭内での利用のために十分かつ継続的なものでなければならない」とし、この利用には通常、「飲料用、

---

30) *General Comment No.* 15, par. 2.
31) この点については、McCaffrey (2005), p.104を参照されたい。
32) *General Comment No.* 15, par. 11.

個人的下水設備、衣服の洗濯、食物の準備、個人的及び家庭内での衛生設備」を含むものである。つぎに「質」については、「個人的又は家庭内での利用のために必要な水は安全であり、したがって、人の健康にとって脅威となる微生物、化学物質及び放射性危険物のないものでなければならない。」そして最後の「アクセス可能性」については、「水、水の設備又は供給は、締約国の管轄内にあるすべての者に差別なくアクセス可能でなければならない」とし、「物理的なアクセス可能性」、「経済的なアクセス可能性」、「無差別」、「情報の利用可能性」の4つのアクセス可能性を挙げている。この中の「経済的なアクセス可能性」に関しては、以下のように規定している。「水、水の設備及び供給は、すべての者にとって入手可能なものでなければならない。水の確保に関連する直接的及び間接的費用及び料金は、入手可能なものでなければならず、規約上の他の権利の実現を阻害したり脅かしたりするものであってはならない。」[33]

こうした点から見ると、第2パラグラフの「入手可能な水」という表現は経済的に負担可能であるという意味に解される。これはしたがって利用者の支払い能力を超えるような民間の水供給者による料金加算によって水に対する権利が妨げられないことを保障するものとなっていると解される。この点に関連して第15パラグラフで、締約国の義務として、「水に対する権利に関して、締約国は、十分な手段をもたない人々に対して必要な水及び水の供給において国際的に禁止された禁止された事由に基づく差別を防止する特別の義務を負っている」[34]としている。そして第16パラグラフでは、「水に対する権利はすべての者に適用されるが、締約国は、女性、児童、少数集団、先住民、難民、庇護希望者、国内難民、移民労働者、収監者及び被拘禁者を含めて、この権利の行使において従来から困難に直面してきた諸個人あるいは集団に特別の注意を払うべきである」[35]としている。

---

33) *General Comment No.* 15, par. 12.
34) *General Comment No.* 15, par. 15.
35) *General Comment No.* 15, par. 16.

一般的意見 No. 15 は、社会権的規約との関連で、その第11条第1項を、すなわち「自己及び家族のための相当な食糧、衣類及び住居を内容とする相当な生活水準についての並びに生活条件の不断の改善についてのすべての者の権利」を、一般的意見 No. 15 の第2パラグラフ「個人的又は家庭での利用のための水に対する権利」を引き出すための出発点として利用している。つまり、社会権規約委員会は、社会権規約の生活水準と食糧に関する規定から水に対する権利を導き出したということができる。

　つぎに、締約国の義務については、社会権規約の第2条及び第11条並びに第12条を引用し、「水に対する権利に関して、この権利がいかなる差別もなく行使されることの保障（第2条第2項）、並びに、第11条及び第12条の完全な実現に向けて措置をとる義務（第2条第2項）のような即時の義務を有する。そのような措置は、水に対する権利の完全な実現にむけて、意図的、具体的かつ目標設定されたものでなければならない」[36]としている。そして、第20パラグラフでは、「水に対する権利は、すべての人権と同様に、締約国に対して3つの類型の義務を課しているとし、「尊重の義務」、「保護の義務」、「充足の義務」を挙げている。

　「尊重の義務」に含まれるのは、「相当な水への平等のアクセスを否定し又は制限するいかなる慣行又は活動にかかわることを控えること、慣習的又は伝統的な水配分の方法に恣意的に干渉することを控えること、国有の施設からの廃棄物又は武器の使用や実験などによって違法に水を減少させ又は汚染することを控えること、並びに、国際人道法に違反した武力紛争の際などに懲罰的な措置として水の供給とインフラへのアクセスを制限し又は破壊すること」[37]である。「保護の義務」は、第三者が何らかの形で水に対する権利の享受に干渉することを防ぐことであり、この第三者には「個人、集団、企業、その他の団体、並びに国家の権限の下で活動する機関」が含まれており、そしてこの義務には、「第三者が相当な水への平等なアクセスを否定すること、天然資源、井

---

36) *General Comment No.* 15, par. 17.
37) *General Comment No.* 15, par. 22.

戸及びその他の水配分システムを含む水資源を汚染し又は不均衡にそこから取水することを制限するために必要な立法その他の措置を取ることが含まれる。」[38] そして「充足の義務」は、個人及び共同体が水に対する権利を享受するために国家が、積極的な措置を助長し、促進し、あるいは提供する義務のことを意味する。

　他方、国際的な義務として第31パラグラフでは、締約国は以下のような義務を果たすことを規定している。すなわち、「水に対する権利に関連する国際的義務を果たすために、締約国は、他国におけるこの権利の享受を尊重しなければならない。国際協力は締約国に対して、他国における水に対する権利の享受に直接的又は間接的に干渉する行動を控えることを求めている。締約国の管轄内で行われるいかなる行動も、他国がその管轄内の人々のために水に対する権利を実現する能力を奪うものとなってはならない。」[39]

　そして、一般的意見 No.15 は、基本的には各個人が WHO のガイドラインに対応する水量[40]へアクセスするべきであるという認識に立って、自己及び家庭のための利用に加えて、「飢餓又は疾病の防止のために必要な水資源、並びに規約上の各権利の「中核的義務」を充足するために必要な水」について規定している。「中核的義務」という概念が重要なのは、1990年の一般的意見 No.3 の中で、社会権規約委員会が規約の中で承認された各権利の最低限必要な水準、すなわちその充足を保障する最低限の「中核的義務」はすべての締約国に課せられているという見解を宣言したからである[41]。この義務は締約国が果たすべき即時的な効果をもつ「中核的義務」(core obligations) であり、以下の項目が挙げられている[42]。

---

38) *General Comment No.*15, par. 23.
39) *General Comment No.*15, par. 31.
40)　WHO、世界銀行、そして米国国際開発庁によれば、一人の人間は基本的な飲料水と衛生の要件を満たすために一日に最低限20–40リッターの水を必要とする (McCaffrey (2005), p.107, WHO, *Right to Water*, 2003, pp.12-13)。
41)　McCaffrey (2005), p.109.
42) *General Comment No.*15, par. 37.

(a) 最低限不可欠な量の水、すなわち疾病を予防するための個人的及び家庭内での利用のための十分で安全な水へのアクセスを確保すること。
(b) 特に不利な状況にあるか又は周辺化されている集団のために、無差別を原則として、水及び水の施設ならびに供給へのアクセスの権利を確保すること。
(c) 十分かつ安全で通常の水を供給し、極端な待ち時間を回避するために十分に多くの放水口をもち、家庭から無理のない距離内にある水の施設又は供給への物理的なアクセスを確保すること。
(d) 水に対して物理的にアクセスしている間に個人的な安全が脅かされないことを確保すること。
(e) 利用できるすべての水の施設と供給の公平な配分を確保すること。
(f) 全住民に対応する国内の水戦略と行動計画を採択し実施すること。この行動と計画は参加的で透明な過程に基づいて考案され、定期的に見直されるべきである。それは進展が詳細に監視されうるような水に対する権利の指標と基準のような方法を含むべきである。戦略及び行動計画が考案される過程及びその内容は、不利な状況にあるか周辺化されているすべての集団に特別の注意を払うべきである。
(g) 水に対する権利の実現又は未実現の程度を監視すること。
(h) 脆弱な及び周辺化された集団を保護するため、比較的低費用を目指した水計画を採用すること。
(i) 特に相当な衛生設備へのアクセスを確保し、水に関連した疾病を防止、治療及び管理するための措置を取ること。

このように、一般的意見 No. 15 は、水に対する人権を原則的に社会権規約の第11条と第12条に基礎づけ、そこから水に対する権利を推論している。一般的意見 No. 15 は、社会権的規約の中で承認された権利を漸進的に実施するために締約国に対してさまざまな義務を課しているとはいえ、それは自由権規約とは異なり承認された権利が直ちに実施されねばならないという性格のもので

はない。こうした観点から、一般的意見 No. 15に対する批判的な見解もあり、それは一般的意見が権威的であるだけであって、社会権規約に関する法的拘束力のある解釈ではないという点である[43]。すなわち、一般的意見は「ハードロー」の一部ではなく、各国に新しい法的義務を生み出す法的力をもっていないということである。

　しかし、一般的意見 No. 15は、水に対する人権の規範的内容を明確化し、その自立的な権利としての輪郭について述べており、そしてその権利が一定の集団に属するのではなくて、すべての人類に帰属する人権として主張している点は、きわめて重要である[44]。こうしてみると、マッカーフリーがいうように[45]、社会権規約の観点からは、水に対する人権の実施に関してかなりの弾力性が存在しているということであろう。したがって、社会権規約委員会によって挙げられている権利のすべての側面が実際にどれくらい早く満たされるのかは、現実問題として、当該国家の発展のレベル、水の利用可能性、内発的な技術力、既存のインフラ、対外援助の利用可能性といったさまざまな要因に依存している。

Ⅲ　水に対する人権に関する国連総会決議と人権理事会決議

　2010年7月28日、国連総会は、「水と衛生設備に対する人権」[46]に関する国連総会決議を採択した。この決議は明確に、「生命及びすべての人権の完全な享

---

43)　Thielbörger [2014], p.67. 一般的意見 No.15に対する批判として以下参照。S. Tully, A human right to access water? A critique of general comment no.15, in : *Netherlands Quarterly of Hum Rights*, 23 (1), pp.35-63. またタリーの一般的意見 No. 15に対する批判への反論については、Malcolm Langford, Ambition that overleaps itself？ A response to Stephen Tully's critique of the General Comment on the right to water, in : *Netherlands Quarterly of Hum Rights*, Vol. 24/3, 2006, pp.433-459.

44)　Thielbörger (2014), p.67.

45)　McCaffrey (2005), p.108.

46)　General Assembly, *The human right to Water and sanitation*, 3. August 2010, A/Res/64/292.

受のために不可欠な人権として安全で清浄な飲料水と衛生に対する権利を承認する」と宣言しており、水に対する人権に関するこれまでの歴史の中で画期的なものであった。この決議はボリビアの発案で33カ国が共同提案したものであった[47]。アメリカが決議に対して投票を求め、投票結果は、賛成が122カ国、反対が0、棄権が41カ国、欠席が29カ国であった[48]。

この決議で反対した国はなかったにもかかわらず、41カ国が棄権したことにはいくつかの理由が存在した。棄権した国の多くは、手続き的な理由に言及し、決議の採択への過程で透明性を欠いていたこと、決議の意味を検討するために十分な時間がなかったこと、人権理事会で人権としての水と衛生設備の問題に関する議論が進行中であったこと、そして決議がこの問題に関する研究成果を早計に判断するものであるというものであった。投票の説明において特に、水に対する権利を承認するが他の理由で棄権すると述べた国もあった[49]。

棄権した国の理由の中に人権理事会で人権としての水と衛生設備の問題に関する議論が進行中であるからというのがあった。けれども、この決議では、「約8億840万人の人々が安全な飲料水へアクセスすることができず、約26億人以上が基本的な衛生へのアクセスをしていないこと」に深い関心を示し、「5歳以下の約150万人の児童が死亡し、毎年4億4,300万日の学校日が水と衛生設備に関連する病気の結果として失われていること」に警告を発しているだけで

---

47) Winkler (2012), p.77. 共同提案の33カ国は、アンティグアーバーブーダ、バーレーン、バングラデシュ、ベニン、ブルンジ、中央アフリカ共和国、コンゴ、キューバ、ドミニカ、ドミニカ共和国、エクアドル、エルサルバドル、フィジー、グルジア、ハイチ、マダガスカル、モーリシャス、ニカラグア、ナイジェリア、パラグアイ、セントルシア、セントビンセント及びグレナディーン諸島、サモア、サウジアラビア、セルビア、セイシェル、ソロモン諸島、スリランカ、ツバル、ウルグアイ、バヌアツ、ベネズエラ、イエメンである。
48) 尚、この決議に賛成した122カ国については、www.un.org./News/Press/docs/2010/ga10967.doc.htm を参照。
49) Winkler (2012), p.77. 棄権したイギリスの代表は、水に対する権利を相当な生活水準に対する権利の要素として認め、それを承認するが、それはそれ自体として自立した人権ではないと主張した。

なく、2015年までに安全な飲料水と衛生へアクセスできない人々を半減するというミレニアム開発目標を十分に達成するための国際社会における約束を想起し、各国首脳や政府の決意を強調している。

さらに、この国連総会決議は国連加盟国と国際機関に対して、「安全かつ清浄でアクセス可能で入手可能な飲料水と衛生設備を提供する努力の規模を拡大するために、とりわけ開発途上国における国際的な支援と協力によって、財政的資源、キャパシティ・ビルドゥング、技術移転を提供する」[50]ことを促した。この文言は世界中の水に対する権利を主張する活動家によって歓迎されたけれども、この意見表明のなかに、水に対する権利についての明確な定義と効果的な実施のためのメカニズムを見出すことはできない。

とはいえ、この決議が水と衛生設備に対する人権を明確に承認しているということは、国連総会がその権利がすでに人権として存在しているという見解をもっているということを証明しているばかりでなく、形式的に国際法の下でその存在を認めたということを意味している[51]。したがって、この決議が示唆していることは、各国が国際人権条約の下で水と衛生に対する人権に対応する義務を引き受けるということである。この決議は全会一致で採択されたものではないが、それに反対した国が存在しなかったという点では、強い支持を受けたということも可能である。しかし他面において、棄権と欠席が70カ国あったということは、水に対する人権の位置づけの点で必ずしも各国でコンセンサスが成立していないことを物語っていたということができる。

国連総会での2010年7月28日の決議に続いて、同年9月30日に人権理事会は、「人権と安全な飲料水と衛生設備に対するアクセス」に関する決議[52]を採択した。この決議はドイツとスペインによって提出され、50カ国以上の共同提

---

50) A/Res/64/292, para. 2.
51) Winkler (2012), p.78.
52) HRC, Human rights and access to safe drinking water and sanitation, A/HRC/RES/15/9, 6 October 2010.

案となった[53]。国連総会での決議と比較してきわめて大きな前進であったのは、人権理事会の決議が投票なしの全会一致で採択された点であろう[54]。決議は、国連総会が「生命及びすべての人権の完全な享受のために不可欠な人権として安全で清浄な飲料水と衛生設備に対する権利を承認する」とした総会決議64／292を想起し、以下のように述べている。

「安全な飲料水と衛生設備に対する人権が、適切な生活基準に対する権利に由来し又は身体的及び精神的な健康の達成可能な最高水準に対する権利並びに生命と人間の尊厳に対する権利と緊密に関連していることを確認する。」

このように、決議は水に対する権利を法的に拘束的な人権文書の文脈の中に位置づけ、適切な生活基準に対する権利の1つの構成要素という理解を強化することになった[55]。決議はまた第6パラグラフで、国家がすべての人権の完全

---

53) Winkler (2012), p.80. ドイツとスペインによって提案された草案に挙げられている国々は、アルメニア、アゼルバイジャン、アンドラ、ベルギー、ボスニア・ヘルツェゴビナ、ブルガリア、チリ、コロンビア、クロアチア、キプロス、デンマーク、ジブチ、エストニア、フランス、ドイツ、ギリシア、ハンガリー、イタリア、ヨルダン、ラトビア、ルクセンブルク、モロッコ、オランダ、ノルウェー、パナマ、パラグアイ、ペルー、ポルトガル、セルビア、スロバキア、スロベニア、スペイン、チュニジア、ウルグアイ、ベトナム、イエメンであった。これらの国々のうち、アルメニア、ボスニア-ヘルツェゴビナ、ブルガリア、クロアチア、キプロス、デンマーク、エストニア、ギリシア、ラトビア、ルクセンブルク、オランダ、スロバキアは、水に対する権利を支持した2010年7月28日の国連決議での投票を棄権した国々であった（Winkler [2012], p.80.）。
54) Catarina de Albuquerque, Water and sanitation are human rights : why does it matter ? In : L. Chazournes, C. Leb, M. Tignino (eds.), *International Law and Freshwater, Edward* Elgar, 2013, p.56.
55) Winkler (2012) によれば、この理解はアメリカが全会一致に参加した理由でありうるとする。つまり、アメリカ代表が投票での説明において指摘した点は、社会権規約第11条第1項から導き出された水と衛生に対する権利はその規約の加盟国にとって重要であり、アメリカにとって重要ではないということである（Winkler (2012), p.80）。

な実現を確保するための主要な責任を有していること、そして第三者への安全な飲料水及び衛生サービスの提供の委任によって、国家はその人権義務を免れることがないことを再確認し、各国に以下の点を求めている[56]。

(a) 現在供給されていない地域と供給が行き届いていない地域でのアクセスを含めて、安全な飲料水と衛生設備へのアクセスに関連する人権上の義務の完全な実現を漸進的に達成するために、財政部門を含む部門のための立法、包括的計画、戦略を包含する適切な手段及びメカニズムを開発すること。
(b) 安全な飲料水と衛生設備の供給における計画と実施過程の完全な透明性及び、関係する地域共同体と関連する利害関係者のそれへの積極的かつ自由で有意義な参加を確保すること。
(c) 無差別とジェンダーの平等という原則を尊重することを含めて脆弱で周辺化された集団に属する人々へ特に注意を払うこと。
(d) サービスの供給を確保する過程を通じて人権を適切に影響評価に統合すること。
(e) 各国の人権上の義務に従いすべてのサービス供給者のための効果的な規制枠組を採択し実施すること、及びこれらの規制を監視し強化する十分な能力をもつ公的規制制度を可能にすること。
(f) アクセス可能な説明責任のメカニズムを適切な水準に設置することによって人権侵害のための効果的な救済策を確保すること。

この決議は、加えて、各国及び国連の専門機関、国際協力機関及び、開発機関、援助国によって提供される国際協力及び技術援助の重要な役割を強調し、また開発協力機関に対して、安全な飲料水及び衛生へのアクセスの享受に関連する各国の提案と行動計画を支援する開発計画の立案と実施の際に、人権を基

---

56) A/HRC/RES/15/9, para. 8.

礎とするアプローチを採用することを促すとしている。また、国際連合人権高等弁務官に対して、独立専門家がその職務権限を十分に発揮できることを可能にするに必要な資源を受け取ることを確保し続けることを要請している[57]。

2010年7月28日の国連総会決議と比較して2010年10月のHRC決議は、国連総会と同様に、国際条約の法的効力は有しないとはいえ、注目すべき傾向がいくつかみられる。

第1に、すでに触れたように、決議が投票なしに、しかも全会一致で採択されたという点は、水に対する人権に関する各国の認識が深まったことを証明しているといえる。アメリカやイギリスのように、以前の決議に批判的な国々はその声明においてHRC決議に肯定的であった。その意味では、各国はジュネーヴでの交渉過程において水に対する権利とそれぞれの慣行に対する態度を変更した。この点で注目すべきなのは、特にアメリカとイギリスの代表の声明で、かれらは自国が概して水に対する権利に関する以前の反対の立場を放棄しようとしていることである[58]。

第2に、HRC決議は国連総会決議に比べて内容的な点で具体的なものになっている。国連総会決議は、本文がわずか3パラグラフであるのに対して、HRC決議はすでにみたように13パラグラフとなっており、具体的な提案が示されている。HRC決議は水に対する権利が社会権規約の「相当な生活水準に対する権利」から導き出されるべきである点を指摘していると同時に、国家がすべての人権の十分な実施を確保する主要な責任を有していること、飲料水と衛生サービスの提供において国家が人権義務を負っていることを明示している。

こうしてみると、国連総会決議とHRC決議の間には、大きな前進が生じたということは明らかなように思われる。それは決議の内容的側面だけでなく、実際的な行動にも現れている。両方の決議に参加している国々の数カ国は、投票行動を変えたからである。

---

57) A/HRC/RES/15/9, para. 10, 12.
58) Thielbörger (2014), p.82.

人権理事会は、2011年4月と2011年10月に、それぞれ「安全な飲料水と衛生に対する人権」に関する人権理事会決議を採択し、それらの中で水に対する人権に関する各国の役割についての具体的な提案を行った[59]。

　第二次世界大戦後、世界的に人権問題が大きな国際的なテーマとなり、世界人権宣言や国際人権規約をはじめとして、さまざまな国際人権法が採択された。それらの中には、女子差別撤廃、児童の人権、障害者の人権などを取り上げたものがあり、そうした国際人権法の規定には人間としての「相当の生活水準」という生活水準に関する規定が多くみられ、この権利の延長線上に水に対する人権が位置づけられてきたといってよいだろう。2002年に社会権規約委員会が採択した「水に対する権利」に関する一般的意見 No. 15、2010年の国連総会決議と人権委員会決議は、水に対する人権にグローバルな市民権を付与しようとする国連の一連の取り組みの結果であったということができる。水に対する人権の承認それ自体は、水と衛生設備にアクセスできない人々が大勢存在しているという現実を変える力をもつものではない。現状は、先進国と途上国を問わず、人権としての水に対する権利の侵害が起こっているところは多く、グローバルな視点からみても、水に対する人権が守られているとは言い難い。しかし、国際社会の中で水に対する人権という立憲的な原則が打ち立てられるならば、それが現状を変える大きな出発点となることは確実である。

---

59) HRC, Human rights and access to safe drinking water and sanitation, A/HRC/RES/16/2, 8 April 2011, 及び HRC, Human rights and access to safe drinking water and sanitation, A/HRC/RES/18/1, 12 October 2011.

第12章
水資源をめぐる紛争とその平和的解決に向けて

　世界的な水資源不足をもたらす要因にはさまざまなものがある。世界水アセスメント計画の報告書『Global Water Futures 2050』（2012年）によれば[1]、地球上の水システムに影響を及ぼす主要な推進力として、農業、気候変動、人口、経済、倫理・社会・文化、ガバナンスと制度、インフラ、政治、科学技術、水資源の10項目が挙げられている。これまでの5次にわたるIPCCの報告書に記されているように、気候変動に対する人為的影響が大きいものであるとすれば、これらの要因のすべてが人為的な活動によるものであると考えることができるだろう。もしそうだとすれば、こうした世界的な水資源問題に対しても人為的な活動によって対処できるはずである。本章では、稀少資源となりつつある水資源をめぐる紛争とその平和的な解決に向けた方向性を探りたい。

I　世界の水資源の不足とその将来

　人類はこれまで、その基本的ニーズを満たすために、森林伐採によって農地を増やして食料を確保し、経済成長することで人口を増加させ、ダムや水路の建設によって水資源を開発し、気候変動と生態系の変化を引き起こしてきた。その結果、このことがいまや世界的に水資源の危機を生み出しているだけでなく、多くの国内的・国際的な紛争を引き起こす大きな要因にもなっている。以下では、水システムに影響を及ぼす主要な推進力のうち、人口増加、気候変

---

[1] Catherine E. Cosgrove and William J. Cosgrove, *Global Water Futures 2050, The Dynamics of Global Water Futures, Driving Forces* 2011-2050, 2012, p.4. [以下 Cosgrove and Cosgrove (2012)]

動、農業、経済の4点に絞って検討したい。

まず、水システムに影響を与える推進力としての世界の人口増加についてみると、2016年の世界人口は73億人で、その約80％以上が発展途上国で生活している。そして毎年8,000万人の割合で増加すると、2050年までに世界人口は、93億人に達するとされ、そのうちの86％は発展途上国が占めることになる[2]。地域的にみると、アフリカと中東では急速に人口が増加し、ヨーロッパと東アジアでは人口が減少する傾向をみせており、2060年ごろになると、南アジアと太平洋地域で人口が減少するとされ、サハラ以南のアフリカと中東では人口が増加するとされている[3]。問題なのは、サハラ以南のアフリカと中東は現在でも水が不足している地域であることに加えて、これらの地域で将来的に人口が増えると水不足がさらに深刻化することである。

序章でも触れたように、人口増加に伴って水資源の確保が不十分となれば、他の地域から市場あるいは援助によって水資源を供給するか、それとも人口移動するか、という選択肢しかなくなる。水資源と人口移動との関係は相互的であって、水資源への圧迫は人口移動を促し、人口移動は水資源への圧迫を促す。水不足や洪水といった水資源への圧迫は、人口移動を決定する起動力となりうるし、水危機が生じるような社会的・経済的・政治的な関係が人口移動という対応にポジティヴな影響を与える。人口移動が実際に行われることになれば、その移動先で水資源を供給しなければならず、そこで水危機が発生することになる。現在、このように水資源に関連して移住を余儀なくされる人々の数の推定値は、2,400万人から7億人にのぼると見積もられている[4]。こうした人口移動と水資源の不足という悪循環が水紛争を生み出す大きな要因の1つでもある。

さて、今日では気候変動の生態系への影響がきわめて顕著となっており、気

---

2) Cosgrove and Cosgrove (2012), p.15.
3) UNESCO, *The United Nations World Water Development Report 3, Water in a Changing World*, Eathscan, 2009, p.30.［以下 UNESCO (2009)］
4) UNESCO (2009), p.32.

候変動は水資源にも大きな影響を与えている。気候変動に関する政府間パネル（IPCC）が2013-2014年に出した第5次評価報告書では、気候システムに対する人為的影響を明らかであり、温室効果ガスの排出量が史上最高となり、人間及び気候システムに対して広範囲にわたる影響を及ぼしてきたとされている。気候変動の水資源に対する影響に関しては、IPCCの第4次評価報告書のなかでは、温暖化が氷河、氷原、河川や湖といった水資源の貯蔵庫による水供給に大きな影響を与える点が指摘され、水資源の減少に関しては、以下のように報告されていた。

「今世紀半ばまでに、年間河川流量及び水利用可能量は高緯度地域（及びいくつかの熱帯湿潤地域）において増加し、中緯度のいくつかの乾燥地域及び熱帯地域において減少するという予測は確信度が高い。多くの半乾燥地域（例えば、地中海沿岸、米国西部、アフリカ南部、ブラジル北東部）は、気候変動に起因する水資源減少の被害を受けるという予測もまた確信度が高い。」[5]

これに対して、第5次評価報告書においては、1970年以降の干ばつの世界的な増加傾向に関する第4次評価報告書の結論は誇張されていたとしながらも、以下のように記している。

「今世紀末までに中緯度及び亜熱帯の多くの乾燥・半乾燥地域では降水量が減る可能性が高く、多くの湿潤な中緯度地域では降水量が増える可能性が高い。世界的に、短期間の降水現象については、気温の上昇に伴い、個々の低気圧の強度が増し、弱い低気圧の数が減る可能性が高い。中緯度地域の大部分と湿潤な熱帯地域では、世界が温暖化すれば極端な降水現象が強度と頻度ともに増す可能性が非常に高いだろう。……21世紀末までに、現在乾燥している地域において、地域規模から地球規模で予測されている土壌水分の減少と農業干ばつのリスクの増加が生じる可能性が高く、予測の確信度は中程度である。蒸発量の減少が目立つ地域には、アフリカ南部と地中海沿いのアフリカ北西部が含まれる。地中海、米国南西部、アフリカ南部地域における土壌水分の減少は、予測されているハドレー循環の変化及び地上気温の上昇と

---

5) 環境省、IPCC第4次評価報告書統合報告書「政策決定者向け要約」を参照。

整合していることから、……21世紀末までに世界気温の上昇につれてこれらの地域で地表面の乾燥化が生じる可能性が高く、その確信度は高い。」[6]
いずれにしてもこの第5次評価報告書では、地中海沿岸、中東、アフリカ南部等の乾燥地域あるいは半乾燥地域においては、乾燥化が生じる可能生が高いとしている。

このように地球温暖化が水システムに大きな影響を与えている一方、その水システムにおいてもっとも多く水資源を利用している分野が農業である。今日、食料や他の農業生産物の生産のために、河川や地下水から取水される淡水の70％が利用されており、その量はおおよそ3兆1,000億㎥であり、2030年までにその水量が4兆5,000億㎥になると予想されている[7]。農業に必要な水資源が増えることは河川や地下水からの取水が増えることであり、このまま農業用の水資源の需要が増えることになれば、水資源を利用している他の領域、すなわち生活用水と工業用水への圧迫をもたらす。あるいは農業の領域で水資源が十分に利用できないとなれば、食糧生産への影響がますます懸念され、食糧価格の上昇をもたらす。FAOの食料価格指標によれば、2011年2月にエジプトでムバラク政権が倒れた時点での食料価格は、2002-2004年と比較して2倍以上という空前の高さとなった[8]。またFAOによれば、シリア・アラブ共和国では630万の人々が深刻な食料不安に直面しており、南スーダンでは370万人が緊急援助を必要としており、中央アフリカ共和国では2013年に内戦により穀物生産が前年比から大幅に減少し人口の3分の1が食料支援を必要としていると推定されており、これらの国々では緊急援助を必要としている。

将来的に、水利用におけるもっとも重要な推進力となるのは、途上国での人口増加や食事の変化によるグローバルな食料需要の増大である。途上国自体で

---

[6] 気象庁、IPCC第5次評価報告書第1作業部会報告書「気候変動2013　自然科学的根拠　概要」を参照。

[7] *Global Water Futures* 2050, p.11.

[8] FAOのホームページの食糧価格指標を参照（アクセス、2015年8月30日）。http://www.fao.org/worldfoodsituation/foodpricesindex/en/

こうした食料危機に対応することは、政治的・経済的な観点からみて不十分であり、先進諸国や国際機関の援助が必要となろう。他方では、中国、韓国、サウジアラビア、アラブ首長国連合といった食料輸入国は、食料安全保障の観点から途上国の土地を購入したり借入れたりしており、そのことが食料と水の安全保障に関連する倫理的な問題を引き起こしている[9]。

最後に、世界経済あるいは経済発展と水資源の関連性についてみると、世界経済の成長は当然のこととして水資源の利用を増大させる。経済のグローバル化によって先進諸国の企業あるいは工場が途上国に移転すると、途上国での水資源の利用が増えるからである。たとえば2011年から2012年にかけての世界総生産量は4.5％上昇したとされ、そのうち先進諸国が2.5％であったのに対して、途上国は6.5％であった。しがって、水資源の利用量の増加の割合も途上国で高くなっていると考えられる。

また経済発展に伴って世界の生態系や水資源にマイナスの影響を与えるのは、浪費的な消費や持続不可能な資源利用を引き起こすような環境管理である。ワケナゲルとリースが理論化したエコロジカル・フットプリントの概念を使って考えると[10]、現在の平均的なヨーロッパ人やアメリカ人のようなライフスタイルを地球上のすべての人びとが維持するとすれば、地球が3つ必要であると見積もられている。生態系サービスの価値は、世界総生産量の2倍にも匹敵するものとされており、水を浄化し廃棄物を吸収するうえでの淡水生態系の役割は4,000億ドル以上の価値を有するとされている[11]。持続不可能な経済発展は、このような生態系サービスにマイナスの影響を与えている。

---

9) Cosgrove and Cosgrove (2012), p.11.
10) M・ワケナゲルとW・リース『エコロジカル・フットプリント』和田喜彦監訳・改題、池田真理訳、合同出版、2004年。
11) Cosgrove and Cosgrove (2012), p.17.

II 水資源をめぐる紛争

　歴史的にみると、水資源は人間生活にとって不可欠な資源であるために、その配分や供給をめぐって多くの紛争あるいは戦争が繰り返されてきた。限られた水資源をめぐる紛争はけっして新しいものではなく、人間は古代文明の時代から水をめぐって、あるいは水資源そのものと闘ってきた。アメリカの民間営利組織であるパシフィック研究所の水紛争年代記リストによれば[12]、紀元前3000年から今日に至るまで多くの水紛争が繰り返されてきた。紀元前2500年から紀元前2400年ごろまで続いた古代メソポタミアにおける都市国家のラガシュとウンマとの紛争は今日のチグリス川とユーフラテス川の肥沃な土地をめぐるものであったが、その紛争においては灌漑システムと水供給のための計画的な分流をめぐる紛争も含まれていた[13]。

　その後、紀元前1790年頃のバビロンのハンムラビ法典には、灌漑システムや水の窃盗に関する規定が含まれるようになった。また水資源が軍事的手段として利用された歴史的事例としては、紀元前720年から705年にかけて、アッシリア王のサルゴン2世がアルメニア征服の際に複雑な灌漑システムを破壊したことが知られている。さらにサルゴン2世の息子のセナケリブは紀元前689年にバビロンを壊滅させ、都市の水供給のための運河を破壊したとされている[14]。

　現代においても水資源をめぐる紛争は、世界中の国際河川流域や水が稀少な地域で生じており、戦争において水資源や水関連施設が攻撃対象となったり、テロリズムの対象となったりしている[15]。近年の湾岸戦争やイラク戦争をみて

---

12) Pacific Institute, Water Conflict Chronology List, http://www2.worldwater.org/conflict/list/

13) H. Hatami and P. Gleick, Conflict over Water in the Miths, Legends, and ancient History of the Middle East, in: *Environment*, April 1994, p.10. [以下 Hatami and Gleick (1994)]

14) Hatami and Gleick (1994), p.10.

15) P・グリックによれば、2001年にパレスチナがイスラエルを入植地から追い出す

も、人間生活にとって必要な水資源が相手にダメージを与える手段としていかに利用されてきたのかが理解できよう。またイスラム国がイラクやシリアのダムや水利施設を支配下に収めようとしているのも、水資源が軍事活動あるいはテロリズムの手段として利用されている証明となっている。パシフィック研究所は、水関連の紛争のカテゴリーあるいは類型を以下のように分類している[16]。

- 軍事的な手段（国家アクター）：水資源、あるいは水システムそれ自体が軍事活動のあいだ武器として国民あるいは国家によって利用される。
- 軍事的ターゲット（国家アクター）：水資源または水システムが国民あるいは国家による軍事行動のターゲットである。
- サイバーテロを含めたテロあるいは国内的暴力（非国家アクター）：水資源あるいは水システムが非国家アクターによる暴力または抑圧のターゲットである[17]。環境テロとエコテロとのあいだに一定の区別がなされる。
- 開発に伴う紛争（国家アクターと非国家アクター）：水資源あるいは水システムは経済的・社会的発展における競合と紛争の主要な原因である。

このような水関連の紛争のカテゴリーを踏まえつつ、以下では、中東、インド、北アフリカの3つの地域における水紛争の事例についてみてみたい。

(1) 中東における水紛争

第3章と第5章でみてきたように、ユーフラテス・チグリス川流域とヨルダン川流域は中東で水不足となっている地域であり、ここでは人口の急速な増加が想定されていると同時に、水への新たな需要が既存の供給を圧迫する可能性

ためにYitzharのイスラエル入植地の配水管を攻撃し破損した。同時にパレスチナはイスラエルの貯水タンクを破壊し、水タンクでの輸送を妨害し、排水処理施設の資材を攻撃したと告発した（Peter Gleick, Water and Terrorism, in : *Water Policy* 8, 2006, pp.491. [以下 Gleick (2006)]

16) Peter H. Gleick and Matthew Heberger, Water and Conflict, Events, Trends, and Analysis (2011-2012), in : Peter Gleick, *The World's Water*, Volume8, 2014, p.160. [以下 Gleick and Heberger (2014)]

17) 水資源とテロリズムの関係に関しては、Gleick (2006), pp.481-503を参照。

表1 中東の人口と人口予測

国名	1990年	2000年 (100万人)	2025年	1990年比の年増加率
西岸	0.90	1.12	2.37	3.40
ガザ地区	0.62	0.76	1.23	1.98
イスラエル	4.66	6.34	8.15	1.67
ヨルダン	3.10	4.00	8.50	3.41
レバノン	2.74	3.31	4.48	2.00
シリア	12.36	17.55	35.25	3.58
サウジアラビア	14.87	20.67	40.43	3.28
トルコ	55.99	68.17	92.88	3.21
イラク	18.08	24.78	46.26	3.21
イラン	58.27	77.93	144.63	2.71

出所：P.Yolles and P. Gleick, Water, War and Peace in the Middle East. in : *Environment*, 1994, Vol. 36, p.15.

が高くなっている。イスラエルとヨルダンでは、予想される人口増加のために向こう数十年間、住民が最低限の量の水しか使えないことで灌漑農業が制約を受けると考えられている。国連の中期予測では、2025年までにイスラエルとガザ地区の人口は1,000万人になる（表1参照）。この人口に1人当たり毎年必要な150㎥の水を飲料水、衛生設備、商業および産業活動のために供給するとすれば、年間15億㎥の水が必要となり、それはおそらくイスラエル全体の長期的な供給量と等しいものである。このレベルの利用は農業部門にリサイクルされた排水だけを利用させ、灌漑農業を完全に排除することになる[18]。

表2は、2025年までに人口が予想された通りに増加する場合に、中東諸国とペルシア湾沿岸諸国における1人当たりの水の利用量がいかに減少するのかを示している。全体的にみて、2025年までに人口増加とともに、1人当たりの水の利用量はほぼ半減する可能性が高いことがわかる。この地域の国々はすでに水危機の国に分類されており、人口増加とともに将来的にはさらに深刻化するだろう。

1960年代にトルコとシリアが灌漑のための大規模な取水計画を立案し始めた

---

18) Hatami and Gleick (1994), p.15.

表2　1990年と2025年における1人当たりの水の利用量

国名	1990年	2025年
	(年間1人当たりの水量㎥)	
クウェート	75	57
サウジアラビア	306	113
アラブ首長国連合	308	176
ヨルダン	327	121
イエメン	445	152
イスラエル	461	264
カタール	1,171	684
オマーン	1,266	410
レバノン	1,818	1,113
イラン	2,025	816
シリア	2,914	1,021
イラク	5,531	2,162

出所：P. Yolles and P. Gleick, Water, War and Peace in the Middle East. in : *Environment*, 1994, Vol.36, p.15.

後に、水資源に関連する紛争が生じた。1965年に3者協議が開かれ、そこで3カ国のそれぞれが河川の自然的な水量を超えた要求を提案した。また1960年代中葉に、シリアとイラクは公式な水配分をめぐる2国間交渉を開始したが、1960年代後半までに公式の合意に達した。1970年代中葉に、トルコのケバンダム、シリアのトプカダムは完成し、それらの貯水池が満杯になり始め、イラクへの水量が減少した。1974年、イラクは、ユーフラテス川の水量がシリアのダムによって減少していることを強く主張し、ダムへの爆撃を示唆し、国境に軍隊を派遣した。1975年の春、シリアが意図的に耐え難いほど低水準にまで水量を減少させているとイラクが主張したことで、イラクとシリアの間の緊張がピークに達した。同年の4月と5月に、イラクがユーフラテス川の水量を確保するために必要ないかなる行動も辞さないという内容の声明を出した。これに対して、シリアはすべてのイラク空軍の空域を閉鎖し、バグダッドへのシリアの飛行を中止し、軍隊をイスラエル国境からイラク国境に移した。深刻な対立はサウジアラビアの仲介で軍事行動に至る前に終息した[19]。

---

19) Hatami and Gleick (1994), p.13.

すでに第5章で触れたように、1967年の第3次中東戦争の原因の1つは、シリアとイスラエルのあいだに生じたヨルダン川およびその支流の水資源をめぐる対立であった。この戦争の発端の大きな要因の1つは、イスラエルが非武装地帯とされていたチベリアス湖の北部に全国水道網の取水口の建設を開始したことに対してシリアが反発したことであった。イスラエルの計画に対抗してアラブ流域諸国は分水路計画を立てたことがイスラエルの反発を買い、対立はエスカレートしていった。1966年7月に、イスラエル空軍は、チベリアス湖北部にあるシリアのバニアス－ヤルムク運河の分水路工事現場を爆撃した一方、今度はシリアの戦闘機がチベリアス湖上のイスラエルの船舶を攻撃した。さらに1967年6月には、エジプト軍とイスラエル軍との間で激しい戦闘が勃発し、他の中東諸国もこれに巻き込まれて第3次中東戦争となった。

　1990年の湾岸戦争は、水と紛争との間の多くの関連性を浮き上がらせるものであった。この戦争の間、水と水供給システムが攻撃対象となり、共有されていた水供給は政治の手段として利用され、水は戦争の潜在的な手段とみなされた。ダム、脱塩施設、双方の水輸送システムは破壊の目標とされた。クェートの大規模な脱塩能力のほとんどは撤退するイラク兵によって破壊された。石油は湾岸に流出し、この地域の脱塩施設を汚染するおそれがあった。そして、バグダッドの近代的な水供給施設と脱塩施設の意図的な破壊はあまりに徹底していたために、イラクはそれらの再建において依然として深刻な問題を抱えている[20]。

　戦争と水資源をめぐる問題に関する事例では、イスラム国がイラクにおいて水資源を戦争の武器として利用するというケースが挙げられる。2014年8月にイスラム国は、イラク最大のダムであるモスルダムを掌握した。かりにイスラム国によってダムが破壊されることになれば、下流域のバグダッドや他の都市で生活している多くの市民の生命を脅かす洪水という破局をもたらすことになったが、しかし、イラク軍とクルド勢力が米軍の空爆の支援を受けてモスル

---

20)　Hatami and Gleick (1994), p.15.

ダムを奪回した[21]。

(2) インドにおける水紛争

　12億人以上の人口を抱えているインドは、2025年までにもっとも人口が多い国になるとみられている。インドでは、人口増加に比例して水の消費量も増加し、1人当たりの水利用量は過去60年間で3分の1にまで減少した（1951年の5,000㎥から2011年の1,600㎥へ）[22]。そしてこのまま人口増加が続くとすれば、2050年までに1人当たりの水利用量は1,140㎥にまで減少すると予想されている。

　インドでは歴史的に国内の各州の間、あるいは隣国のパキスタンとの間で水をめぐる紛争が生じてきた。前者の紛争については、タミル・ナドゥ州とカルナタカ州との間の水紛争は今日まで長期にわたって展開されてきた。コーヴェリ川の水は、流域全体で完全に配分され利用されているために不足している。カルナタカ州とタミル・ナドゥ州の農民は、水田と農地に流域の水の90％以上を利用している一方、カルナタカ州の州都であるバンガロールのような都市での水需要は高まっている。コーヴェリ川の水がインド洋に到達するのはモンスーンの時期だけである[23]。コーヴェリ川の下流に位置するタミル・ナドゥ州のチェンナイは、人口増加に伴いインドでは水不足に悩んでいる都市であり、コーヴェリ川流域から水を引くために230kmのパイプラインを建設した。ここはインドでもっとも水不足の厳しい流域で、下流に位置するタミル・ナ

---

21) Erin Cunningham, Islamic State Jihadists are using water as a weapon in Iraq, in : *Washington Post*, October 7, 2014.
22) United Nations World Water Development Report 2014, *Facing the Challenges*, vol. 2, 2014, p.150.
23) Circle of Blue, Protests Break Out After India' Supreme Court Rules in Favor of Downstream State in Cauvery River Dispute, *Circle Blue Water News*, October 3, 2012, http : //www.circleofblue.org/waternews/2012/world/protests-break-out-after-indias-supreme-court-rules-in-favor-of-downstream-state-in-cauvery-river-dispute / (2015年8月28日アクセス).

ドゥ州と上流に位置するカルナタカ州の間で水紛争を繰り広げてきた[24]。

2012年にタミル・ナドゥ州とカルナタカ州の間で1991年以来続いていた水紛争が原因で暴力事件が発生した[25]。1991年当時の紛争では、カルナタカ州からタミル・ナドゥ州への水の配分を認めた裁判所の判決のためにバンガロールで反乱が発生して23名が殺害されたが、そのほとんどが州内では少数派のタミル人であった。2002年には、カルナタカ州のひとりの農民がタミル・ナドゥ州への放流に抗議してダムの貯水池に飛び込んで自殺した事件が起こった。2012年9月半ばに2003年2月以来はじめてとなる会合で、インドの首相と政府高官から構成されているコーヴェリ川委員会（Cauvery Water Authority = CRA）は、カルナタカ州に対してモンスーン時期が始まる10月15日まで1日に毎秒255㎥の水を放流する命令を下し、最高裁判所の判決もCRAの決定を正当と認めた。これを受けてカルナタカ州は9月30日以降、最高裁判所の決定にしたがって255㎥の水をタミル・ナドゥ州に放流していた。この最高裁判所の決定は、過去数十年で最悪の干ばつにもかかわらず、カルナタカ州が下流のタミル・ナドゥ州による放流要求を受け入れたというものであった。しかし、その決定はカルナタカ州の農民を怒らせる結果になり、農民はダムでの扇動活動に加えて、重要な高速道路沿いの主要な交差点を封鎖した。さらにカルナタカ州の数千人の農民がコーヴェリ川の2つのダムからの放流を妨害する行為に出たが、そのとき抗議者と警察官の双方が傷害を負ったことが報告されている[26]。

以上のようなインド国内の州間水紛争のほかに、パキスタンとインドとの間にはインダス川をめぐる国際水紛争が存在している。パキスタンの人口の半分以上が農業部門であり、インドの小麦生産の20％以上がパンジャブ地方で生産していることを考慮すれば、両国の生活と経済にとってインダス川流域の重要性は明らかである。1947年以来のカシミールの帰属をめぐる両国の紛争は水資

---

24) UNDP『人間開発報告書2006』横田洋三監修、古今書院、2007年、214頁。
25) 1991年12月のカルナタカ州バンガロールでの暴行事件については、多田博一『インドの水問題』創土社、2005年、113頁参照。
26) *Circle Blue Water News*, 2012.

源の配分をめぐる紛争という性格を色濃くしている。1960年には、両国の間でインダス水条約が締結され、パキスタンにはインダス川の西側の3つの河川（Jhelum、Chenab、Indus）、インドには東側の3つの河川（Sutlej、Ravi、Beas）が帰属することになった。しかし、両国の人口増加によって水需要が増加し、上流国のインドで灌漑計画を進め、ダムを建設した結果、1990年代になると、カシミール地方の水文学的重要性が大きな問題になってきた[27]。

これまで両国のあいだで度重なる紛争が起こってきたが、近年のパキスタンとインドの間の水紛争に関してみると、パキスタンの軍隊がインドの北部カシミールのウラル湖地域の水利システム、洪水防止設備、ダムを攻撃して破壊したという事例がある。2012年8月に、水利関係の技術者と労働者が攻撃され、未完成のトゥルブル水路の閘門とウラルダムが爆破された。プロジェクトの作業を停止させた16人の戦闘員のうち8人はパキスタン人であったとされている。この事件に関して、パキスタンは自国への水流を削減することによってインドがインダス水条約を侵犯したと主張した[28]。これに対して、インドはインダス水条約を侵犯しておらず、ダムが完成すれば、輸送上の目的のために利用されるとしている。

(3) エジプト、スーダン、エチオピアの間の水紛争

2011年のアラブの春以降、ムバラク政権崩壊後の2012年にモルシ政権が誕生したエジプトでは、翌年にモルシ政権が崩壊して新たにシシ政権が誕生した。このようなエジプトでの政治的混乱状況のなかで、他のナイル川流域国は自国の開発を進めつつあり、この地域の地政学的な構図が変化してきている[29]。2001年に正式に発足した東アフリカ共同体（EAC）は、ケニア、ウガンダ、タンザニア、ブルンジ、ルワンダ、南スーダンの6カ国で構成されており、歴史的に

---

27) Arjazeera, 2011.8.1,, Kashmir and the politics of water. http://www.aljazeera.com/indepth/spotlight/kashmirtheforgottenconflict/2011/07/201178812154478992.html
28) Gleick and Heberger (2014), p.163.
29) ナイル川流域の水資源をめぐる問題に関しては、第4章を参照されたい。

これらの国々はエジプトとスーダンの水資源の利用に対して対抗してきたという経緯がある。他方で、2010年5月には、エチオピア、タンザニア、ウガンダ、ルワンダ、ケニア（ブルンジは2011年に調印）は、ナイル川流域国のガバナンスの枠組である協力枠組協定（CFA）を締結し、ナイル川流域国はそれぞれの領土で衡平で合理的な方法で水資源を利用できるものとした。これにはエジプトとスーダンが強く反対した。

この協定締結後の翌年、エチオピアは1国的な開発プロジェクトであるグランド・ルネッサンス・ダムの建設に着手した。このダムは、スーダンとの国境から40kmのところに位置し、その総工費は48億ドルで、発電能力は5,250MWとなり世界第10位という巨大なものである。エジプトは、国の水需要の100％をナイル川に依存しているため、上流に位置するエチオピアでこのダムが建設されると下流への水供給量が減少することに危機感を抱いた。エジプト水資源・灌漑省の当局者は、このダム建設によってエジプトはナイル川の水資源の20～30％を失うとともに、自国のナセル湖の貯水量が減少するために、アスワンハイダムによる発電量の3分の1を失うことになると主張している[30]。

国際NGOのIPS（Inter Press Service）の記事によると、このエチオピアのダム建設に対するエジプトの反発は強く、国際機関に提訴したとしている。

「エジプト政府はこの協定を『挑発的だ』として、グランド・ルネッサンス・ダムの建設が下流地域に及ぼす影響が明らかになるまでエチオピアに建設作業を停止させるよう国際機関に提訴した。エジプトの政府関係者は外交的手段による危機回避を切望する旨を表明しているが、治安当局筋によるとエジプト軍当局はナイル川に関する国益を守るためには軍事力を行使する用意ができているという。

ウィキリークスに掲載された軍事情報機関『ストラトフォー』からの漏洩

---

30) Cam McGrath, Egypt Gets Muscular Over Nile Dam, http://www.ipsnews.net/2014/03/egypt-prepares-force-nile-flow/ 尚、この記事の翻訳については、IPSJapanのホームページの記事「ナイル川をめぐる激しいエジプト・エチオピアの対立」を参照した。

された電子メールによると、2010年、ホスニ・ムバラク大統領（当時）はエチオピアによるダム建設を空爆で阻止する計画を打ち出し、スーダン南東部に出撃拠点となる空港を建設していた。しかし、ナイルの問題に関してはエジプトの同盟国だったスーダンが2012年にグランド・ルネッサンス・ダムに対する反対を取り下げ逆に支援に回ったことで、エジプトは窮地に追い込まれている。」[31]

この記事の内容は、ムバラク政権の時代にエジプトがエチオピアによるダム計画を空爆で阻止する計画を立てていたというものであるが、さらにIPSの記事によれば、2013年6月、エジプトのムハンマド・モルシ大統領（当時）も、エチオピアがナイル川上流で続けているダム建設に対抗して、「交渉のテーブルには全ての選択肢が用意されている」と述べたとされ、このことからエジプトは自国への歴史的な割当水量をめぐる権益確保については本気であり、もしエチオピアがアフリカ最大規模になることが確実視されている水力発電ダムの建設を継続するならば、軍事介入のオプションもあながち排除できないだろう、との見方も出てきているという。

しかし、2015年3月6日に、エジプト、スーダン、エチオピアの3カ国は、ナイル川に建設予定のグランド・ルネッサンス・ダムの運用方法に関して暫定合意に達した。この点に関して、エジプトのムガーズィー水資源・灌漑相は、「ルネッサンスダム運用の制度と仕組み、およびダムについての協力体制で原則合意した」と述べ、またスーダンのカルティ外相は3カ国が「東ナイル盆地とルネッサンスダムからどう利益を得るかで原則的に合意した。今回の合意文書は3カ国の関係で新たな1ページになる」と述べ、今後は各国が合意を最終承認するとの見通しを示したという[32]。

---

31) Cam McGrath, Egypt Gets Muscular Over Nile Dam, http://www.ipsnews.net/2014/03/egypt-prepares-force-nile-flow　この記事の翻訳についてもIPSJapanのホームページの記事「ナイル川をめぐる激しいエジプト・エチオピアの対立」を参照した。

32) ロイターの記事参照。

ナイル川の水資源をめぐっては、エジプトの過去の指導者たちは水不足から生じる紛争の可能生について敏感に感じとっていた。サダト大統領は、1979年のイスラエルとの和平条約の調印後に、「エジプトが戦争する可能性のある問題は水である」[33]と述べた。また1990年6月、当時のエジプトの外相であったブトロス・ガリは、「エジプトの国家安全保障はナイルの水に基礎を置いているが、他のアフリカ諸国の手中にある」、「この地域での次の戦争はナイルをめぐるものである」と述べた[34]。ナイル川の上流国であるエチオピアはエジプトに流れる水の86％を提供しているといわれており、その点から歴代の政治指導者たちは他の政府の管理下にあるナイル川の水資源に対して大いに懸念を抱き続けてきたのである。

　現在、ナイル川流域においては、スーダン、エチオピア、ウガンダ、ブルンジ、コンゴ民主共和国などでダム建設が進展しており、それに資金と技術を提供しているのは中国である。中国はこれらの流域国との新しい貿易相手国であるとともにドナー国となっている[35]。ナイル川流域には、1999年に設立されたナイル川流域イニシアティブ（NBI）という多国間の水ガバナンスの枠組が存在するとはいえ、各国が一国的な水利プロジェクトによって自国の水資源の拡大を進め、他方で多国間のガバナンスが機能しなくなれば、紛争の可能生が高くなることも考えられる。

III　水のガバナンス／レジームと水紛争の平和的解決

　世界中の水資源をみると、潜在的には豊富な水が利用可能であるが、残念なことに、これらの水資源は平等に配分されていないのが現状である。したがっ

---

http://jp. reuters. com/article/worldNews/idJPKBN 0 M20AD20150306
33)　J. R. Starr, Water Wars, in : *Foreign Policy*, 82, 1991, pp.17-38.
34)　L. Ohlsson, *Hydropolitics*, University Press LTD, 1995, p.37.
35)　Ana Eliza Cascã, Changing Power Relations in the Nile River Basin : Unilateralism VS. Cooperation? In : *Water Alternative*, Vol. 2, 2009, p, 264.

て、水資源の利用が基本的に2025年までに変化しなければ、急速に増加する世界人口の３分の２の人々は水不足に悩むことになる。グローバルな水準で水の供給の増加や水の公平な配分の措置はより困難となり、悲観的な論者のなかには21世紀が水紛争の増大、水戦争の世紀となると予想している人々もいる[36]。戦争が基本的にエネルギーや水などの重要な資源をめぐる国家間の対立に大きな原因があることを考慮に入れると、これまでみてきたように、水紛争の増大や水戦争の脅威が潜在的に存在しているのは、中東地域、北アフリカ、南アジアといった地域であろう。しかしながら、このことは、これらの地域で将来的に直ちに紛争が拡大し、あるいは戦争が勃発することを意味するものではない。水資源は紛争の原因であるとともに紛争解決すなわち平和の手段ともなりうるからである。

　地球上での水の不均等な分布は、中東地域や北アフリカの諸国だけでなく、アジア全体、ラテンアメリカの一定の地域、そしてアメリカにさえ影響を与えている。さらに、先進諸国では水資源は多くの国々で意識的あるいは無意識的に減少するか浪費され、淡水は汚染され地下水も減少している。途上国は雨水を効果的に利用できる財政的・技術的な資源をもたず、給水管や井戸は適切に維持されておらず、拡大する都市部での水不足は共通のものとなっている。したがって、世界的にみると、水供給は多くの国々で不安定のままの状態が続いており、不公平な配分と水紛争の可能性を抱えている。

　これらの課題に対応して、多くのさまざまな政策が支持されている。たとえばE. Riedelは、基本的には以下の４つのアプローチが利用されているとしながら、第５のアプローチとして国際法のアプローチを提起している[37]。

(1) 第１のアプローチは国家が資源自体を管理するというものである。多くの国々の慣行が明らかにしている点は、これは巨大な官僚制の必要性と財政不

---

36) Eibe Riedel, The Human Right to Water and General Comment No.15 of the CESCR. In : Eibe Riedel, Peter Rothen (eds.), *The Human Right to Water*, Berliner Wissenschafts-Verlag, 2006, p.20.［以下 Riedel (2006)］

37) Riedel (2006), pp.21-22.

足に至るということである。そこでは水資源設備の長期的な投資のために不十分な資金しか残らない。

(2) 第2のアプローチは完全な民営化に依拠するものである。これは自由企業の市場メカニズムの適用を意味し、その結果、古い欠陥のある配管の再建、ダム建設、河川集水池計画の考案など長期的な計画での投資が可能となる。

(3) 第3のアプローチは、水資源管理における公共・民間パートナーシップ(PPP)のさまざまな形態をとるというものである。国家は投資資金あるいは税金を提供し、企業が水管理のための技術への投資を進める誘引を提供する。こうした主要な多国籍企業には、ヨーロッパに本社を置くスエズ、ビベンディ、テムズ・ウォーターなどが含まれる。

(4) 第4のアプローチは、「バーチャル・ウォーター」を対象とするものである[38]。水供給が豊かな地域や国々で生産された食糧は、農産物や他の商品として乾燥地域や準乾燥地域に移転される。移転地域では、それらを購入することで農業部門からの水需要が減少する。農産物や商品には、その生産に必要な水が仮想水として一定量含まれており、移転された地域ではその水を輸入したものとみなされるからである。しかし、多くの発展途上国にとっては、食糧輸入への依存と支払いの均衡が悪化しても、それ以上の魅力的な代替案を提示できない。

補助金のオプション(1)の国家管理モデルが見込みのない戦略であるのは、先進諸国での水資源管理政策は期待されても、発展途上国においては、それも乾燥地域あるいは半乾燥地域に位置している地域においては、政府機能が十分に果たされていないために国家管理モデルは期待された結果を生み出すことができないからである。完全な民営化オプション(2)は、世界中の多くの事例をみても十分に機能していない。水道の民営化はイギリスやチリでは採用されなくなった。一般的に、私企業は早急に収益を期待し、合理的な収益を見込むような計画を選択するようになり、その結果、国民の負担が増大する。2000年に発

---

38) バーチャル・ウォーターと水資源の配分に関しては、第7章を参照されたい。

生したボリビアのコチャバンバ水紛争は、水道の民営化の問題点を世界中に提示した。一見すると、オプション(3)のPPPが特効薬のように思えるが、よく検討してみると、その欠陥が明らかになる。それは利益を民営化し、損失を社会化する。最終的には、国家に財政負担が残され、それを適切に埋め合わせすることができない[39]。

そしてE. Riedelが提起している第5のアプローチとして挙げられるのは、国際法的アプローチ、水に対する人権のアプローチである。

まず水資源に関する国際法の代表的なものは、第10章でみてきたように、(1)ヘルシンキ規則(1966年)、(2)国際水路非航行的利用法条約(1997年)、そして国際法協会(ILA)が2004年に採択した(3)ベルリン規則(2004年)である。1966年のヘルシンキ規則は、国際河川の水利用に関する規則で、各流域国が国際河川流域水の合理的で衡平な配分を享受する権利を有するとしている。また紛争の平和的解決に関しては、第27条で、「国家は、国連憲章に従い、国際の平和、安全及び正義を危うくしない方法で平和的手段により、自己の法的権利又はその他の利益に関する国際紛争を解決する義務がある」[40]としている。

2014年に発効した1997年の国際水路非航行的利用法条約は、第5条で、「水路国は、その領域内において、国際水路を衡平かつ合理的に利用する」としているとともに、第7条で、「水路国は、自国領域内にある国際水路を利用する際、他の水路国に対して重大な危害を与えることを防止するために、すべての適切な措置をとる」[41]と規定している。そして紛争解決に関しては、ヘルシンキ規則と同様に、紛争が発生した場合には基本的に当事国間で、平和的手段で解決する規定となっている。しかし、関係当事国が交渉によって合意に達しない場合には、第三者の斡旋あるいは調停を要請し、もしくは紛争を仲裁又は国際司法裁判所に付託することに合意できる。さらにそこで解決ができなかっ

---

39) Riedel (2006), p.23.
40) 地球環境法研究会編『地球環境条約集第(4版)』中央法規、2003年、442頁。
41) 『地球環境条約集第(4版)』、420頁。

た場合には、事実調査委員会が設置されて調査が実施され報告がなされる。その報告書には、「調査結果とその理由、及び紛争の公平な解決にとって適切と考える勧告が述べられ」、「紛争当事国はそれを誠実に考慮する」（第33条第8項）こととされている。

　このように国際水条約においては、各国が国際河川を衡平かつ合理的に利用し、紛争が生じた場合には紛争解決のためにメカニズムが規定されている。とはいえ、国際河川流域には、それぞれの流域ガバナンスの枠組が存在しているところがあり、それらが基本的に紛争解決のために機能を果たす役割を引き受けている。たとえばナイル川流域には、歴史的にイギリスの支配下にあった時代からナイル川水協定が存在していたが、1999年に設立されたナイル川流域イニシアティブ（NBI）は、ナイル川の水資源の衡平で持続可能な管理と開発を目的とする政府間組織で、その加盟国はブルンジ、コンゴ民主共和国、エジプト、エチオピア、ケニア、スーダン、タンザニア、ルワンダ、ウガンダの9カ国となっている。また東南アジアのメコン川流域には、1995年にメコン川協定の下に設立されたメコン川委員会が存在し、メコン川流域の持続可能な開発のための協力の枠組として機能している。メコン川委員会の参加国は、カンボジア、ラオス、タイ、ベトナムであり、中国とミャンマーは参加していない。メコン川協定は、国際水路非航行的利用法条約の影響を受けた形で、「衡平かつ合理的な利用と参加」と「重大な損害の回避」が規定されている。

　しかしながら、第5章でみてきたように、ヨルダン川流域には、NBIやメコン川委員会のような多国間の流域ガバナンスの枠組が存在せず、1994年のイスラエル－ヨルダン平和条約の2国間協定が存在するにすぎない。またインダス川流域においても、インドとパキスタンとの間の1960年インダス水条約という2国間協定が存在している。

　2004年のベルリン規則は、1966年のヘルシンキ規則を包括的に修正および改訂したものであり、水資源の利用に関する包括的で詳細な規定となっており、これまでの国際水路法関係の統合、国際環境法、国際人権法、国際水法の総合化をめざすものとなっている。ベルリン規則の特徴は、この規則が国内外を問

わずすべての水域の管理に適用可能であり、すべての水域に関連する問題、表流水・地下水・及び他の水域の共同管理、持続的な水域管理、環境への損害の予防とその最小化、他の資源管理と水資源管理との統合を扱っている点である。とりわけベルリン規則の第20条と第21条は、水路の管理によって影響を受ける先住民や脆弱な集団の権利、利益、一定のニーズを保護し、あるいは水利計画やその活動によって強制移住させられた人々あるいは集団に補償を与える規定となっている。また第72条「国際水管理紛争の平和的解決」は、平和的手段による紛争解決という国連憲章の規定もとで各国が果たすべき基本的義務を示している。

このように、水に関する国際法は、世界に263カ所あるとされる国際流域における国際協力と水管理の基本原則を規定しているとともに、これらの国際流域での平和的な紛争解決を規定している。とりわけベルリン規則のように、これまでの国際水法を総合化する試みは、今後グローバルなレベルでの水資源不足や食糧不足、そしてそれらに関連する紛争に対する国際的な対応の指針となりうる。

最後に、水に対する人権について触れたい。世界保健機構（WHO）や世界銀行によれば、1人の人間は基本的な飲料水と衛生設備の要件を満たすために1日に最低限20リッターから40リッターの水を必要とする。食糧の準備にさらに10リッター必要とされることから、1日50リッターというのが基本的な水の必要量を意味している。2000年の国内の水資源の利用量についてみると、58カ国の発展途上国では40リッター以下であり、4カ国多い62カ国の発展途上国では50リッター以下となっている[42]。これらの発展途上国での水資源の低い利用率の原因は各国政府の制度的・管理的な欠陥であるということに帰着するであろうが、水は基本的に技術と資金があれば入手可能な資源であって、これが保障

---

42) Stephen C. McCaffrey, The Human Right to Water, in : Edith Brown Weiss, Laurence De Chazournes, and Nathalie Bernaschoni-Osterwalder (eds.), *Fresh Water and International Economic Law*, Oxford, 2005, pp.107-108.［以下 McCaffrey (2005)］

されていないことは明らかにJ・ガルトゥングがいうところの「構造的暴力」の影響であろう。

「安全な水へのアクセスは基本的な人間のニーズであり、したがって基本的人権である。汚染された水はすべての人々の物理的・社会的な健康を危険にさらす。」これは前国連事務総長のコフィー・アナンの言葉である[43]。人間が生命を維持するために十分な量と質を備えた水に対する権利を有するべきであることについては異論を唱える人はいないであろう。とはいえ、国際社会ではこうした水に対する権利が明確に承認されているわけではない。世界の淡水資源への圧迫は進み続けており、各国政府とりわけ発展途上国はますます十分な水供給システムを増やす方法を見出さざるを得なくなっている。

近年、国連の経済的・社会的・文化的な権利に関する委員会は、これらの現象を踏まえて水に対する人権を承認するに至ってきた。そして、第11章でみてきたように、2010年7月28日、国連総会は、「水と衛生設備に対する人権」に関する国連決議を採択した[44]。この決議は明確に、「生命及びすべての人権の完全な享受のために不可欠な人権として安全で清浄な飲料水と衛生に対する権利を承認する」と宣言しており、水に対する人権に関する歴史のなかで画期的なものであったということができる。しかし、水に対する人権が国際社会のなかで承認されることになっても、事実問題として、水不足問題や水の配分問題、ひいては水紛争の問題が解決されるということでもない。しかし、水に対する人権がグローバルなレベルで承認されるということは、水が万人の共有物（res communis）あるいは公共財あり、地球上の人々のあいだで衡平に配分されるべきであるという理念が共有される前提が生まれたことを意味するだけでなく[45]、地球社会全体がそうした理念と価値観を共有することでそれらをグローバルな立憲化の方向へまさに水路づけることが可能となろう。

---

43) このコフィー・アナンの言葉の引用は、McCaffrey (2005), p.93による。
44) 水に対する人権に関しては、第11章を参照されたい。
45) Stephen C. McCaffrey, The Coming Fresh Water Crisis : International Legal and Institutional Responses, in : *Vermont Law Review*, Vol. 21, 1997, p.821.

戦争の背景にあるのは、国家間、民族間、宗教間、イデオロギー間の対立であるというのが一般的な理解である。そしてそれらの対立の背景にあるものを探っていくと、さまざまな利害関係、たとえばエネルギー資源や水資源といった利害関係が絡んでいることが判明する。国家も民族も基本的には人間社会であるかぎり、人間によって構成されていることは当然のことであり、社会が発展すれば人口が増加し、多くの資源や領土（都市、農地、森林などによって構成されている）を獲得する必要が生じる。国民が必要とする不可欠の資源としてエネルギー、水、食糧など人間生活に基本的な資源の確保は世界市場といった経済システムによって提供されるものであるが、その経済システムが機能しなくなると、資源確保のための政治的決定を行う政治システムすなわち国家が前面に出てくる。しかし国家は資源のために戦争をするという提起を国民に対してはできない。

いいかえれば、こうした利害関係は、実際の戦争の場合には表面化することはないであろう。インドの環境科学者であるヴァンダナ・シバは、その著書『ウォーター・ウォーズ』のなかで、この点について以下のように書いている。

「資源をめぐる政治紛争の多くが隠蔽され、封じ込まれている。権力を牛耳る人たちは、水戦争を民族・宗教紛争のように見せかけようとする。河川沿いの地域には多様な集団、多様な言語、多様な生活様式の多数の人種が居住している。このような地域の水紛争を、地域間の宗教戦争や民族対立として色づけするのはたやすいことだ。1980年、1万5,000人以上の死者を出したパンジャブ紛争の主たる原因は、川の水の使用権をめぐる不和と対立が根底にあった。ところが、パンジャブの河川水の使用と分配方法、開発計画の不一致を核心としたこの紛争は、シーク教徒の分離主義の問題である、と性格づけられた。水戦争が宗教戦争にすりかえられてしまったのである。水戦争のこのような誤ったとらえ方は、ここでこそまさしく必要な政治的エネルギーの方向を、水の共有をめざす持続的で正しい解決に向けることから逸らせてしまう。これと似たことがパレスチナとイスラエルの間の土地と水の紛争でも起こった。自然の資源をめぐる紛争は、とにもかくにも回教徒とユダ

ヤ教徒の宗教紛争とされた。」[46]

　それではなぜ、水資源問題が戦争の前面に出てこないのであろうか。まず、いかなる戦争であれ戦争にはそれを正当化する大義名分が必要であり、その点で少なくとも石油や水といった資源は対内的にも対外的にも戦争遂行のための大義名分とはならないからである。もう1つは、対立関係を国家と国家あるいは共同体と共同体という社会システム全体の利害のあいだの対立として図式化し、国家あるいは共同体の存立の危機として位置づけなければ、社会成員の全体を戦争に動員できないからである。

　その意味で、今日において水資源は戦争の大きな原因の1つとなりうる可能性をもっているといえる。しかし、J・ガルトゥングがいうように「平和が戦争の不在」であるとするならば、そのことは水資源も平和を実現するためのメディアになる可能性があるということを意味している。水資源を各ステークホルダーのあいだで統合的に管理する地球社会のレベルでのガバナンスとレジームを強化し、水資源を商品としてではなく、大気のような res communis（万人の共有物）として、global public goods（地球公共財）として捉え、そして「水に対する人権」を国際社会が認め、それに基づいてグローバルな水資源政策を策定することがその出発点になるように思われる。

---

46)　ヴァンダナ・シバ『ウォーター・ウォーズ』神尾賢二訳、緑風出版、2003年、13頁。

初出一覧

第 1 章 「中央アジアの地政学と水資源問題」
(滝田賢治編著『21世紀東ユーラシアの地政学』中央大学出版部、2012年)

第 2 章 「中央アジアのハイドロポリティクス―水資源をめぐる紛争とガバナンス―」
(『中央大学社会科学研究所年報』第14号、2009年)

第 3 章 「ユーフラテス―チグリス川をめぐるハイドロポリティクス」
(『経済学論纂』、第51巻第 3 ・ 4 号、2011年)

第 4 章 「ナイル川流域のハイドロポリティクス―レジームとガバナンス―」
(『法学新報』、第120巻第 1 ・ 2 号、2013年)

第 5 章 「ヨルダン川流域のハイドロポリティクス」
(『中央大学社会科学研究所年報』第15号、2010年)

第 6 章 「メコン川流域のガバナンスとレジーム」
(『法学新報』第122巻第 1 ・ 2 号、2015年)

第 7 章 「グローバル化と世界の水資源」
(星野智編著『グローバル化と現代世界』中央大学出版部、2014年)

第 8 章　「水をめぐるグローバル・ガバナンス」
　　　　（『法学新報』第118巻第 3 ・ 4 号、2011年）

第 9 章　「EU の水政策と WFD」
　　　　（『法学新報』第119巻第 5 ・ 6 号、2012年）

第10章　「水の国際レジーム―ヘルシンキ規則からベルリン規則へ―」
　　　　（『法学新報』第121巻第 7 ・ 8 号、2014年）

第11章　「グローバルな水危機と水に対する人権」
　　　　（『中央大学社会科学研究所年報』第19号、2014年）

第12章　「水資源・紛争・平和」
　　　　（西海真樹・都留康子編著『変容する地球社会と平和への課題』中央大学出版部、2016年）

索　引

あ　行

青ナイル川　95, 97, 98, 102, 120
アサド大統領　81
アジア開発銀行（ADB）　176
アジア極東経済委員会（ECAFE）　157
アジア太平洋経済委員会（ESCAP）　159
アジェンダ21　217, 218, 227
アゼルバイジャン　31
アタチュルクダム　72, 75, 78, 80
アダナ協定　81
アトバラ川　95, 101
アフリカ水閣僚会議（AMCOW）　233
アフリカ水タスクフォース（AWTF）　233
アフリカ連合憲章　109
アムステルダム条約　254, 262, 279
アムダリア川　30, 31, 43, 57, 60
アメリカ　17
アメリカ国際開発庁（USAID）　82
アラブ合同軍事司令部　136
アラブの春　123
アラブ連盟　79, 127, 130
アラル海　21, 37, 43, 44, 52, 59
アラル海国際基金（IFAS）　55, 62
「アラル海国家間理事会」（ICAS）　55
アラル海の縮小　12
アラン，J　189
アルジェリア　203
アルバースダム　72
アンカラ条約　77
安全な飲料水と衛生に対する人権　338
アンディジャン貯水池　29
イエメン　203
イギリス　103
イギリス王立鳥類保護協会（RSPB）　259
イスラエル　203
イスラエル－ヨルダン平和条約　146, 150, 151, 358
イスラム過激主義　61
イスラム教　283
イスラム原理主義　52, 61
イタリア　203
一般的意見 No. 15　325-327, 330
イラク戦争　7, 91, 344
イラン　17
イラン・イラク戦争　144
イリ川　28, 29
イルティシ川　28, 48
インダス川　186
インダス川をめぐる国際水紛争　350
インダス文明　281
インド　17
飲料水指令　249
ヴァンダナ・シバ　361
ウィーン最終議定書　284
ウォーター・フットプリント　13, 196-198, 202-204, 206
ウクライナ　32
ウズベキスタン　20, 24, 48, 60
ウッチャリ条約　102
ウラルトゥ王国　68
ウルナンム法典　281
エコロジカル・フットプリント　196, 255, 343
エシュコル首相　133, 141
エスニック紛争　61
エスビアウ宣言　263
エチオピア　97
越境水路と国際湖沼の保護と利用に関する条約　38
胡錦濤主席　29
エリトリア　95, 101

欧州委員会	256-258, 262-264, 277	カンボジア	153
欧州環境事務所（EEB）	259	カンボジア・ベトナム戦争	153, 162
欧州議会	256, 258, 262, 264, 265, 277	カンボジア和平協定	160
欧州裁判所	278	気候変動	10, 298, 339
オガララ帯水層	184, 185	気候変動に関する政府間パネル（IPCC）の第5次報告書	3
オザル	80		
オスマン帝国	63, 126, 128	気候変動枠組条約	42
汚染者負担の原則	162, 256	共同技術委員会（JTC）	82
オゾン層破壊	243	共同水調整委員会	81
オゾン層保護	298	「共有ビジョンプログラム」（SVP）	113
オバマ政権	18	ギリシア	203
オビ川	48	キリスト教	283
オマーン	203	キルギス	21, 24, 59
オリノコ川	193	キロフ貯水池	39, 41
オロンテス川	83, 91	クウェート	203
		クメール・ルージュ	159
か　行		グランド・ルネッサンス・ダム	352
		グリーン・ウォーター	197
カール・ウィットフォーゲル	283	グリック, P	8, 10, 184, 185, 187, 236, 344
海水の真水化	221	クルド民族	73
海洋の酸性化	3	クルド問題	91
貝類に関する指令	248	グローバル・ガバナンス	11
閣僚理事会	258, 262, 263, 265, 277	グローバル化	3-5, 11, 13, 41, 123
かけがえのない地球	212	ケバンダム	69, 72, 75, 78, 83, 347
ガザ地区	141	限定された領土主権	89, 90, 290, 297, 307
カザフスタン	20, 24, 48, 59	黄河	193
カタール	203	公共財	327
ガブチコヴォ・ナジュマロシュ計画事件	300	航行の自由	284
過放牧	59	衡平な利用原則	313
カラカヤダム	75, 78	コーヴェリ川	349
カラカルパクスタン	51	コーヴェリ川委員会	350
カラクム砂漠	23	国際河川委員会	210
カラス川	65	国際河川水の利用に関するヘルシンキ規則	240, 284
ガルトゥング, J	360, 362		
灌漑システム	24, 25	国際環境法	315
環境難民	5	国際司法裁判所	174, 300, 357
環境破壊	45, 46	国際人権法	315, 338, 358
ガンジス河水配分協定	308	国際人道法	320, 329
ガンジス川	193	国際水文学10年計画	211

国際水路非航行的利用法	215	砂漠化対処条約	42
国際水路非航行的利用法条約	14, 42, 86–89,	サマラダム	77
151, 162, 167, 174, 241, 242, 284, 290–292,		サヤブリダム	176
294–297, 307, 308, 310, 313, 315, 357, 358		サルマン, S	303–305, 314
国際紛争	11	三角貿易	189
国際法委員会（ILC）	90, 284, 291	暫定メコン委員会	156, 159, 164, 167
国際法協会（ILA）	86, 240, 357	ジェンダーの平等	336
国際水法	315, 358	持続可能な開発	162
国際水レジーム	11	児童の権利条約	320
国際連合パレスチナ難民救済事業機関（UN-RWA）	127	資本主義世界経済	4, 5, 17, 179, 191
		社会権規約	320, 325, 326
国連開発計画（UNDP）	112, 159	社会権規約委員会	326
国連環境開発会議	217, 322	ジャスミン革命	93
国連緊急部隊	141	シャトル・アラブ川	63
国連経済社会局資源運輸課	211	上海協力機構（SCO）	31, 33, 62
国連憲章	109	集団的安全保障機構（CSTO）	62
国連人間環境会議	209, 213, 245	障害者の権利に関する条約	320
国連ベイルート経済社会事務所	211	小ザブ川	72
国連水会議	213	硝酸塩指令	252
国連ミレニアム・サミット	317	常設共同技術委員会（PJTC）	107
国連ミレニアム開発目標報告	222	女子差別撤廃条約	319
国連ミレニアム宣言	322	ジョングレイ運河	98
古代アッシリア文明	66	ジョンストン計画	130, 131
古代エジプト文明	281	ジョンソン大統領	158
古代中国文明	281	シリア	132, 133, 204
古代メソポタミア文明	63, 67, 281	シルダリア川	23, 31, 35, 37, 43, 57, 60
国家間水調整委員会（ICWC）	35, 53, 62	白ナイル川	95, 100
国境紛争	61	新グレートゲーム	17
コフィー・アナン	360	人権理事会	334, 338
コンゴ	103	人口移動	4, 5
コンゴ川	193	森林破壊	8, 59
		森林伐採	4, 65, 301, 339

さ　行

		水浴水に関する指令	248
		水力社会	283
サウジアラビア	79, 203	スーダン	106, 204
ザクロス山脈	66	スエズ	356
サダト大統領	95, 354	スエズ運河	99
サバ川流域枠組協定	308	スケルデ川	274
砂漠化	8	ストロング, M	211

スペイン	203
政治難民	5
生態系サービス	343
生物多様性条約	42
生物多様性の喪失	243
世界気象機関（WMO）	111
世界銀行	25, 80, 83, 96, 145, 359
世界シオニスト機構	127, 128
世界自然保護基金（WWF）	259
世界食糧農業機関（FAO）	181
世界人権宣言	319
世界水資源協会（IWRA）	227
世界保健機構（WHO）	359
世界水会議	227
世界水ビジョン	231
世界水フォーラム	206, 228
絶対的な領土主権	84, 85, 89, 162, 307
絶対的な領土保全	85, 242
セナールダム	105
セネガル	204
セネガル川水憲章	308
セムリキ川	103
全国水道網	133, 134, 137
洗剤に関する加盟国の法律の共通化に関する指令	247
ソバト湖	102
ソマリランド	102
損害回避義務	304, 313

た 行

タイ	153
タイ・カンボジア国境紛争	172
第1回世界水フォーラム	228
第1次エチオピア戦争	102
第1次中東戦争	128
第2回世界水フォーラム	229
第3回世界水フォーラム	232
第3次中東戦争	12, 124, 137, 141, 151, 348
第4回世界水フォーラム	234
第5回世界水フォーラム	235
タジキスタン	24, 59
タナ湖	102
ダブリン会議	206
ダブリン声明（ダブリン原則）	321
タラス川	37, 38
タラス川流域	39
ダルバンディハンダム	72
単一欧州議定書（SEA）	245
タンザニア・ウガンダ戦争	98
淡水魚に関する指令	248
地域紛争	11
地下水	268
地下水に関する指令	249
地下水の減少	46
地球温暖化	123, 150, 243
地表水	268
チベリアス湖	124, 127, 129, 131, 147
チャド	204
中越戦争	162
中央アジア地域経済協力（CAREC）	30, 32, 41
チュー川	37, 38
中国	17, 119, 161, 175
仲裁裁判所	38
中東および北アフリカ地域（MENA）	189
中東戦争	98
デミレル首相	81
テムズ・ウォーター	356
テロリズム	19
ドイモイ政策	160
統合的水資源管理	27, 183, 217
トゥヤムユン（Tuyamuyun）貯水池	30
トクトグル貯水池	23, 26, 36
都市排水指令	251
土壌破壊	59
ドナウ川	274
トプカダム	72, 78
トルクメニスタン	20, 24

索引　369

トルコ　17, 74

な 行

ナイジェリア　204
ナイル開発促進技術協力委員会（TECCONILE）
　109, 112
ナイル川流域イニシアティブ（NBI）　99, 354,
　358
ナイル川流域経済共同体　111
ナイル赤道湖補完的行動プログラム（NELSAP）
　114
ナイル水協定　104
ナザルバエフ大統領　29
ナセル大統領　135
ナリン川　26
ナリン川貯水池　36
南東アナトリア計画（GAP）　12, 63, 69, 73, 79
南部アフリカ開発共同体（SADC）　307
ニエレレ・ドクトリン　106
ニジェール川流域水憲章　308
人間環境開発会議　13
人間環境宣言　209, 318
ネタニヤフ首相　150
農薬に関する指令　252

は 行

バース党　91
バーチャル・ウォーター　7, 13, 188-193, 197,
　203, 205, 206
ハーモン原則　84, 85, 174, 242
バーレーン　203
ハイドロポリティクス　63
バイヨンヌ条約　289
バキエフ大統領　27
ハザール湖　66
ハタイ地方　83
ハタイ紛争　91

バニアス川　126
ハルツーム　95
バルハシ湖　29
パレスチナ解放機構（PLO）　136
パレスチナ解放軍（PLA）　136
パレスチナ領土開発会社　129
ハンムラビ法典　283, 344
ピアス，F　186
ピーク・ウォーター　10, 184, 185
ピーク・エコロジカル・ウォーター　10, 13,
　187, 188
ピーク・オイル　10, 181
比較世界システム論　4-6
東アフリカ共同体（EAC）　117, 351
東グホール運河　136, 138, 142
東ナイル川　118
東ナイル補完的行動プログラム（ENSAP）　114
ビクトリア湖　95
ビクトリア湖・キヨガ湖・アルバート湖の水文
　気象学的調査　111
ビクトリア湖開発計画　118
ビクトリア湖議定書　308
非生物分解性の合成洗剤　247
ビベンディ　356
表土流出　59
ヒンズー教　283
富栄養化　251
仏教　283
負のエントロピー　3
ブルー・ウォーター　194, 197, 202
フルコスト価格　231, 260, 262-265
ブルンジ　98
フレー湖湿地の干拓　138
紛争解決　306
文民保護条約　320
米国内務省開拓局　157
米州機構－米州水資源ネットワーク（OAS-
　IWRN）　233
ベトナム　153

ベトナム戦争	153	ムーズ川	274
ベラルーシ	32	ムバラク政権	93, 353
ヘルシンキ規則	14, 86, 90, 285, 287, 303, 308, 313, 314, 357, 358	ムバラク大統領	110
		ムラト川	65
ヘルシンキ条約（越境水路及び国際湖沼の保護及び利用に関する条約）	241, 308	メコロット（Mekorot）	133
		メコン委員会	158
ベルリン規則	14, 284, 310, 313, 315, 358	メコン川	153
ベングリオン首相	133	メコン川委員会（MRC）	13, 156, 161, 164, 167, 168
ホーチミン	157		
補完性の原則	256	メコン川協定	156, 162-164, 167, 168, 174, 176
「補完的行動プログラム」（SAP）	113	メコン川流域	13
ポルトガル	203	メソポタミア文明	65
		メネリク二世	102, 103

ま 行

		モスルダム	72
		モルシ政権	351
マーストリヒト条約	254, 279	モルドバ	32
マカリンダム	138, 143-145		
マッカーフリー, S	89, 289, 298, 301-303, 319, 332	## や 行	
マドリッド決議	285	ヤルムク川	124, 126, 127, 147
マラッカ海峡	18	有害廃棄物に関する指令	249
マリ	204	友好と善隣に関する条約	78
マルタ	203	ユーフラテス・チグリス川	63
マルデルプラタ会議	213, 236	ユーフラテス渓谷開発	78
マルデルプラタ行動計画	213, 239	ユーラシア	41
水と衛生設備に対する人権	14, 332, 360	ユーラシア経済共同体（EAEC）	31, 32
水と持続的開発に関するダブリン声明	215	ユーラシア連合	62
水に対する権利	326	ヨハネスブルグ・サミット	13, 224, 225, 239
水に対する人権	14, 317, 324, 332	ヨハネスブルグ会議	236
水の安全保障	14	予防原則	256
水フォーラム	13	ヨルダン	203
水問題担当閣僚協議会（Council of Ministers of Water Affairs, Nile-COM）	112	ヨルダン川	123, 124
		ヨルダン川西岸	141
水枠組指令	13, 245, 254, 257, 258, 261	ヨルダン渓谷開発	138
ミャンマー	153, 161		
ミレニアム・サミット	224, 236	## ら 行	
ミレニアム開発目標	221, 235, 239, 317, 326		
ミレニアム宣言	234	ライン川	274
六日戦争	12	ライン保護条約	240

ラオス	153	WFD	260, 261, 262
ラヌー湖事件	289, 290	WTO	27
リージョナル・ガバナンス	11, 42, 122		
リージョナル化	41		
リース, W	343		
リオ会議	236		
リオグランデ川	85		
リオ宣言	218		
リビア	203		
ルワンダ	98		
レイン, J	236		
レバノン	203		
ローザンヌ平和条約	77		
ローマ・クラブ	180		
ローマ条約	245		
ロシア	17		

わ行

ワケナゲル, M	343
湾岸戦争	7, 145, 344

英字

BRICs	198
CACO	32
EGEC	41
EU	17, 21, 42
Hydromet	111
ICWC	55
ILC	90
IPPC	253
MENA	190, 196
MRC	171, 172
NBI	122
OSPAR	259, 264
SADC	233
SCO	34
UNDP	32, 97

著者略歴

星 野　智（ほしの・さとし）

1951年	札幌市生まれ
現在	中央大学法学部教授
専攻	現代政治理論、環境政治論
主要著作	『現代国家と世界システム』（同文舘、1992年）
	『世界システムの政治学』（晃洋書房、1997年）
	『現代ドイツ政治の焦点』（中央大学出版部、1998年）
	『現代権力論の構図』（情況出版、2000年）
	『市民社会の系譜学』（晃洋書房、2009年）
	『国民国家と帝国の間』（世界書院、2009年）
	『環境政治とガバナンス』（中央大学出版部、2009年）
	ほか

ハイドロポリティクス

2017年9月30日　初版第1刷発行

著　者　星　野　　　智
発行者　間　島　進　吾

郵便番号192-0393
東京都八王子市東中野742-1
発行所　中　央　大　学　出　版　部
電話 042(674)2351　FAX 042(674)2354
http://www.2.chuo-u.ac.jp/up/

©2017　Satoshi Hoshino　　　　　　印刷　藤原印刷

ISBN 978-4-8057-1155-2